高等学校“十四五”新形态教材
高等学校环境类专业系列教材

U1000669

石油工业与环境保护概论

主　编　赵东风
副主编　李　石　卢　磊　孟亦飞
主　审　赵朝成　周爱国

中国石油大学出版社
CHINA UNIVERSITY OF PETROLEUM PRESS
山东·青岛

图书在版编目(CIP)数据

石油工业与环境保护概论/赵东风主编.--青岛:中国石油大学出版社,2023.3

ISBN 978-7-5636-7778-8

Ⅰ.①石… Ⅱ.①赵… Ⅲ.①石油工业—环境保护—概论 Ⅳ.①X74

中国国家版本馆 CIP 数据核字(2023)第 028561 号

中国石油大学(华东)规划教材

书　　名:石油工业与环境保护概论
SHIYOU GONGYE YU HUANJING BAOHU GAILUN

主　　编:赵东风

副 主 编:李　石　卢　磊　孟亦飞

责任编辑:岳为超(电话　0532-86981532)

责任校对:张晓帆(电话　0532-86983567)

封面设计:赵志勇

出 版 者:中国石油大学出版社
(地址:山东省青岛市黄岛区长江西路 66 号　邮编:266580)

网　　址:http://cbs.upc.edu.cn

电子邮箱:shiyoujiaoyu@126.com

排 版 者:我世界(北京)文化有限责任公司

印 刷 者:泰安市成辉印刷有限公司

发 行 者:中国石油大学出版社(电话　0532-86983440)

开　　本:787 mm×1 092 mm　1/16

印　　张:12.5

字　　数:305 千字

版 印 次:2023 年 3 月第 1 版　2023 年 3 月第 1 次印刷

书　　号:ISBN 978-7-5636-7778-8

定　　价:35.00 元

前言

石油工业作为我国的重要支柱性行业，为国家社会经济发展做出了巨大的贡献。相比于其他传统行业，石油工业具有产业链长、污染源强、时空分布广、污染物种类多、污染物排放量大等特点。如何清晰了解石油工业的环境保护特点与水平，是实现石油工业绿色、可持续发展的基础与保证。

本书编者早在1996年学校开设的“石油工业概论”课程中就有机地引入了环境保护的基本概念，并针对石油工业各个生产环节的特点，简要阐述了每个阶段的环境污染问题和对应治理及防护措施，得到了很好的反响。1998年“石油工业概论”课程更名为“石油工业与环境保护概论”课程，面向全校各专业授课，经过20多年的发展，在行业内产生了广泛的影响。该课程在介绍世界和我国石油工业发展史的基础上，系统概述了现代石油工业勘探、钻井、采油、储运、加工各个环节的基本生产工艺过程、环境影响及防控措施，在多年教学过程中，为培养石油工业环境保护复合型人才发挥了重要作用，并于2015年被教育部评为“精品视频公开课”。

本书以石油工业基本生产过程为主线，从石油工业概述开始，系统介绍了石油的成因与成藏、石油勘探、石油钻井、采油工程、油气集输以及石油加工各个环节的基本知识，同时针对不同环节可能带来的环境影响及应对措施进行分析介绍，使石油和环保有机融合为一套完整的特色知识体系，兼具知识性与通俗性，使各专业背景的读者能够走近石油，对石油工业及其环境保护有初步的了解。

本书由赵东风担任主编，李石、卢磊、孟亦飞担任副主编。本书共分为八章，其中第一章由赵东风（第一、第二、第三节）、孟亦飞（第四、第五、第六节）负责撰写，第二章由闫来洪

(第一节)、安慧(第二、第三节)负责撰写,第三章由卢磊(第一、第二、第三节)、孟亦飞(第四节)负责撰写,第四章由卢磊负责撰写,第五至第七章由李石负责撰写,第八章由孟亦飞负责撰写。

中国石油大学(华东)赵朝成教授、中国石油天然气集团有限公司首席专家周爱国对全书进行了审阅,中国石油大学(华东)刘义、赵树杰、王心宇、张雪菇、张紫蝶、王丹阳、杨乐天、孟闻超、徐庆振、王宇琦、闫伟昊、刘永鑫,青岛欧赛斯科技发展集团有限公司孙慧、戴安国等为本书编写、审核、校对等工作提供了大力帮助与支持。另外,在本书编辑出版过程中,得到了中国石油大学出版社及有关专家学者的大力支持,在此一并表示感谢!

由于编者水平有限,书中难免存在疏漏和不当之处,敬请各位读者批评指正。

编　者

2023 年 3 月

目录

视频资源

第一章

石油工业概述

第一节 石油的概念与用途

一、石油的概念

石油(petroleum)是一种以烃类化合物为主并含有少量非烃类化合物的混合物,存在于岩石的孔隙和裂缝中,有气、液、固三种相态。原油(crude oil)是石油的基本类型,存在于地下储集层内,在常温、常压条件下呈液态,并呈现黑、黄、红、绿、无色等多种颜色。天然气(natural gas)也是石油的主要类型,呈气相,或处于地下储集层时溶解在原油内,当采到地面,在常温、常压条件下从原油中分离出来时又呈气态,可分为伴生气和非伴生气。伴生气随原油共生,与原油同时被采出,并实现油气分离;非伴生气包括纯气田和凝析气田天然气,在地层中以气态存在,可以认为是气态石油。固态石油包括油砂沥青等。汉语中"石油"一词最早由《梦溪笔谈》的作者——北宋科学家沈括提出,"石"指岩石类物质,"油"指润滑类液体物质。石油的英文——petroleum 来自希腊语,由 petra(岩石)和 oleum(油)组成,字面意思就是"从岩石中流出的油"。

石油中存在的烃类化合物异常复杂,最小的烃分子为甲烷,随着碳原子数的增加,主要以碳几、碳十几、碳几十等分子大小不同的烃类化合物存在。根据碳和氢排列方式的不同,组成石油的烃类化合物总体上可分为烷烃、环烷烃和芳香烃(或称芳烃)等。除了烃类化合物之外,石油中还存在少量的含硫、含氮、含氧非烃类化合物以及镍、钒、砷等几十种微量金属和非金属元素等。

二、石油的用途

1. 古代石油的用途

古代人对石油的使用很有限,主要用于燃烧、照明、防腐、建筑、医药、军事等方面。早在公元前3000年，居住在亚洲幼发拉底河与底格里斯河的古巴比伦人就已经能利用沥青作建筑材料和治疗疾病，如巴比伦城的城墙用沥青砌成，“空中花园”由沥青及砖块建成。公元前1000年左右，有人在约旦河流域的上游开发沥青矿并延续至今。古埃及和古印度等文明古国也已经能够采集天然沥青，用于建筑、防腐、黏合、装饰、润滑和制药等。公元前5世纪前，古波斯(今伊朗)的拜火教利用石油燃烧“神火”。公元前480年第三次希波战争(古希腊与古波斯)中，古波斯人用蘸有当地称为“魔鬼的汗水”即石油的火箭攻破雅典城，赢得了德摩比利战役的胜利，这是人类历史上第一次将石油用于军事战争。

巴比伦人在公元600年开始使用沥青掺沙石修筑道路的技术，并修建了人类历史上第一条由沥青铺造的道路。公元650年左右，波斯人和阿拉伯人已经能利用石油制作由特制管子喷射的“希腊火”，供作战之用。这种“希腊火”被拜占庭人用于攻打船舰，它能附着在船体、船帆和人身上燃烧，对船只和士兵杀伤威力巨大。公元8世纪，阿拉伯帝国的新都巴格达的街道全部由柏油(沥青)铺成，这也是世界上第一座“柏油马路化”的城市。

我国是世界上最早发现和利用石油与天然气资源的国家之一。在东汉时期班固所著的《汉书·地理志》中记载:“上郡高奴县，有洧水可然。”高奴指今陕西省延安、延长县一带，洧水(今清涧河)是延河的一条支流，“然”是古代“燃”字，它确切地描述了河流水面上有像油一样的黏稠液体可以燃烧。可见，在大约2 000年以前我国就发现了能够燃烧的陕北石油。

我国古代军事家很早就把火攻作为克敌制胜的重要手段。早在公元前770—公元前221年的春秋战国时期就有许多火攻的战例。起初，作为火攻燃料的主要是未经过加工的石油。到了后来，在火攻中逐渐使用石油加工产品，称为“猛火油”或“火油”，用作军事上猛火油柜的燃料。

我国古代人民在长期的观察实践中不仅发现了直接敷用石油可治疗疥癣等疾病，而且可利用石油配制其他药物。明代医学家李时珍在《本草纲目》中详细记述了石油的性质及其医药功能。

晚清官员刘岳云耗时20余年撰写完成《格物中法》，其中记载了“石油自汉时已著于书，其后地志所载，益知产处甚多。由是以烟制墨，以油焚营，清者燃灯，浊者膏物。”浊者膏物就是用高黏度的石油作润滑剂和涂料用以润滑轮轴，或者将其涂敷到皮革制品上用于防腐。

2. 现代石油的用途

随着现代石油工业的发展，石油的用途与古代相比已发生了根本性的变化。石油经过加工可以衍生出各种各样用途的后续产品，产品种类可达千余种，用途极其广泛，如燃油、石油溶剂与化工原料、润滑剂、塑料、石蜡、沥青、石油焦、合成橡胶、洗涤剂、合成纤维、医药产品、化妆品等。下面列举了在日常生活中经常用到的十类石油制品。

(1) 燃油。

燃油主要包括汽油、航空煤油、柴油等，用作汽车、轮船、飞机等交通工具的燃料，是人们所熟知的主要石油产品之一。

(2) 塑料。

塑料在日常生活中无所不在,如牙刷、水杯、脸盆、餐具等。几乎所有的塑料都是石油产品,如果没有经过专门了解,人们很难把黑乎乎的石油与五颜六色、形态各异的塑料制品联系起来。

(3) 沥青。

沥青也称柏油,是石油加工过程中的一种产品,也有天然形成的沥青,主要用于铺路、防水、防锈、防腐等。

(4) 服装。

衣服标签上标注的涤纶、腈纶、锦纶等面料都是由石油生产的合成纤维。纺织所使用的纤维中,化学纤维占比接近 3/4,天然纤维占比仅为 1/4,而且 90%以上的化学纤维产品依赖于石油。

(5) 合成橡胶。

合成橡胶具有高弹性、耐高温、耐低温等优异性能,广泛应用于工农业、国防、交通及日常生活中。人们日常生活中随处可见的鞋子、体育用具、轮胎、电线电缆等物品中都能找到合成橡胶的身影,而石油是制作合成橡胶的主要原料。

(6) 制药和医疗用品。

制药和医疗用品也与石油密不可分。从药品本身和间接耗材来看,相当一部分来源于石油产品。例如,许多药品是从苯衍生而来的,而石油又是苯产品的主要原料;输液袋、注射器、假肢、人造器官、医用 X 光片及其处理溶液等相当一部分也是石油制品,而且现代医药学科技术的发展与进步也和石油工业的发展有着千丝万缕的关系。

(7) 日常清洁用品。

人们用的日常清洁用品很多是石油制品,如洗涤剂、洗发水、沐浴乳、肥皂、消毒剂等,里面都含有石油的衍生物。

(8) 食品。

石油不仅是化肥、杀虫剂、保鲜膜等产品的直接或间接原料,很多食物的保鲜、染色以及调味也都有石油产品的参与,如很多人喜欢嚼的口香糖中就含有从石油中提取的物质。如果算上食品生产过程中间接消耗的石油,那么人一生要"吃"掉几百千克石油。一瓶 500 mL 的纯净水经过发现水源、开采、净化、装瓶、运输等环节到人们面前,大约需要消耗约 167 mL 石油。

(9) 润滑油(润滑脂)。

润滑油、润滑脂广泛用于各种机器设备的润滑,如果没有润滑,几乎所有的机械都不能正常运转。润滑油、润滑脂的成分大部分是石油炼制的基础油,甚至一些润滑油中 90%的成分是石油。日常生活中人们常说的汽车发动机"机油"实际上就是发动机润滑油。

(10) 化妆品。

石油也是制作化妆品的重要原料。石油精炼或合成出来的油、石蜡、香精、染料等都可用于制作化妆品。

石油及其产品在人类社会生产、生活的各个方面都能显示其作用和影子。因此,石油也被人们誉为"工业的血液"和"黑色的金子",在人们现代生活中发挥着不可替代的作用。随着科学技术的发展,其应用范围和领域还将继续扩展延伸。

第二节　世界石油工业发展史

人类发现和使用石油的历史非常久远，可以追溯到公元前 3000 年。但由于社会形态和科技水平等诸多因素条件的限制，古代石油的开发和利用非常有限，主要集中在燃烧、防腐、润滑、建筑材料等附加价值较低的原始利用方面，同时缺少石油加工或提炼的工艺和方法。

直至 15 世纪，开始出现了最初的提炼工艺。人们采用密封锅将原油进行蒸馏，使之分裂成两部分：一部分轻质油和一部分残油。1556 年，德国乔治·拜耳提出了"石油"这一名词，但时间上比我国约晚了 500 年。17 世纪，人们发明了从沥青砂石中提炼沥青焦油和石油的方法，并开始建厂提炼。1782 年，法国安根德(Argand)设计了一种新的灯芯，发明了近代煤油灯。与此同时，法国兰格(Lange)发明了用一个玻璃罩套在火焰周围的新式煤油灯。1784 年，法兰西剧场演出《费加罗的婚礼》话剧时采用了此灯，从此新式煤油灯照亮了法国，并迅速扩大到世界各地使用，而原来使用的菜油、鲸油和蜜蜡不再满足新光源的需求，灯用煤油应运而生。到了 19 世纪 50 年代，欧洲、北美已经可以把原油通过蒸馏提炼成灯用煤油。1849—1856 年，罗马尼亚和波兰相继建设了三座灯油炼厂，它们是具有一定工业意义的炼油厂。灯用煤油十分畅销，石油用量不断增大，炼油商人开始四处收购石油，从而推动了石油的商业性开采。

世界上最早进行石油商业性开采的国家是美国。1854 年，世界上第一家石油公司——纽约宾夕法尼亚岩石油公司成立，1958 年更名为塞尼卡石油公司，主要从事石油勘探和开采业务。美国宾夕法尼亚州泰特斯维尔附近有一条小河，河边有一些油苗，河面上常常漂着原油，所以人们把它称为石油溪。1859 年，埃德温·德雷克受塞尼卡石油公司的委任，前往泰特斯维尔探油，并在 8 月 27 日，用顿钻技术打出世界上第一口有商业意义的油井，该井也被称为"德雷克井"。

最初的原油盛装和运输主要依靠木桶和马车，效率低下。1865 年，美国铺设了世界上第一条输油管线，采用熟铁管，并用螺纹连接，管径 2 in(1 in=2.54 cm)，全长 8 km，首站用蒸汽机带动的泵压送，日输油量达 800 桶(约 40 000 t/a)。

"德雷克井"的发现标志着近代石油工业的开端，也宣告了一个新时代的到来。1859 年 8 月 27 日也被称为近代石油工业的诞生日。以"德雷克井"为开端，按照石油产品类型来划分，近代石油工业大体可以划分为四个阶段。

(1) 第一阶段(煤油时代)：从 1859 年到 20 世纪 20 年代。

1861 年，美国第一船煤油出口到英国伦敦，标志着石油工业一开始就是国际化的产业。当时，原油和煤油都是用啤酒桶装的，这也是将"桶"作为石油计量单位的最初来源。

在这一阶段，石油工业刚刚起步，一些国家陆续发现并开采石油，全球生产石油的国家很少，主要集中在美国、俄罗斯、墨西哥等国家。人们主要从石油中提炼煤油，用途是点灯照明，煤油灯成为当时世界上最时髦和最明亮的灯。而石油中比煤油轻的汽油组分以及比它重的其他组分则被当作易燃易爆的危险品或又脏又臭的废品弃之，石油科学技术基本处于“幼年时期”。

(2) 第二阶段(汽油时代)：从 20 世纪 20 年代初到 40 年代(第二次世界大战结束)。

19 世纪末，现代汽车工业的先驱者之一、德国奔驰汽车公司的创始人、被誉为“汽车之父”的卡尔·本茨(Karl Benz)设计和制造了世界上第一辆内燃机发动的汽车，汽车开始逐渐进入千家万户，人们对汽油性质的认识明显发生了转变，汽油成为主要的石油产品。人们对汽油需求量的提高也促进了石油加工技术的进一步发展。并且，随着电灯的发明，石油作为照明用油的历史逐渐走到了尽头，石油工业进入“汽油时代”。

世界上石油生产的范围和规模迅速扩大，以 1900 年前后出现的钻井技术革命为先导，20 世纪 20—30 年代，世界石油工业发生了第一次技术革命，其主要内容为地球物理勘探技术的诞生、注水采油技术的发展以及炼油工艺技术的飞跃。1927 年，人们发现了中东阿拉伯第一口喷油井(基尔库克大油田)，拉开了中东阿拉伯世界石油工业大发展的序幕。

(3) 第三阶段(燃料和化工原料时代)：从 20 世纪 40 年代到 20 世纪末。

在这一阶段，世界石油产量和探明可采储量高速增长。中东地区发展成为世界石油工业的中心。除燃料产品之外，以乙烯生产为标志的各种化工原料和产品开始进入社会生活。特别是发达国家，从 1951 年到 1967 年间基本完成了石油代替煤炭成为首要能源的历史性变革。在 1955 年，汽车第一次用上了塑料外壳。石油和化工产品已渗透到社会生产和日常生活中的各个角落，为社会的发展和进步发挥了重要的作用。

(4) 第四阶段(环境友好的石油产品时代)：进入 21 世纪后。

进入新世纪后，社会经济发展与生态环境相协调的理念更加突出，各行各业对环境保护的要求日益严格，石油工业进入了环境友好的石油产品时代，既包括节能减排、实现清洁生产过程的石油加工工艺，又包括环境友好的石油终端产品。

视频1
环境友好
的石油产品

石油产品的环境友好性主要体现在三个方面：无公害或低公害产品，如高标准的燃料油、食品级的蜡、医用注射器和输液袋、服装用的化纤等；易回收和综合利用产品，如橡胶、沥青、石油焦等；易环境降解产品，如可降解塑料、绿色润滑剂等。归纳起来，环境友好型石油产品是指在产品的整个生命周期内对环境友好的产品，也称环境无害化产品或低公害产品。

第三节　中国石油工业发展史

一、古代发展史

我国是世界上发现、开采和利用油气最早的国家之一。

据文字记载，在我国三千多年前的《易经》中有这样的描述：“火在水上”“泽中有火”，实际就是石油在水中露头燃烧的现象。西汉杨雄的《蜀王本纪》中记载了“临邛有火井，深六十余丈”。到了晋朝，《华阳国志》中记载了有关于四川利用天然气煮盐、煮饭和照明的内容。

到了北宋时期，当时著名的科学家沈括把石油加工成石烛照明，利用石油烟制墨，并且在其所著的《梦溪笔谈》中首次提出了“石油”的概念，同时预言“此物后必大行于世”（图1-1），现代文明已经充分证实了这一点。

鄜延境內有石油舊說高奴縣出脂水即此也生
於水際沙石與泉水相雜惘惘而出土人以雉
尾裛之乃採入缶中頗似淳漆燃之如麻但
甚濃所霑幄幕皆黑予疑其煙可用試掃其煤
以爲墨黑光如漆松墨不及也遂大爲之其識
文爲延川石液者是也此物後必大行於世自
予始爲之蓋石油至多生於地中無窮不若松
木有時而竭今齊魯間松林盡矣漸至太行京
西江南松山太半皆童矣造煤人蓋未知石煙
之利也石炭煙亦大墨人衣予戲爲延州詩云
二郎山下雪紛紛旋卓穹廬學塞人化盡素衣
冬未老石煙多似洛陽塵

图 1-1 《梦溪笔谈》摘录

到了明代，人们用石油煎制出点灯用的灯油，并在医学方面入药使用。李时珍在《本草纲目》中记载了“嘉州石脑油”可以照夜。曹学佺在《蜀中广记》中记载：“嘉州开盐井，偶得油水，可以照夜，其光加倍，土人呼为雄黄油，亦曰硫磺油。”

石油除了在应用方面发展较早之外，我国古代的石油开采技术也发展较早，为现代开采技术的发展提供了良好的参考。明代著名科学家宋应星在其所著的《天工开物》一书中，把长期流传下来的石油开采工艺做了系统的叙述。在宋代以前，一般认为是“大口浅井”阶段，由人直接下入井底，用锹、镐等简单工具开挖出来。从宋代开始，一般认为是卓筒井阶段，也称“小口深井”阶段，石油钻井、石油加工技术得到了初步发展，人们开始利用人力机械冲击式钻凿技术进行钻井。卓筒井钻井流程和今天石油工业的钻井技术十分接近，如图 1-2 所示。

卓筒井的发明是世界钻井史上的创举，被誉为世界石油“钻井之父”、中国的“第五大发明”。正是因为卓筒井的伟大意义，英国科学家李约瑟在《中国科学技术史》中指出：“今天在勘探油田时所用的这种钻探井凿洞的技术，肯定是中国人的发明。”“当时在世界上，中国的钻井技术处于遥遥领先的地位，大约于 12 世纪传到西方各国，中国发明的钻头与钻具比世界上其他国家早 1 100 年。”

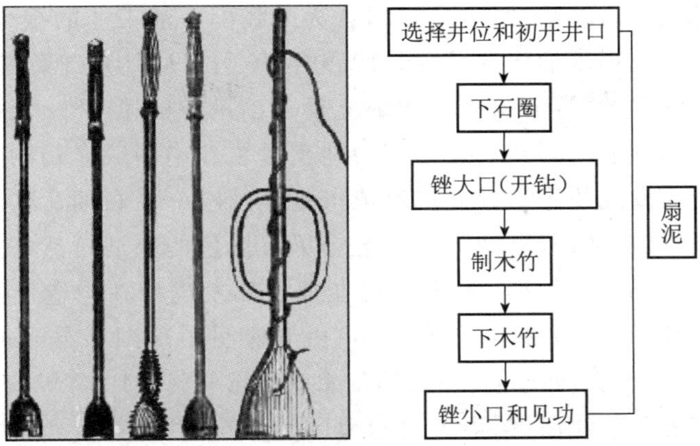

图 1-2　卓筒井工具和技术示意图

二、近代中国石油工业发展史

1. 近代中国石油工业启蒙

到了近代，从 1840 年第一次鸦片战争开始到新中国成立这百余年间，世界石油工业作为一个新兴的工业部门在快速发展，而我国社会正处于封建王朝没落、战乱纷飞的特殊历史时期，石油工业的发展尽管受到了很大的束缚，但仍得到了一定启蒙和发展。

1867 年，美国开始向我国出口“洋油”，随后其他资本主义国家也开始大量向我国倾销“洋油”。在列强向我国输入的商品中，石油产品为鸦片、棉纱之后排第三位的大宗商品。“洋油”倾销垄断了我国市场，阻碍了我国石油工业的发展。为抵制倾销，我国逐渐发展起自己的石油工业。

1878 年，我国在台湾苗栗油矿利用顿钻技术打出了国内第一口油井——苗一井，井深 120 m，日产油 0.75 t。

我国大陆最早的石油开采是在陕西延长地区，著名的延长石油官厂开办于 1905 年，并于 1907 年打出了我国大陆第一口油井——延一井，井深 80 多米，日产原油 1～1.5 t，结束了我国陆上不产石油的历史，我国近代石油工业由此萌芽。

1938 年，我国老一辈地质学家孙健初等在甘肃玉门发现了老君庙油田。1939 年，“老一井”出油，标志着我国近代石油工业进入了一个新的发展阶段。

2. 恢复和重大突破时期(1949—1959 年)

新中国成立以后，国家对石油工业的发展高度重视，鼓励和积极促进石油工业的发展。1950—1952 年可以认为是我国石油工业的恢复期。在这一阶段，我国石油工业以玉门油矿为重点恢复老油田生产，以西北地区为重点开展石油勘探。同时，积极培养石油人才，壮大专业和职工队伍。到 1952 年底，全国原油产量达到 43.5×10^4 t，为 1949 年产量的 3.6 倍，为旧中国最高年产量的 1.3 倍。

在恢复期的基础上，1953—1959 年可以认为是我国石油工业的重大突破期。石油勘探的第一次突破是克拉玛依油田的发现。1955 年 10 月 29 日，位于新疆准噶尔盆地西北缘的黑油山 1 井完钻出油，标志着新中国成立后自己勘探的第一个大油田——克拉玛依油田的发现。克拉玛依油田的开发建设有力地支援了新中国成立初期的经济建设，也揭开了新疆石油工业大发展的序幕。克拉玛依市是全国唯一以石油命名的城市，克拉玛依是维吾尔语的音译，其含义是“黑油”，这里至今仍有黑色的原油自然外溢，成为石油城市独具特色的标志。1958 年，青海石油勘探局在地质部发现冷湖构造带的基础上，在冷湖 5 号构造上打出了日产 800 t 的高产油井，并相继探明了冷湖 5 号、4 号、3 号油田。在四川，人们发现了东起重庆，西至自贡，南达叙水的天然气区。1958 年，石油部组织川中会战，发现南充、桂花等 7 个油田，结束了西南地区不产石油的历史。石油勘探的第二次突破是大庆油田的发现。1959 年 9 月 26 日，松辽盆地第三号探井——松基三井出油，标志着大庆油田的发现，开创了我国东部油气勘探的全新局面。当时正是庆祝新中国成立十周年的前夕，因此取名大庆油田，大庆市也由此得名。

1959 年，全国原油产量达到 373.3×10^4 t。

3. 高速发展时期(1960—1978 年)

进入 20 世纪 60 年代以后，随着大庆油田的开发，我国原油产量迅速增长。1961 年，胜利油田也钻探出工业油流。1963 年，全国原油产量达 648×10^4 t，实现了“石油基本自给”的历史性飞跃。同年 12 月，周恩来总理在第二届全国人民代表大会第四次会议上庄严宣布，中国需要的石油现在已经可以基本自给，中国人民使用“洋油”的时代一去不复返了。

1965 年，全国原油产量突破千万吨。1970—1973 年，大庆油田进行了开发调整工作，使年产量形势恶化的情况得到扭转，1973 年原油产量比 1970 年增长了 50%以上。1976 年，大庆油田原油年产量突破 $5\,000\times10^4$ t，为全国原油年产量达上亿吨打下了基础。进入 20 世纪 70 年代，胜利油田原油产量增长达到高峰期，年产量从 1966 年的 130 多万吨提高到 1978 年的近 $2\,000\times10^4$ t，成为我国仅次于大庆的第二大油田。在渤海湾北缘的盘锦沼泽地区，石油大军三上辽河油田，在复杂的地质条件下，勘探开发了兴隆台油田、曙光油田和欢喜岭油田，总结出一套勘探开发复杂油气藏的工艺技术和方法。1978 年，辽河油田原油产量达到 355×10^4 t。

1973 年，全国原油产量突破了 $5\,000\times10^4$ t，同年开始输出原油和成品油，改变了我国石油输入国的地位，也为国家换取了大量外汇。1978 年，全国原油产量突破亿吨，跃居世界第五位，使我国以产油大国的姿态崛起于世界产油大国之林。我国在 1966—1978 年的 13 年间，原油年产量以每年递增 18.6%的速度增长，原油加工能力增长 5 倍多，保证了国家的需要，缓和了能源供应的紧张局面。

与之相适应的炼油工业和石油化学工业也突飞猛进地发展，抚顺石油二厂、大庆炼油厂、胜利炼油厂、长岭炼油厂、东方红炼油厂等石油加工企业先后建立，相继掌握了流化催化裂化、催化重整等工艺技术，大大提高了我国的石油加工水平。

4. **稳定发展时期**(1978—1998 **年**)

我国原油产量 1978 年突破亿吨后，原油产量曾一度下滑。针对这种情况，为解决石油勘探、开发资金不足的困难，在石油全行业实施开放搞活措施，迅速收到效果，使全国原油产量从 1982 年起逐年增长，到 1985 年达到 1.25×10^8 t，居世界第六位。为适应国民经济快速发展对能源新的、更高的要求，石油工业实施“稳定东部，发展西部”的发展战略。1989 年开始塔里木石油会战，1992 年中国石油天然气总公司组织了吐哈石油会战。1997 年，塔里木油田产油 420.3×10^4 t，吐哈油田产油 300.1×10^4 t，新疆(克拉玛依)油田产油 870.2×10^4 t，西部成为中国石油的重要基地。同时，随着改革开放的不断深入，我国国民经济连续高速发展，对能源的需求急剧增加。石油产量每年都有所增长，但是仍不能满足市场需求。自 1993 年开始，原油＋成品油进口总量大于出口总量，我国开始成为石油产品净进口国，当年进口原油约 $3\ 000\times10^4$ t，并先后与加拿大、秘鲁、苏丹、委内瑞拉、哈萨克斯坦、俄罗斯等国家建立了石油工业海外业务。

5. **石油工业新时期**(1998 **年至今**)

按国务院统一部署，在中国石油天然气总公司基础上成立了以上游业务为主的中国石油天然气集团公司(中国石油)，在中国石油化工总公司基础上成立了以下游业务为主的中国石油化工集团公司(中国石化)。两大公司都是上下游、内外贸、产销一体化的集团公司。中国海洋石油总公司(中国海油)仍保留原体制和海洋石油勘探与开发业务。

2000 年和 2001 年，中国石油、中国石化、中国海油三大国家石油公司纷纷上市，成功进入海外资本市场，预示着我国石油工业对外开放进入了产权融合的新历史时期。同时石油加工朝着规模化、大型化、集约化的方向大踏步前进，2008 年 6 月我国第一座单套装置年加工能力千万吨的炼化企业在青岛市投入生产。总之，我国的石油工业经过近百年的发展，正朝着更加精细化、清洁化、国际化的趋势向前发展。

第四节　石油工业的概念与特征

一、石油工业的概念

石油工业是以原油为生产对象或原料，生产各种油料和化工产品的工业体系，是从油气勘探开始，到开发、储运、加工、销售的完整产业链。石油工业一般可以划分为上游、下游两大部分，其中石油勘探与开发被称为石油工业的上游，石油炼制与加工被称为石油工业的下游，储运则是石油工业的上游和下游均不可缺少的重要配套环节。

石油工业中各个环节的主要功能如下：

(1) 石油勘探：为了寻找和查明油气资源，利用各种勘探手段了解地下的地质状况，认识生油、储油以及油气运移、聚集、保存等条件，综合评价含油气远景，确定油气聚集的有利地区，找到储油气的圈闭，并探明油气田面积、油气层情况和产出能力。

(2) 石油开发：以石油勘探过程中发现并落实的油气田为目标，根据油气田储层条件，选择合理的开发方案，通过钻井工程、采油工程，安全、快捷、高效地采出地下原油和天然气。

(3) 石油加工：又可进一步分为石油炼制和石油化工。石油炼制是指将原油加工为汽油、航空煤油、柴油、润滑油、石蜡、沥青、石油焦等各种石油产品和化工原料的方法与过程。石油化工是指对石油炼制获得的原料油进行深度化学加工的方法与过程。石油化工的第一步是对原料油和气[如丙烷、石脑油、LPG(液化石油气)等]进行裂解，生成以乙烯、丙烯、丁二烯为代表的基本化工原料；第二步是以基本化工原料生产多种有机化工原料及合成材料(如塑料、合成纤维、合成橡胶等)。

(4) 石油储运：石油工业的上游和下游均离不开石油储运。石油工业的上游从油井井口开始，将油井生产出来的原油和天然气运往联合站(或集中处理站)进行集中和必要的处理以及储存，之后进一步外送石油加工企业或战略储备油库或其他用户。石油工业的下游主要是石油加工企业，要对原油和加工得到的石油产品进行储存和入厂、出厂运输。

(5) 石油销售：石油或以石油为原料加工成各种石油产品的出售与管理过程等。

二、石油工业的基本特征

1. 高投入、高风险、高回报

不论是石油工业体系整体，还是石油工业体系中的各个环节，都需要巨额的投资，同时受到科技水平的限制和不确定性的影响。例如，在勘探、钻井等过程中存在地质条件复杂、钻井不出油等不确定的技术和经济风险。尽管如此，这并不影响石油工业的高回报率。

2. 产业垄断性

高额的投入和庞大的技术体系决定了能够从事石油工业的企业单位数量非常有限，而且新企业进入行业的门槛很高，石油工业的高投入在一定程度上决定了石油工业垄断性的特征。

3. 政治战略属性

石油工业不仅仅局限于经济属性领域的范畴，由于石油是不可再生资源，获得和控制足够多的石油资源成为国家安全战略的重要保证，所以在国际竞争中更多地体现为政治战略属性。近百年来世界范围内的多次武装冲突和战争中背后都有石油的影子。

4. 科技属性

石油工业属于技术密集型行业，各个环节都需要大量科学技术进行支撑。随着勘探、钻井、采油、储运、加工等各环节技术要求的不断提高，以及日益严格的环保要求，必须不断推进新技术、新工艺、新装备的开发和应用，提升石油工业的科技能力，适应社会和行业发展的要求。

三、石油工业环境影响的特点

视频2
石油工业
环境影响的特点

石油工业发展到今天，与社会进步、人类文明的联系更加紧密，在未来相当长的一段时期内，石油、天然气等石化资源仍是全球能源结构的重要组成部分。从勘探找油开始，之后的钻井、采油、储运、加工等各个环节的运行生产与自然环境都是密切联系在一起的，人们在享用石油工业带来的各种产品与便利的同时，对石油工业环境影响、环境保护问题的关注也在逐渐增加，这也是世界各国均需正视、不能回避的问题。通过归纳石油工业的建设发展和运行过程可知，石油工业环境影响的特点主要包括以下几个方面：

1. 突发性

突发性是石油工业环境影响的一个非常突出的特点。石油和石油产品的基本用途之一是用来提供能量，所以其本身就是一种能量聚集体。石油工业突发性的环境影响往往表现为火灾爆炸的次生影响和有害物质泄漏等，而且发生的原因、时间、地点具有不确定性，可能会对所在区域带来最为直接的伤害和破坏。

对于这些可能带来严重环境影响的突发性环境问题，我们应及时、准确地辨识出来，并在此基础上积极做好预警、防控、应急等一系列应对措施，从而最大程度地减少、降低突发性环境问题所带来的影响。

2. 污染源多样性

石油勘探、钻井、采油、储运、加工的各个环节都有污染源，对环境的影响既包括环境污染型，也包括生态破坏型，而且污染源的种类是多种多样的。例如，废气污染源既有直接或经过处理后有组织排放的点源，也有无组织排放的面源，还有运输过程中的线源。从污染源的排放方式来看，石油工业既有连续源，如连续排放的废水、持续排放的烟气等，也有间歇源，如火炬、放空、噪声等；从对环境要素的影响来看，石油工业涵盖了大气污染源、水污染源、固体废物污染源、噪声污染源、热污染源、辐射污染源等多种污染源类型。因此，石油工业具有显著的污染源多样性环境影响特点，不同环节的代表性污染源如图 1-3 所示。

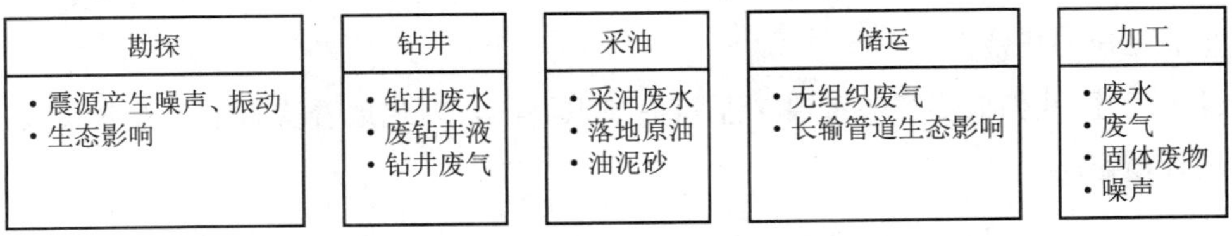

图 1-3　石油工业不同环节的代表性污染源示意图

3. 污染因子复杂性

石油工业污染源众多，各个污染源排放的污染因子(及污染物)种类更加复杂，几乎包含了环境科学所研究污染分类中的所有种类，其中既有常规污染物，也有石油工业的特征污染物。例如，石油工业废气源既包括二氧化硫、氮氧化物、颗粒物等常规污染物，也包括挥发性有机物(VOCs)等特征污染物；废水源既包括固体污染物、需氧污染物、营养性污染物、酸碱污染物等常规污染物，也包括挥发酚、石油类等特征污染物。

石油工业的污染因子复杂性导致其潜在危险因素多，产生污染时影响面广。通过科技进步和环境管理手段，有效降低石油工业污染物的排放和环境风险，将石油工业对环境的影响降到最低，是石油工业实现可持续发展所必须履行的社会责任。

4. 区域时空性

石油工业体系环节众多、领域广泛，不论是油田开发还是石油加工，从最初的萌芽到今天的勃勃生机，其工作区域遍及沙漠、盆地、内陆、海洋等地球的各个角落，必然会对这些区域的生态环境产生各种影响。近代石油工业体系的发展经历百余年，环境影响也就持续了百余年。而石油工业体系产生的污染物排放可能进入空间的各个领域或要素，如大气、水体、土壤、生态系统等。因此，可以说，只要有石油工业的地方，其环境影响就会有区域时空性的特征。

5. 作用双重性

石油工业环境影响的最后一个特点，也是最容易被人们忽视的特点，就是石油工业环境影响作用的双重性。

随着石油工业的开发和介入，在环保措施到位、环保管理严格的前提下，在原有环境生态系统的基础上建立一个更适合人类生存和发展的新生态系统是完全可能的。例如，位于我国西部地区的新疆克拉玛依市，在原来戈壁荒滩的基础上建立起一片新的生态绿洲；位于华东地区的山东东营，从原来的盐碱滩涂变成了今天黄河入海口的生态之城；位于东北地区的黑龙江大庆，由原来的游猎地变成了今天的现代化油城。这些城市因油而生、因油而建、因油而发展，旧貌换新颜，是石油工业促进高级环境生态系统代替原有初级环境生态系统的典范。

综上所述，我们应多了解石油工业相关知识，科学、客观地看待石油工业建设发展所带来的环境影响。

第五节 环境概念和环境影响分析

一、有关环境和环境问题的基本概念

为了进一步理解石油工业的环境影响，有必要对环境科学领域有关环境的一些基本概念做以下简要介绍。

1. 环 境

环境有以下几个层次的定义：

(1) 哲学上的定义：从哲学角度来看，环境是相对于一个中心事物所有的客观存在。一般认为，环境是影响人类生存和发展的所有外界因素的总和。

(2) 环境科学领域有关环境的定义：环境既包括以大气、水、土壤、植物、动物、微生物等为内容的物质因素，也包括以观念、制度、行为准则等为内容的非物质因素；既包括自然因素，也包括社会因素；既包括非生命体形式，也包括生命体形式。环境是相对于某个主体而言的，主体不同，环境的大小、内容等也就不同。对人类而言，环境是以人类为主体的外部世界。

(3) ISO14001 中关于环境的定义：环境是指组织运行活动的外部存在，包括空气、水、土地、自然资源、植物、动物、人，以及它们之间的相互关系。

(4)《中华人民共和国环境保护法》中关于环境的定义："本法所称环境，是指影响人类生存和发展的各种天然的和经过人工改造的自然因素的总体，包括大气、水、海洋、土地、矿藏、森林、草原、野生生物、自然遗迹、人文遗迹、风景名胜区、自然保护区、城市和乡村等。"

以上提出的环境的定义都是基于人类认知能力和工作开展需要的描述，所站角度不同，关注点也不同，其含义各有侧重。

2. 环境质量

环境质量是环境系统客观存在的一种本质属性，是可以用定性和定量的方法加以描述的环境系统状态。具体来说，环境质量是在一个具体的环境内，环境的总体或环境的某些要素对人群的生存和繁衍以及社会经济发展的适宜程度，是反映人类的具体要求而形成的对环境评定的一种概念。20 世纪 60 年代，随着世界范围内各种环境问题的出现，常用环境质量来表示环境遭受污染的程度。

3. 环境要素

环境要素也称环境基质，是构成人类环境整体的各个独立的、性质不同的且服从整体演化规律的基本物质组分，是认识环境、评价环境、改造环境的基本依据，可以分为自然环境要素和人工环境要素两类。

(1) 自然环境要素:通常是指水、大气、生物、阳光、岩石、土壤等。有的学者认为自然环境要素不包括阳光,因为环境要素并不等于自然环境因素。

(2) 人工环境要素:通常指城市、村镇、文物古迹、景观等。

环境要素组成环境结构单元,环境结构单元又相互联系组成整体的环境系统。

4. 环境污染

环境污染指自然的或人为的破坏,如向环境中添加某种物质或能量超过环境的自净能力而产生危害使环境的构成或状态发生变化,环境质量下降,从而扰乱和破坏生态系统以及人类的正常生产和生活条件的现象和行为。

5. 环境问题

环境问题一般指由于自然界或人类活动作用于人们周围的环境,引起环境质量下降或生态失调,以及这种变化反过来对人类的生产和生活产生不利影响的现象。人类在改造自然环境和创建社会环境的过程中,自然环境仍以其固有的自然规律变化着。社会环境受自然环境的制约,也以其固有的规律运动着。人类与环境不断地相互影响和作用,产生环境问题,其特征为全球性、区域性、全民性和突发性。

环境问题多种多样,归纳起来有两大类:一类是自然演变和自然灾害引起的原生环境问题,也称第一环境问题,是指由自然因素自身的失衡和污染引起的环境问题,如火山爆发、洪涝、干旱、地震、台风等自然界的异常变化等;另一类是次生环境问题,也称第二环境问题,是指由人为因素造成的生态破坏、环境污染与环境干扰,如图 1-4 所示。环境干扰是指人类活动排出的能量作用于环境而产生的不良影响,其特点是干扰源停止后干扰立即消失,如噪声影响。

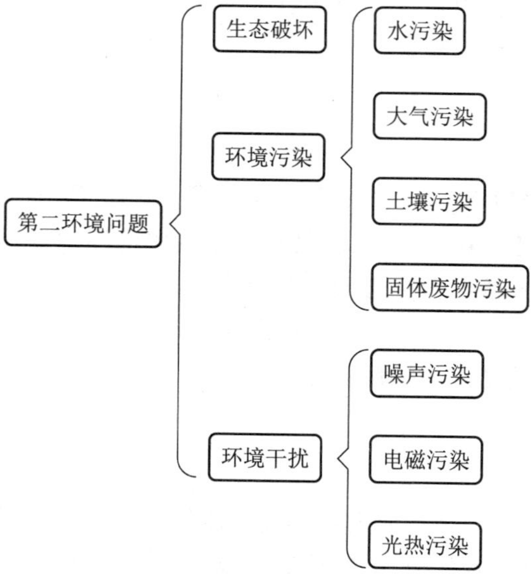

图 1-4　第二环境问题分类示意图

6. 环境影响

环境影响是指人类活动(经济活动、政治活动和社会活动)对环境的作用和导致的环境变化以及由此引起的对人类社会和经济的效应。从不同的角度来说,环境影响有多种分类:按影响来源,分为直接影响、间接影响和累积影响;按影响效果,分为有利影响和不利影响;按影响性质,分为可恢复影响和不可恢复影响;按作用时间,分为短期影响和长期影响;按影响范围,分为地方、区域影响或国家、全球影响,或建设阶段影响和运行阶段影响等。

二、环境影响的分析方法

与环境相关的概念包罗万象,人类的生产、生活活动中涉及与环境相关的概念也是不计其数的。对如此复杂的环境、如此多种多样的活动,如何分析描述各种活动在环境中产生的影响,并对这些影响进行有效管控,使其为人类服务的同时不产生严重危害呢?人们经过多年的探索,从理论到方法,已经形成了比较系统、有效的环境影响分析方式。下面以 ISO14001 环境管理体系中有关环境因素识别的方法来简要介绍环境影响的分析方法。

1. 分析步骤

环境因素识别是以生命周期理论为指导,以环境影响为主线,综合考虑污染物的产生、排放、造成环境影响等因素,通过污染物转化规律全过程的分析,找出环境因素。环境因素识别步骤如图 1-5 所示。

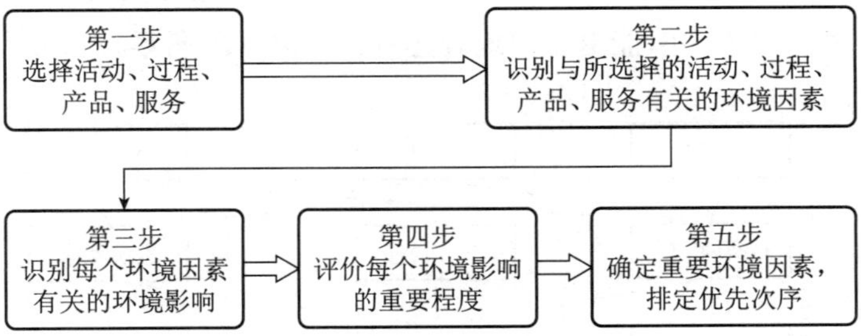

图 1-5 环境因素识别步骤示意图

2. 环境因素识别的范围

要以产品生命周期理论为指导,充分地对组织的环境因素进行识别,从组织的活动、产品、服务中识别环境因素。环境因素包含可以控制的和可望施加影响的环境因素。其中,可以控制的环境因素是指组织自身可以管理、处理、处置的环境因素;可望施加影响的环境因素是指组织不能直接加以管理，但是可以通过其他途径来施加影响，改善其环境行为的环境因素。

3. 识别环境因素

环境因素识别通常需考虑“三种时态”“三种状态”和“七种类型”。

(1)“三种时态”——过去时、现在时、将来时。

过去时：以往产生的环境影响一直持续到现在。

现在时：正在进行的活动、产品、服务中的环境因素及其影响。

将来时：规划中的活动、产品、服务将来可能产生环境影响。

(2)“三种状态”——异常状态、正常状态、紧急状态。

异常状态：可以合理预期的非正常状态。

正常状态：常规的运行状态。

紧急状态：不可合理预期的突发事件。

(3)“七种类型”——大气污染、水体污染、噪声污染、固体废物污染、土壤污染、资源消耗、其他环境问题。

大气污染：工业废气、交通废气等的排放。

水体污染：生活废水、工业废水等的排放。

噪声污染：各种作业活动、生活娱乐活动产生的噪声。

固体废物污染：生活垃圾、工业垃圾、危险废物等造成的污染。

土壤污染：各种化学物质及各种油类、有害物质、重金属对土地的污染。

资源消耗：能源资源的使用和消耗，必然伴随着环境的影响。

其他环境问题：各种放射性、辐射污染，以及地方、国家、全球的环境问题。

将以上内容表示成图1-6，能更直观地表述各部分之间的联系。

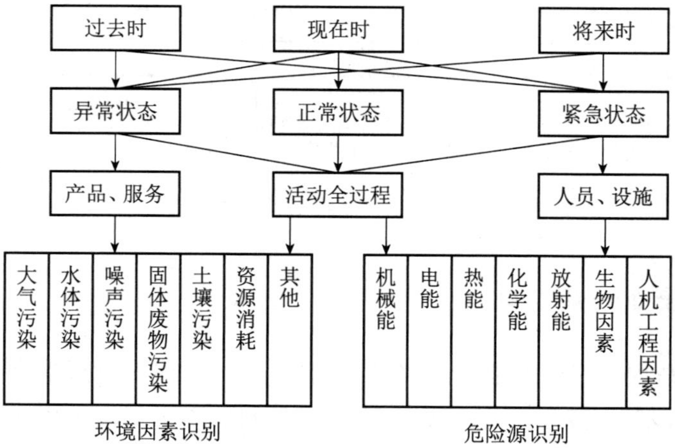

图1-6　组织活动要素与环境因素识别各部分的联系示意图

第六节　“双碳”背景下石油工业的发展趋势

一、什么是“双碳”?

现阶段,“双碳”(碳达峰、碳中和)无疑成为各行业发展方向的核心驱动因素。2020 年 9 月 22 日,习近平主席在第七十五届联合国大会上表示,中国将提高国家自主贡献力度,采取更加有力的政策和措施,碳排放力争于 2030 年前达到峰值,努力争取到 2060 年前实现碳中和。

2021 年 10 月 24 日,中共中央、国务院印发《中共中央　国务院关于完整准确全面贯彻新发展理念做好碳达峰碳中和工作的意见》,对 2025 年、2030 年单位国内生产总值(GDP)能耗与碳排放以及非化石能源占比提出明确目标,并且充分强调推进经济社会发展全面绿色转型,深度调整产业结构,制定能源、钢铁、有色金属、石化化工、建材、交通、建筑等行业和领域碳达峰实施方案,坚决限制高耗能、高排放项目盲目发展,加强产能过剩分析预警和窗口指导。

2021 年 10 月 26 日,国务院印发《2030 年前碳达峰行动方案》。该文件指出,要将碳达峰贯穿于经济社会发展全过程和各方面,重点实施能源绿色低碳转型行动、节能降碳增效行动、工业领域碳达峰行动、城乡建设碳达峰行动、交通运输绿色低碳行动、循环经济助力降碳行动、绿色低碳科技创新行动、碳汇能力巩固提升行动、绿色低碳全民行动、各地区梯次有序碳达峰行动的“碳达峰十大行动”。

实际上,我国减碳目标的提出与落地并非突然袭击,而是经历了不断推进的过程。“达峰”不是一蹴而就的,“中和”更非一日而成。2009 年我国就首次提出 2020 年单位 GDP 二氧化碳排放量比 2005 年下降 40%～45%的量化目标。从强度目标到总量目标,从达峰再到净零,减排目标向更高难度的演进见证了我国在应对气候变化上长期且持续的投入。这不仅是我国肩负大国责任,实现应对气候变化的雄心目标并引领全球气候治理的庄严承诺,还会对国内产业的发展趋势及投资逻辑产生深远的影响。碳中和对包括新能源在内的新兴产业的利好简单易懂,但对于传统行业的影响却难以一概而论,尤其是对石油工业这种传统意义上的能源行业,能源结构和产业结构必然发生剧烈变化,这将对石油工业带来非常深远的影响。

二、“双碳”背景下石油工业的发展机遇与挑战

1. 石油工业发展现状

(1) 国外石油工业发展现状。

近年来,亚太地区炼油能力占比超过全球炼油能力的 1/3,2020 年全球新增炼油能力大部分来自中国、沙特阿拉伯、科威特等亚太地区和中东国家,占 80%以上。受疫情影响,新建炼化项目数量大幅缩减,2020 年全球新建炼化项目共计 290 个,比 2019 年下降了

36%，其中亚太、中东和北美地区新建项目占全球的70%以上。部分计划投产运营的大型炼油项目推迟投产，全球范围内5 110×10^4 t新增产能被推迟（多数推迟一年）或取消。其中，亚太地区延迟或取消项目规模超过2 000×10^4 t（印度占一半），北美和拉美地区约为1 940×10^4 t。由于需求下降，一批老旧炼油厂被关停，如壳牌关闭了其位于美国Convent的1 300×10^4 t/a的炼油厂。

从疫情前相对宽松的市场，到2020年和2021年的低迷市场，下游市场在2022年年中变得极为紧张。造成这种情况的原因有几个：疫情后恢复期需求强劲增长，与原油和产品流动有关的地缘政治不确定性增加，大量炼油厂关闭导致可用炼油能力收紧，炼油厂扩建计划推迟，以及炼油成本不断上升。

从中期来看，发达国家炼油产能的紧张，以及创纪录的炼油利润率可能不会引发对新炼油产能的大规模投资。人们普遍预期这些地区的能源政策将导致未来几年石油需求达到峰值，这不利于对新炼油厂的长期投资。这似乎反映了与当今能源行业和能源政策相关的更广泛的问题。尽管能源政策阻碍了对包括石油在内的化石燃料的投资，但石油需求依然强劲。这种不协调性会造成潜在的市场冲击、波动和价格飙升，并在国际市场蔓延，对发展中国家也造成严重影响。

从长期来看，发达国家的下游行业预计将缓慢衰退，炼油厂吞吐量下降，甚至可能关闭。为了继续运营，这些地区的炼油厂将不得不进行调整——通常是将石化或生物燃料整合。同时，减少碳足迹也很重要，CCUS（碳捕集、利用与封存）和可再生电力可能发挥重要作用。

（2）国内石油工业发展现状。

我国炼油能力逐年增长，占世界份额显著提升，使中美差距不断缩小。2016年我国炼油能力为7.92×10^8 t/a，2019年为8.61×10^8 t/a，2021年末达9.1×10^8 t/a，在全球炼油能力中占比18%，超过了美国的9.07×10^8 t/a，位居世界第一。

从地域分布上看，我国炼油一方面向原油进口通道集中，另一方面一体化、基地化趋势明显，主要集中在华东、东北和华南地区，约占总炼油能力的56%，特别是在华东地区，占有我国七大石化基地中的三大基地。另外，浙江石化的建成投产更使华东地区的炼油能力集中度进一步提高。目前，我国除贵州、山西、西藏等地区没有炼油厂外，大部分省区市均布局了炼油项目。

我国原油消费量逐年增长，受国内经济和消费增长的驱动，我国原油进口量逐年增加，对外依存度持续升高，但增速逐渐放缓。2019年，我国原油产量为1.91×10^8 t，进口量和出口量分别为5.06×10^8 t和81×10^4 t，净进口量达到5.05×10^8 t，对外依存度增加到72.6%。2022年，我国原油产量为2.05×10^8 t，进口量和出口量分别为5.08×10^8 t和200.58×10^4 t，净进口量为5.08×10^8 t。

我国的下游行业预计将在需求扩大的基础上继续增长。然而，鉴于炼油厂吞吐量增长将下降，市场预计2040年以后炼油产能增长将显著放缓，可能不再有新建炼油厂。这就是为什么确保强大的竞争地位对炼油厂至关重要。这包括石化产品的整合，可以为传统燃料需求下降提供“对冲”。

综上所述，能源政策的不确定性及其对石油需求的长期影响仍然很大。需求下降必然会导致产量下降，并可能导致更高的关闭率。尽管如此，炼油行业仍将是全球石油和天然气行业的重要组成部分，它在帮助减少二氧化碳排放方面具有重要的能力，从而有助于实现能源行业安全、高效和可持续性的共同目标。

2. 国内石油工业的发展机遇

《中共中央关于制定国民经济和社会发展第十四个五年规划和二〇三五年远景目标的建议》对能源行业发展提出纲领性要求，明确在“十四五”期间要实现能源资源配置更加合理、利用效率大幅度提高、主要污染物排放总量持续减少的近期目标，以及 2035 年碳排放达峰后稳中有降的远景目标。2021 年 10 月，我国颁布的《石化化工重点行业严格能效约束推动节能降碳行动方案(2021—2025 年)》中明确指出：到 2025 年，通过实施节能降碳行动，炼油、乙烯、合成氨、电石行业达到标杆水平的产能比例超过 30%，行业整体能效水平明显提升，碳排放强度明显下降，绿色低碳发展能力显著增强。做好石油石化行业碳达峰、碳中和工作，对于促进我国碳达峰、碳中和目标的实现有着重要的意义。

在“双碳”背景下，石油工业近年来表现出明显的变化趋势：

(1) 油品质量持续升级，将不断满足清洁环保要求。

国内炼油工业在 14 年间完成了车用汽油、车用柴油从国Ⅱ到国Ⅵ标准的升级，实现了车用汽油超低硫、低烯烃、低芳烃、低苯的要求，以及柴油高十六烷值、超低硫、低芳烃的要求。过去 10 余年，汽油、柴油质量持续快速升级是中国炼油工业最重要的技术进步表现。目前，中国在汽油、柴油产品标准方面的主要技术指标与欧美发达国家相当，实现了汽油、柴油产品标准从过去多年跟跑向并跑的跨越。未来，油品质量将持续升级，不断满足清洁环保要求。

(2) 炼油呈现大型化、基地化，过剩压力向化工产品转型。

2021 年，中国石化、中国石油、中国海油、中国中化以及民营企业、外资和煤基油品企业等多元化主体参与的国内竞争格局继续发展。其中，中国石油和中国石化两大集团炼油能力从 4.84×10^8 t/a 升至 4.88×10^8 t/a，占全国总产能的比例从 54.6%降至 53.5%；中国化工和中化正式重组为中国中化，炼油能力为 $6\,000\times10^4$ t/a，超过中国海油的 $5\,200\times10^4$ t/a，成为国内第三大经营主体；民营企业炼油能力从 2.48×10^8 t/a 升至 2.70×10^8 t/a，占全国总产能的比例从 28.0%升至 29.6%。从炼油厂规模看，得益于近年新建或改扩建多个千万吨级炼油厂，以及淘汰或置换了部分落后产能的炼油厂，国内炼油厂平均规模升至 458×10^4 t/a，但与世界炼油厂平均规模 812×10^4 t/a 仍有一定差距。中国石化全力打造茂湛、镇海、上海和南京四个世界级炼化基地；中国海油集中发展惠州石化基地，已制定三期规划；中国中化以泉州为基地进行炼化扩能。恒力石化、浙江石化和中科大炼油等大型炼化项目陆续建成投产，盛虹石化、裕龙石化(一期)、兵器华锦等项目加紧建设。

炼油能力过剩的形势更加严峻，并有向化工板块转移的苗头。炼化集中扩能预计持续至 2025 年，新增炼油能力超过 1.55×10^8 t/a，配套乙烯能力 $1\,760\times10^4$ t/a，配套芳烃能力 $2\,054\times10^4$ t/a。“十四五”期间，盛虹石化、中国石油广东石化、山东裕龙岛石化以及兵器华锦炼化一体化项目等将落地投产，全国炼油产能将突破 10×10^8 t/a，届时我国将成为世界第一炼油大国，产能过剩将会长期存在。我国炼油企业“油品产量大，化工品产量小”的现状满足不了国内化工材料的需求，特别是对高端产品的需求，这不但限制了炼油企业的盈利能力，而且不利于我国经济的持续健康发展。当前，炼油向烯烃、芳烃等基本化工原料转型将成为行业主流。

(3) 炼化一体化向纵深发展，炼油向化工转型成为企业盈利的关键。

受新能源汽车快速发展的冲击和民众对高质量生活品质追求的提升，世界范围内油品需求增速放缓，石化产品需求增长加快，炼油企业正从大量生产成品油转向多产优质油品和石化原料，尤其是增产低碳烯烃、芳烃，以进一步拓展炼油行业可持续发展空间。炼化一体化已成为国内外炼油企业优化资源配置、提升产品附加值、加快转型升级、提高盈利水平的战略选择。未来，新投产和新建的炼油企业将呈现出更加明显的大型化、规模化、炼化一体化趋势。

全球炼化一体化企业石化产品占比在不断提高。以往炼化一体化企业通常以3%～20%的原油生产石化产品，利用新技术后现在已提高到50%左右，有些公司甚至提高到70%～80%。据沙特阿拉伯国家石油公司(沙特阿美公司)分析，从现在到2030年，石化产品需求增长约占全球原油需求增长的1/3，到2050年将约占50%。该公司计划将来70%的原油用于生产石化产品。

此外，原油直接制烯烃已成为炼油向化工转型的一个重要方向。埃克森美孚公司、沙特阿美公司与沙特基础工业公司(SABIC)的合资公司都有投建此类项目的计划。埃克森美孚已于2014年在新加坡投产了全球第一套原油直接制烯烃的工业化装置。沙特阿美公司和SABIC的合资公司计划在沙特阿拉伯建设原油直接制烯烃项目。

3. 石油工业的发展挑战

(1) 油品质量标准加速升级，炼油企业挑战不断加剧。

随着对环境要求的提高，世界各国对油品的质量与环保要求更趋严格，主要国家和地区的油品质量升级步伐加快。

从主要国家汽、柴油标准来看，硫含量是汽、柴油质量升级中最为重要的指标，汽、柴油中硫含量降至不大于10 μg/g是国际趋势。除了硫含量的不断降低以外，汽油中烯烃含量、芳香烃含量、苯含量的不断降低以及汽油辛烷值的不断提高要求炼油厂的装置结构和运营水平持续提升，需要炼油厂不断的巨额投入以应对日趋严格的汽、柴油升级标准。

除了车用汽、柴油质量标准升级外，船用燃料油的标准也在不断提高。国际海事组织(IMO)2020年1月1日起生效的船舶燃料新规对炼油行业提出了新的要求。

为了应对不断提高的油品标准，国内外石油公司都投入巨资进行炼油厂装置调整以及运营优化。例如，美国马拉松石油公司投入100亿美元用于生产满足美国Tier Ⅲ标准的汽油以及IMO要求的船用燃料标准的燃料。我国炼油企业也同样投入巨资进行研制。巨资的投入及日益激烈的市场竞争使得炼油行业的挑战更加艰巨，提高炼油企业的竞争力刻不容缓。

(2) 供需失衡，产能过剩问题犹在。

产能过剩问题是长期困扰我国石油工业健康稳定发展的“顽疾”，特别是近年来我国市场供需变化调整加速，该问题的影响愈发凸显。近年来，在新能源汽车对传统燃油汽车快速替代等因素影响下，我国成品油市场发生了重大变化，国内市场供需关系进一步失衡。因此，产能过剩问题会对我国石油工业发展产生不利影响，额外产生的碳排放也会对行业实现碳达峰和碳中和目标造成巨大阻碍。

(3) 大而不强，结构性矛盾突出。

我国是全球最大的石油和化工生产国，产值规模接近全球总量的40%。截至2021年，全国重点化工园区或以石化为主导产业的工业园区共有616家，其中国家级的化工园区48家，行业规模以上企业51%在化工园区，化工园区已成为我国石油化工行业规模化发展的主战场。但放眼全球来看，我国石油工业并不具备与发展规模相匹配的强劲竞争力，大部分产品处于全球价值链分工体系的中低环节，低附加值的基础化工产品占比较大，对资源和生态环境造成较大压力，且未能产生足够的利润，导致部分企业陷入经营困局甚至停产。解决我国石油工业结构性矛盾是有序推进低碳转型，实现行业碳达峰和碳中和亟待破解的挑战之一。

(4) 壁垒高筑，CCUS推广难。

对石油工业而言，在工艺过程中的碳排放可以看作一种碳资源的流失。通过CCUS技术能够将这部分碳资源重新作为原料进行再利用，实现化石资源中碳元素价值的最大化。石油工业是CCUS技术率先得到应用的行业之一，多年来涌现了一批CCUS技术示范应用。但目前来看，我国CCUS技术研发和商业化应用仍处于初级阶段，已开展的CCUS项目中大部分为企业自发投资建设，高技术壁垒和前期高投入依然是该技术在企业间实现大规模推广应用的难点。因此，尽快开展CCUS技术的强研发、降成本、扩应用将是我国石油工业实现碳达峰和碳中和目标的重点挑战。

4. 石油工业的减碳路径

石油工业一方面为交通运输等相关领域提供清洁的燃料油品，另一方面为人们提供广泛的工业产品以及生活用品。在碳达峰和碳中和目标下，石油化工行业会随着我国能源结构的优化而调整，其产品的能源属性将会逐步减弱，而其作为其他产业的原料、材料属性将会进一步增强。从分析来看，主要可考虑的减碳路径有以下六个方面：

(1) 通过系统、工艺及设备提高能效实现节能降耗。

(2) 通过原料、装置、产品结构调整实现降碳。

(3) 通过生物质能、绿氢、光热、风能、储能设施、核能、地热、光伏的应用实现可再生能源替代。

(4) 以碳交易、二氧化碳制化学品来实现产业碳汇。

(5) 以植树造林实现林业碳汇。

(6) 二氧化碳捕集和封存。

以上六个方面可归结为：源头控制，即采用绿色能源的“无碳技术”；过程控制，即现有工业过程中采用的节能减排技术，也就是“减碳技术”；末端控制，即捕集、封存、利用 CO_2 (CCS/CCUS)的“去碳技术”。

“双碳”目标的提出将引领石油化工行业进入前所未有的时代，全球石油化工行业竞争格局也将发生重大转变。我国的石油公司应当立足于我国的资源禀赋，科学分析自身优势与定位：一方面，充分认识到中长期油气在能源消费结构中的重要地位，在加大国内油气勘探开发力度的同时有效获取海外油气资源；另一方面，合理发展低碳和新能源业务，承担好保障国家油气安全与落实“双碳”目标的双重责任。

在世界能源变革潮流和产业发展大势下，石油化工行业只有积极应对面临的挑战，对国内外碳达峰和碳中和的发展态势进行深入研判，寻求转型和变革，才能实现高质量、高效益的发展。

思考题

(1) 阐述石油和石油工业的概念。

(2) 近代石油工业的阶段如何划分?

(3) 石油工业环境影响的特点主要有哪些?

(4) 简述我国石油工业的主要发展史。

(5) 简述世界石油工业的主要发展史。

第二章

石油成因与成藏

第一节 石油的组成与基本性质

一、石油的组成

1. 石油的元素组成

世界上各种石油的性质虽千差万别，但基本上都是由碳、氢、氧、硫、氮等化学元素组成的，其中碳、氢两种元素占绝对优势，一般碳含量为83%～87%（质量分数，下同），氢含量为11%～14%，两种元素合计占95%以上，C/H（原子比）一般介于6.0～7.5之间。氧、硫、氮总含量一般介于1%～4%之间，个别可达4%～7%。

除上述五种元素外，还包含几十种微量元素。微量金属元素包括Ni，V，Pb，K，Na，Ca，Fe，…；微量非金属元素包括As，Si，P，Cl，I，…。这些微量元素尽管含量很低，一般为百万分之几或甚至十亿分之几，但对石油勘探、加工过程和产品质量有重要影响，也应充分重视。例如，钒（V）和镍（Ni）是石油加工过程中催化裂化催化剂的毒性物质，也可以使加氢裂化催化剂失活和床层堵塞；非金属元素砷（As）易造成重整催化剂失活。

2. 石油的化合物组成

石油中的主要元素不是呈游离状态，而是结合成不同的化合物存在，以烃类化合物为主，另外还有含硫、含氮、含氧的非烃类化合物等。

(1) 石油的烃类组成。

目前在石油中已鉴定出的烃类化合物达420多种。按其本身结构，基本上可分为烷烃、环烷烃、芳香烃三大类。

(2) 石油的非烃类组成。

石油中所含的非烃类化合物主要包括含硫、含氮、含氧的化合物等。

硫在石油中的存在形态主要有硫化氢、硫醇、硫醚、二硫化物、噻吩及其同系物等。石油中的含硫化合物不仅会引起设备腐蚀、催化剂中毒，而且在加工过程中会大量转化成剧毒的硫化氢，有引起人员中毒的安全和环境风险，因此必须对其中的硫化物进行合理的去除。去除硫化物的方法有碱洗、硫黄回收等。

石油中氮含量一般比硫含量低，通常在0.05%～0.5%范围内，存在形态包括碱性氮化合物，如吡啶、喹啉、胺等；中性氮化合物，如吡咯、吲哚、咔唑等。当油品中含氮化合物含量多时，易与空气长期接触氧化生胶而使油品颜色变深，气味变臭，加工过程中也能使某些催化剂中毒。油品中的含氮化合物一般通过碱洗和精制过程除去。

石油中氧含量一般在千分之几的范围内，只有个别石油中氧含量较高，可达2%～3%。原油中的氧大部分富集在胶状、沥青状物质中，占原油总氧含量的90%～95%，主要以有机含氧化合物，如环烷酸、芳香酸和脂肪酸等形式存在。一方面，环烷酸会对加工设备造成腐蚀，特别是低分子环烷酸的酸性较强，大部分环烷酸在石油加工过程中可用碱洗的方法去除。另一方面，环烷酸及其金属盐是有价值的化工原料，环烷酸盐常用作杀虫及杀菌剂、农用助长剂、洗涤剂、颜料等。而酮、醛和酯类等中性含氧化合物在石油中的含量极少。

需要注意的是，非烃类化合物尽管不是石油的主体，但是并不表示它们是无足轻重的，恰恰相反，这些非烃类化合物的存在对于石油的加工及石油产品的使用性能都有很大的影响。例如，石油加工过程中的催化剂中毒和一些特征污染物的产生等都与这些非烃类化合物密切相关。

二、石油的基本性质

石油的基本性质主要包括颜色、密度、流动性质、燃烧性能等。

1. 颜　色

石油主要是从地下开采出来的处于流动或半流动状态的黏稠液体。未经加工的石油称为原油。石油的颜色以棕褐色、黑褐色、黑绿色多见，少数见浅黄色、无色。

2. 密　度

石油的相对密度一般小于1.0，绝大多数介于0.8～0.98之间，个别高于1.0或低于0.8。我国规定20 ℃时的密度为原油和液体石油产品的标准密度，以ρ_{20}表示，在其他温度t下测得的密度用ρ_t表示。物质的相对密度是其密度与规定温度下水的密度之比。因为水在4 ℃时的密度等于1.0 g/cm^3，所以通常以4 ℃水为基准，将温度t时的油品密度与4 ℃时水的密度之比称为相对密度。

3. 流动性质

当石油和油品处于牛顿流体状态时，其流动性可用黏度来描述；当处于低温状态时，可用多种条件性指标来评定其低温流动性。

流体在流动时，因流体各层的流动速度不同，在相邻两层流体间的接触面上会出现与接触面相切的一对阻碍相对滑动的力，这对等值而方向相反的阻力称为内摩擦力，反映这种内摩擦力大小的特征值称为黏度。

黏度是评价石油及油品流动性的指标，对流体输送时的流量和压降影响很大，是工艺计算和设计中必不可少的物理常数。

(1) 油品黏度的表示方法。

世界各国表示油品黏度的方法有所不同，我国主要采用运动黏度和恩氏黏度，英国、美国等国家大都使用赛氏黏度和雷氏黏度，德国和其他西欧各国多用恩氏黏度和运动黏度。国际标准化组织(ISO)规定统一采用运动黏度。目前，各种黏度表示方法共存。

① 运动黏度。

油品的运动黏度是相同温度下其动力黏度(又称绝对黏度)与密度之比。

② 恩氏、赛氏和雷氏黏度。

这三种黏度都是在严格的规定仪器和方法下测定的，均称为条件黏度。

恩氏黏度(Engler viscosity)：它是以油品在某温度下从恩氏黏度计中流出 200 mL 的时间与同样体积的水在 20 ℃时流出的时间之比作为指标。恩氏黏度源于德国，目前我国燃料油的质量标准中仍用恩氏黏度作为指标。

赛氏黏度(Saybolt viscosity)：它是以 60 mL 油品从赛氏黏度计中流出的时间(s)作为指标。具体还有赛氏通用黏度(Saybolt universal viscosity，单位为 SUS)、赛氏重油黏度(Saybolt furol viscosity，单位为 SFS)之分。美国习惯用赛氏通用黏度作为润滑油的指标。

雷氏黏度(Redwood viscosity)：它是以 50 mL 油品从雷氏黏度计中流出的时间(s)作为指标，单位记为雷氏秒(RIS)。雷氏黏度分为商业用的Ⅰ型和海军用的Ⅱ型。未加注明的雷氏黏度为Ⅰ型。英国采用的是雷氏黏度。

相同温度下的各种黏度之间可以换算。

(2) 低温流动性。

低温流动性是显著影响石油及其产品在冬季、室外、高空等低温条件下使用、输送和运输等方面的性能。由于不同石油产品采用不同的评定方法，所以有浊点、结晶点、冰点、凝点、倾点、冷滤点、软化点、熔点和滴点等多种流动性指标。

石油及液体石油产品在低温下失去流动性有两种情况。一种是含蜡很少或不含蜡的石油和油品在温度降低时，其黏度迅速增大，当黏度增大到一定程度后原油和油品因变成无定型的玻璃状物质而失去流动性，此时所谓的"凝固"称为黏温凝固。"凝固"一词并不确切，因为在油品刚失去流动性的温度下，它是一种可塑性物质，而不是固体。另一种是含蜡原油或油品在降温时油中的蜡由于溶解度下降而逐渐析出，形成固态结晶，随着温度的不断降低，蜡结晶逐渐长大，相互连接成网状结构的结晶骨架，把还处于液态的组分包在其中，使整个油品失去流动性，形成所谓的"构造凝固"。但"构造凝固"一词也不确切，此时蜡的结晶骨架中还包含着大量液态组分，其硬度离"固"也相差甚远。

不同石油的流动性也不同，其中黏度大的不易流动，黏度小的与水差不多，最稠的油须升温才能在地面管线中流动。

4. 燃烧性能

石油及其产品是众所周知的易燃品，也是重要的燃料，因此研究其燃烧性能对于使用和安全均十分重要。石油及其产品的燃烧性能主要用闪点、燃点和自燃点等来描述。

燃烧是物质的剧烈氧化过程，通常只有在油品形成爆炸性混合气体，同时存在外界火源的情况下，才会产生燃烧甚至爆炸现象。但高温油品如果与空气接触，即使没有外界火源，也可能因剧烈氧化而发生自燃。

闪点是在规定的实验条件下使用某种点火源造成液体汽化而着火的最低温度。当液体表面产生足够的蒸气与空气混合形成可燃性气体时，遇火源产生短暂的火光，称为闪燃。闪燃的最低温度称为闪点。

闪点是可燃性液体储存、运输和使用的一个安全指标，同时是可燃性液体的挥发性指标。闪点低的可燃性液体挥发性高，容易着火，安全性较差。在储存使用中禁止将油品加热到它的闪点，一般要求可燃性液体的闪点比使用温度高 20～30 ℃，以保证使用安全和减少挥发损失。

当可燃性液体液面上挥发出的燃气与空气的混合物浓度增大时，遇到明火可形成连续燃烧（持续时间不小于 5 s）的最低温度称为燃点（即着火点）。一般液体的燃点高于其闪点。

自燃点，顾名思义，就是自行燃烧的温度，它是油品蒸气与空气的混合物在没有外部火源的情况下因激烈氧化而自行燃烧时的最低温度。

闪点、燃点和自燃点都与油品的化学组成和馏分组成有关。随着油品沸程的增大，其闪点和燃点升高，而自燃点降低。含烷烃多的油品的自燃点低，闪点高。同一族烃中，相对分子质量小的烃的自燃点高而闪点、燃点低。

因此，从安全防火的角度来看，轻质油品应特别注意严禁烟火，以防因外界火源而引燃爆炸；重质油品则应防止高温油品泄漏而引起自燃，从而酿成火灾。

5. 沥青质和胶质含量

沥青质和胶质含量也是评价原油的重要指标，两者均以质量分数表示。

沥青质是指石油中相对分子质量（2 000～6 000）最大、极性最强的非烃类组分。胶质是指石油中相对分子质量（600～2 000）及极性仅次于沥青质的大分子非烃类化合物，具有多分散性。胶质、沥青质的基本结构是以芳香烃、稠环芳香烃系为核心，周围连接若干环烷烃，芳香烃和环烷环上又连接若干长度不一的正构或异构烷基，同时分子中还有各种硫、氮、氧等杂原子。胶质、沥青质是石油沥青的主要原料。另外，胶质和沥青质含量对石油输送、加工方案的确定影响很大。

6. 机械杂质和水分含量

机械杂质和水分是石油和大多数油品的重要质量指标。原油含水和杂质过高对石油加工和储运都有很大影响，易造成机械磨损和能耗升高，甚至诱发事故等问题。

7. **硫含量**

硫含量也是石油的重要指标。根据硫含量的不同，石油可分为高硫油（大于 2%）、含硫油（0.5%～2%）和低硫油（小于 0.5%）。

8. **荧光性**

石油及其衍生物在紫外线的照射下可产生荧光的现象称为石油的荧光性。石油中，主要是多环芳香烃和非烃类化合物发光。含芳香烃多的石油荧光呈天蓝色，含胶质较多的石油荧光多呈淡黄色，含沥青质较多的石油荧光呈褐色。

9. **旋光性**

旋光性是指石油具有使偏光面发生旋转的特性，即当偏振光通过石油时，偏光面会旋转一定的角度，这个角度称为旋光角。石油的旋光角一般为 $0.1°\sim1.2°$，且绝大多数石油是右旋的。

10. **溶解性**

石油在水中的溶解度很低：烷烃的溶解性最小，仅几十微克每克，环烷烃的稍大些，芳香烃的溶解度最大。石油易溶于多种有机溶剂，如氯仿、四氯化碳、苯、石油醚、醇等。

石油和天然气（石油气）可互溶。天然气溶于石油的能力不仅与温度和压力有关，也与石油的组成有关，在相同条件下烷烃的溶解能力最大，环烷烃的次之，芳香烃的最差。在同族烃类中，碳原子数越高，溶解气体的能力越小。

11. **导电性**

石油是非导体，其电阻率为 $10^{9}\sim10^{16}\ \Omega\cdot m$，比地层水高得多，这一特性是电阻率测井用来判断油层的重要基础。

第二节　现代油气成因理论

研究石油的成因问题，可以指导石油勘探，预测石油的储量，更好地了解石油化学组成与石油成因的关系。石油和天然气的成因是石油地质学界主要研究和长期争论的重大课题之一。根据对成油原始物质截然不同的认识，石油成因理论可以分为无机成油和有机成油两大学派。

一、无机成油说

无机成油说认为，石油是由自然界的无机物形成的，其论据主要包括：① 通过无机途径可以形成一定量的烃类;② 火山喷出的气体和熔岩中含有烃类;③ 许多天体上存在烃类。其主要假说有门捷列夫的"碳化说"、索科洛夫的"宇宙说"、库德梁采夫的"岩浆起源说",以及切卡留克的"高温生成说"等。他们从不同的角度论述了在高温条件下碳、氢元素或这些元素的无机化合物通过化学反应合成石油的设想。

1. "碳化说"

俄国著名化学家门捷列夫在1876年提出了"碳化说",他认为在地球形成时期温度很高,碳和铁呈液态,相互作用形成碳化铁。地球冷却之后,碳化铁保存在地球深处。地表水沿着地壳裂缝向下渗透,与碳化铁作用,发生化学反应而形成烃类物质。反应得到的烃类物质沿着裂隙上升,进入地壳岩石中,并不断聚集,当上部有非渗透层遮挡时,就可形成油气藏。有些碳氢化合物浸透了岩石,形成油页岩、藻煤及其他含沥青岩石;有些则在地表附近受到氧化,形成沥青等产物。

2. "宇宙说"

"宇宙说"是由俄国学者索科洛夫于1889年提出的,他认为在某些天体中发现有碳氢化合物,它们是宇宙中所固有的,在地球处于熔融状态时,气圈中就存有碳氢化合物,后来随着地球的冷却,碳氢化合物被吸附并凝结在地壳的上部,在沿着裂缝溢向地表的过程中,便可以形成油气藏。2005年1月14日,欧洲航天局"惠更斯"号探测器登陆土卫六,证实了在土卫六的北半球存在充满液态甲烷的海洋、湖泊等地形。土卫六和地球同为太阳系的两个星球,由此证明烃类是天体物质的组成部分。

3. "岩浆起源说"

20世纪50年代,苏联学者库德梁采夫倡导石油无机成因假说,提出"岩浆起源说"。他认为地壳深处的岩浆(基性岩浆)中存在碳、氢、氧、硫及石油中的其他元素。当基性岩浆侵入地壳以至于喷出地表时,岩浆的温度逐渐降低,在温度和压力适宜的地带,碳、氢等元素通过化学反应生成石油烃类。在温度高达6 000～12 000 ℃时,碳和氢形成甲炔基;在3 000～4 000 ℃时,可形成亚甲基;温度依次降低,可分别形成甲基化合物和甲烷。同时,一氧化碳与氢可直接合成烃类化合物。

4. "高温生成说"

20世纪70年代,苏联学者切卡留克参考人工合成金刚石的实验,用方解石、石英、六水泻盐等代替石墨,在6 000～7 000 MPa压力和1 800 K温度下,反应合成出一系列烷烃产物,包括甲烷、乙烷、丙烷、丁烷和戊烷等。因此,他认为在深约150 km的上地幔古登堡层内,同样具备高温高压的情况下,由于有铁氧化物的催化作用,H_2O与CO_2可以反应合成各种烃类,当深部石油进入地壳沉积岩时,还可以由低分子烃转化为高分子烃及环烷烃。

无机成因说的弱点在于脱离了地质条件来讨论石油的形成，而且将宇宙中发现的简单烃类与复杂的石油烃类等同起来。石油的无机生成理论要想获得真正的认可，仍然任重而道远。但鉴于对地球内部的构造和具体而复杂的演变过程、作用机理，人类迄今为止仍知之甚少，因此不能轻易否认任何可能性。

在石油有机成因与无机成因的大辩论中，有机成油说始终占据优势，因为迄今为止，世界上所有的大型油气田均是以这一理论为指导找到的，而且在石油中已经发现了丰富的、来源于生物体内的有机质和生物标记化合物。

二、有机成油说

有机成油说认为，石油和天然气是由沉积物中的有机质在特定的地质环境中的综合作用下，经历生物化学、热催化、热裂解、高温变质等阶段转化而来的。

油气田勘探的实践证明，世界上绝大多数油气田分布在沉积岩中，极少数火成岩（又称岩浆岩）和变质岩中的油气藏也同附近的沉积有机质有关，是石油侧向或垂向运移聚集的结果，并且在石油中相继发现许多具有明显生物成因标志的有机化合物。因此，目前有机成油说在油气成因理论中占主体地位。

1. 生成油气的原始物质

有机成油说认为，生成油气的原始物质是沉积物中分散的有机质。沉积有机质来自生物圈中种类繁多的动物和植物。就生成油气而言，以低等水生动、植物为主，如细菌、藻类、有孔虫、介形虫、叶肢介、珊瑚、软体动物等，以细菌和藻类最佳。陆生动、植物体中的有机质绝大部分被氧化掉或保存在土壤中，有一小部分被河流带到海洋和湖泊中。因此，在湖泊和三角洲地区，陆生有机质也是形成油气的物质来源之一。

在不同的沉积环境中，生物的天然组合类型不同，决定了沉积物中有机质的组合类型不同。生成油气的沉积有机质主要有四大类，即类脂化合物、蛋白质、碳水化合物及木质素。

(1) 类脂化合物。

类脂化合物指所有不溶于水而易溶于乙醚、氯仿、苯等低极性有机溶剂的脂状物质，包括油脂、蜡、萜类、烃类和色素等。它的元素组成和分子结构与石油烃类最接近，因而被认为是生油的主要原始物质。

(2) 蛋白质。

蛋白质是生物体内一切组织的基本组成部分，细胞中除水外，其余80%都是蛋白质。它是由20多种氨基酸分子通过肽键连接而成的复杂的高分子化合物，在酸、碱、酶的作用下，蛋白质发生水解形成氨基酸。有机体死亡之后，氨基酸仍保存在遗骸中。

(3) 碳水化合物。

碳水化合物也称糖类，在几乎所有的动、植物及微生物中都存在，其通式可用$C_x(H_2O)_y$表示，按分子大小可分为单糖、低聚糖和多糖。多糖中对形成沉积有机质最有意义的是纤维素和半纤维素，它们是成煤和成气的主要原始物质。

(4) 木质素。

木质素是高等植物的主要组成部分，不易水解，但可被氧化成芳香酸和脂肪酸。在缺氧的水体中，在水和微生物的作用下，木质素会发生分解，与其他化合物生成腐殖酸，而腐殖酸又能与烃类形成络合物，从而可以成为烃类从陆上流到海洋的运载体。与木质素具有相似结构的物质是丹宁，它们都是沉积有机质中芳香结构的重要来源，是成煤的重要前身物，也可生成天然气。

在沉积作用下，沉积有机质埋藏深度逐渐变大，保存下来的有机质将经历着复杂的分解和缩合作用。在成岩作用阶段后期，一般可呈现三种类型，即液态烃、沥青(岩石中可溶于有机溶剂的部分)及不溶性有机质。不溶性有机质又称干酪根(kerogen)。有机成油说认为，生油岩成油母质的基本形式是干酪根。干酪根是沉积有机质的主体，占总有机质的80%～90%，它的组成和结构十分复杂，其化学成分由碳、氢、氧、硫、氮等元素组成，其中以碳、氢为主。从干酪根经沥青到原油，碳、氢含量增加，而氧、硫、氮含量减少(表 2-1)。

表 2-1 原油、沥青、干酪根的化学元素组成

元　素	不同有机质的元素组成/%		
	原　油	沥　青	干酪根
C	84	83	79
H	13	10	9
S	2	4	5
N	0.5	1	2
O	0.5	2	3

由于干酪根来源于不同的有机质，其沉积环境和转化程度也有很大差别。根据干酪根中碳、氢、氧元素的组成情况，可以将干酪根大致划分为以下三大类型：

① 第一类为腐泥型有机质，其生物来源主要是水中的浮游动、植物，为Ⅰ型干酪根，属质量最好的有机质，氢碳原子比为1.25～1.75，氧碳原子比为0.03～0.12，以含类脂化合物为主，直链烷烃很多，多环芳香烃及含氧官能团很少。腐泥型有机质主要来源于藻类、细菌类等低等生物，生油、生气潜能大。

② 第二类为腐植型有机质，其生物来源主要是高等植物，为Ⅲ型干酪根，属质量较差的有机质，氢碳原子比为0.65～1.25，氧碳原子比为0.04～0.13，属高度饱和的多环碳骨架，含有很多中等长度直链烷烃和环烷烃，也含有多环芳香烃及杂原子官能团。腐植型有机质来源于浮游生物(以浮游植物为主)和微生物的混合有机质，生气潜能大，生油潜能中等。

③ 第三类是介于第一类和第二类之间的混合型有机质，为Ⅱ型干酪根，是质量较好的有机质，氢碳原子比为0.46～0.93，氧碳原子比为0.05～0.30，以含多环芳香烃及含氧官能团为主，饱和烃链很少。混合型有机质主要来源于陆地高等植物，不利于生油，但可生气。

上述三种类型是干酪根的基本类型。除基本类型之外，还可分出若干过渡类型。

2. 油气生成的地质及动力条件

生成油气的原始物质是沉积有机质。沉积有机质转化成石油需要经历一个加氢、去氧、富集碳的过程。这一过程必须在还原条件下进行，而还原环境的形成和持续时间的长短则受当时的地质及动力条件所制约。

(1) 地质条件。

有利于沉积有机质向石油转化的地质环境主要受大地构造条件和古地理环境所控制。

① 大地构造条件。

地质历史上长期、持续稳定下沉的盆地是生成油气最重要的地质条件之一。例如，板块边缘活动带，板块内部的裂谷、坳陷，以及造山带的山前坳陷、山间断陷等大地构造单元都是有利于生油的沉积盆地。在这样的沉积盆地中，沉降速度近似于沉积速度，使水体保持一定的深度，既有利于生物大量繁殖，又能使有机质免遭氧化，形成丰富的沉积有机质，还可以形成沉积厚度大、埋藏深度大、地温梯度大，有利于原始沉积有机质迅速向油气转化的地质环境。

② 古地理环境。

有利于生成油气的古地理环境必须满足下述两个条件：具有深度适当、面积较大、有机物丰富的水体；应是有利于有机质保存的低能还原环境。只有上述两个条件都具备，才能形成丰富的沉积有机质，并有利于向油气转化。能满足上述条件的地区主要为浅海区、海湾、潟湖、内陆湖泊的深湖—半深湖区和靠近河流入海、入湖的三角洲地区，这些地区稳定存在的时间越长，存在的有机质就越多，潜在的生油量也就越大。

除大地构造条件及古地理环境外，古气候对沉积有机质向油气的转化也有一定的影响，它直接影响着生物的发育与繁殖。一般来说，温暖、湿润的古气候条件对油气的生成是有利的。

(2) 动力条件。

有机质向油气的转化过程是一个不断吸收能量的过程。有利的地质条件不仅可以形成丰富的沉积有机质，还可以为沉积有机质向油气转化提供能量来源。促使沉积有机质向油气转化的动力主要有细菌作用、催化作用、热力作用及放射性作用等。

① 细菌作用。

细菌是地球上分布最广、繁殖最快的一种微生物。按生活习性，可将细菌分为好氧细菌、厌氧细菌和兼性细菌三大类。细菌作用主要体现在两个方面：一方面，细菌本身是生油的原始物质；另一方面，厌氧细菌可以促使有机质向油气转化。

在缺乏游离氧的还原条件下，厌氧细菌可将有机质分解，产生相应的有机化合物，这些有机化合物又相互作用，进一步分解、聚合，可形成干酪根。在这个过程中还可以生成甲烷等气体。

② 催化作用。

催化剂是一种引起或加速某种化学反应而本身并不参加反应的物质。在有机质向油气转化过程中，自然界存在无机和有机两类催化剂。

黏土矿物是最主要的无机催化剂，它能加速沉积有机质向油气的转化。

酶是一种有机催化剂，它也能加速有机质的分解，可促使蛋白质分解成氨基酸、碳水化合物水解成单糖。

③ 热力作用。

热力作用主要体现在温度和时间两个方面。大量的油田实践和实验室研究结果表明，在有机质向油气转化过程中，温度是最持久和有效的作用因素，时间则可补偿温度的不足。高温短时间的热力作用与低温长时间的热力作用可以产生同样的效果。但若温度过低，则即使经过相当长的时间，有机质也很难向油气转化。只有当达到一定温度之后，有机质才开始大量转化为油气，这个温度称为有机质的成熟温度或门限温度，主要由地温梯度和埋藏深度所决定。一般来说，生油主要阶段的起始温度（即门限温度）不低于 50 ℃，终止温度不高于 175 ℃。

④ 放射性作用。

在适于生油生气的泥岩、页岩、泥质碳酸盐岩中富集着大量的放射性物质，它们的放射性作用可以提供游离氢的来源。

沉积有机质转化成油气是一个还原条件下的热降解过程，是上述各种地质、动力条件在漫长的地质时期综合作用的结果。但在不同的地区，在油气生成的不同阶段，某种因素可能起主导作用。

3. 油气生成的主要阶段

沉积有机质向油气转化的过程是在有机质埋藏深度逐渐加大、温度逐渐升高的背景下进行的。在不同的深度范围内，各种动力因素作用效果不同，致使有机质转化的反应过程和主要产物有较明显的区别。据此，可以将有机质向油气转化的全过程大致分为四个互相区别且互相过渡的阶段，即生物化学生气阶段、热催化生油气阶段、热裂解生凝析气阶段、深部高温生气阶段，如图 2-1 所示。

(1) 生物化学生气阶段。

该阶段从有机质埋藏开始，温度为 10～60 ℃。有机质的演化是在低温、低压和细菌作用下进行的。沉积有机质首先在细菌作用下分解，产生 CO_2，CH_4，NH_3，H_2S，H_2O 等简单分子，生物体被分解成相对分子质量低的生物化学单体（苯酚、氨基酸、单糖、脂肪酸），而这些产物再聚合成结构复杂的干酪根。

由细菌的生物化学作用形成的甲烷是这一阶段形成的主要烃类物质，称为生物化学气，简称生物气。生物气中甲烷含量在 95%以上。生物气可以单独聚集成藏，是世界天然

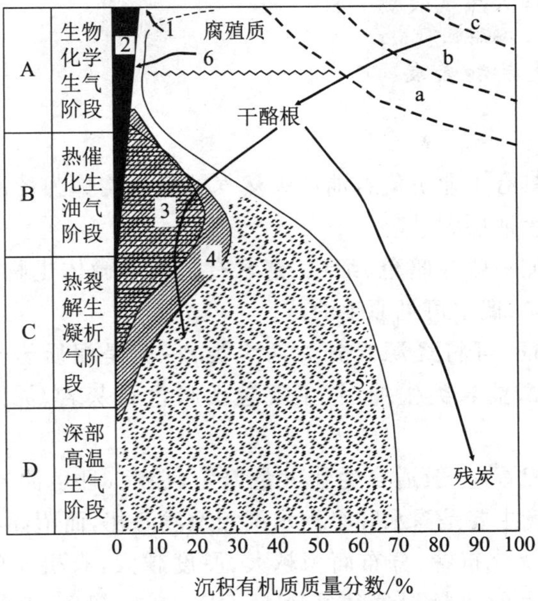

a—腐殖酸；b—富非酸；c—碳水化合物+氨基酸+类脂化合物；
1—生物化学甲烷；2—原有沥青、烃类和非烃化合物；3—石油；
4—湿气、凝析气；5—天然气；6—未低熟油(注：还应包括2)。

图 2-1　沉积物有机质馏分的深部热演化模式示意图

气资源的重要组成部分。

(2) 热催化生油气阶段。

该阶段地层温度为 60～150 ℃，沉积有机质干酪根在催化剂的作用下发生热降解和聚合加氢作用生成大量油气，故又称主要生油阶段。

此阶段的生油开始时是缓慢的，后期比较迅速。随着演化的发展，氧、硫和氮等杂元素逐渐减少，原油的密度、黏度降低，胶质、沥青质减少，轻馏分增多，原油的性质变好。

(3) 热裂解生凝析气阶段。

该阶段地层温度在 150～200 ℃范围内。该阶段由于温度升高，干酪根和已生成的石油发生热裂解，使液态烃急剧减少，C_1～C_8 的轻烃迅速增多，胶质和沥青质逐渐减少乃至消失。因该阶段产物以凝析气为主并伴有少量轻质油，故称热裂解生凝析气阶段。

(4) 深部高温生气阶段。

该阶段地层温度超过 200 ℃，已达到有机质转化的末期，生油潜力已枯竭。由于温度高，该阶段只能将已生成的轻质油和凝析气强烈裂解为热力学上最稳定的甲烷，故该阶段又称热裂解生干气阶段。干酪根在释放出甲烷后其本身进一步缩聚为残炭(碳沥青或石墨)。

天然气的生成条件没有石油那么严格，无论原始物质和生成环境如何，天然气都比石油更为广泛、迅速、容易生成。从时间上看，天然气无论在沉积物埋藏初期、热催化阶段或深变质阶段都能生成，而石油则主要生成于沉积物埋藏到较大深度的热催化阶段。因此，在勘探过程中，不仅在找石油时常伴有天然气，而且在第四系常发现沼气，在深逾 5 000 m

的超深井中往往只发现天然气或凝析油。

4. 生油层、储集层和盖层

(1) 生油层。

凡能生成并提供具有工业价值石油和天然气的岩石均称为烃源岩(或生油岩)。由烃源岩组成的地层称为生油层。

生油层的岩性特征一般为暗色、细粒,富含有机质和微体生物化石,并且常含指示还原环境的分散状黄铁矿,偶尔可见原生油苗。

按生油层岩性特征,可将烃源岩分为两大类:一类是泥质岩类生油层,主要包括泥岩、页岩;另一类是碳酸盐岩类生油层,主要包括暗色石灰岩、泥灰岩、生物灰岩及礁灰岩等。

从沉积环境或岩相看,一般适合生物大量繁殖、保存,且生油岩充分发育的环境最有利于生油。这样的环境主要是深水和半深水湖相及浅海相,而沼泽相则主要为成煤环境。

从生油层的厚度及分布看,分布面积越大、厚度越大,有机质的总量越大,则生烃量越大。但单层厚度很大的块状泥岩往往因欠压实,产生超压,会抑制生烃能力,不利于排烃。研究认为,黏土岩层厚 30～40 m,砂层单层厚 10～15 m,二者大致呈等厚互层的地区生储岩接触面积大,最利于石油的生成与聚集。

(2) 储集层。

储集层必须具备两个条件:一是要有容纳流体的空间,即孔结构;二是具有渗滤流体的能力,即孔与孔之间是连通的,流体在其中可以流动。

石油储存在岩石的孔隙、裂缝和溶洞之中,如图 2-2 所示。凡是能够储存和渗滤流体的岩石均称为储集岩。储集层是由储集岩构成的。储集层只是强调了岩层储渗油气的能力,为储油提供场所,具有储存和渗滤流体的能力,而并非指所有的储集层都一定含有油气,还要看其周围的其他地层结构和形态。

(a) 孔隙　(b) 裂缝　(c) 溶洞

图 2-2　储集层不同孔结构示意图

储存流体主要由岩石的孔隙性决定,而渗滤流体则由岩石的渗透性决定。

① 储集层的孔隙性。

储集层的孔隙是指储集岩中未被固体物质所充填的空间部分。孔隙的分类有多种,根据孔隙直径和裂隙宽度,以及对流体的作用,可将孔隙划分为超毛细管孔隙(孔径大于

0.5 mm 或裂缝宽度大于 0.25 mm)、毛细管孔隙(孔隙直径为 0.000 2～0.5 mm 或裂缝宽度为 0.000 1～0.25 mm)和微毛细管孔隙(孔隙直径小于 0.000 2 mm 或裂缝宽度小于 0.000 1 mm)。

为了衡量岩石中孔隙体积的大小,以表示岩石中孔隙的发育程度,人们提出了孔隙度的概念。孔隙度是衡量岩石孔隙性好坏或岩石储集流体能力大小的基本参数。孔隙度用孔隙空间在岩石中所占体积的百分数表示,分为绝对孔隙度 ϕ_t(也称总孔隙度)、有效孔隙度 ϕ_e、残余孔隙度 ϕ_i 三种。

$$\phi_t = \frac{\sum V_t}{V_r} \times 100\%$$

$$\phi_e = \frac{\sum V_e}{V_r} \times 100\%$$

$$\phi_i = \frac{\sum V_i}{V_r} \times 100\% = \phi_t - \phi_e$$

式中　$\sum V_t$ ——所有孔隙空间体积;

$\sum V_e$ ——有效孔隙空间体积;

$\sum V_i$ ——残余孔隙空间体积;

V_r ——岩样体积。

② 储集层的渗透性。

储集层的渗透性是指在一定压差下储集层本身允许流体通过的性能。同孔隙性一样,渗透性也是储集层重要的参数之一,它不但控制着储能,而且控制着产能。岩石渗透性的好坏可用渗透率表示。渗透率由达西公式确定:

$$Q = K \cdot \frac{(p_1 - p_2) \cdot S}{\mu l}$$

式中　Q——单位时间内流体通过岩石的流量,cm^3/s;

K——岩石的渗透率,μm^2;

$p_1 - p_2$——岩样两端的压差,MPa;

S——岩样的截面积,cm^2;

μ——流体的黏度,10^{-3} Pa·s;

l——岩样的长度,cm。

K 的物理意义表示在一定压差下液体通过岩样的能力。它的大小与岩石的结构有关,取决于孔隙形状、孔径大小、连通情况及岩石的吸附性等。

假定岩石孔隙中只有一种流体存在,且这种流体不与岩石起任何物理和化学反应,则所测得的渗透率是岩石的绝对渗透率。但在自然界的实际油层内,含油岩层常为两相甚至三相流体并存,各相之间彼此干扰、互相影响,这种在多相流体存在时岩石对其中每相流体的渗透率称为有效渗透率或相渗透率。实际应用上常采用有效渗透率与绝对渗透率的比值,称为相对渗透率。

③ 孔隙度与渗透率之间的关系。

孔隙度与渗透率之间没有绝对的函数关系，因渗透率除受孔隙大小的影响外，还主要受孔喉大小、形状、连通性及流体性能的影响。例如，一些黏土岩的绝对孔隙度很大，可达30％～40％，但喉道太小，渗透率很低；一些裂缝发育的致密石灰岩的裂缝孔隙度可能很小，但渗透率可能很大。

尽管如此，渗透率与有效孔隙度还是有一定关系的，特别对于碎屑岩储集层，有效孔隙度越高，渗透率越大，二者可呈一定的相关关系。

④ 储集层类型。

根据储集层岩石的基本类型，通常可将储集层分为碎屑岩类储集层、碳酸盐岩类储集层和其他岩类储集层。

碎屑岩类储集层：由成分复杂的矿物碎屑、岩石碎屑和一定数量的填隙物所构成。其主要孔隙为碎屑颗粒之间的粒间孔隙，是沉积成岩过程中逐渐形成的，属原生孔隙。此外，在一些细粉砂岩发育的层间裂隙、成岩裂缝及一些构造裂缝，地下水对矿物颗粒及胶结物的溶蚀也可形成部分储集空间，它们一般是次要的，属次生孔隙，但在特定条件下，也可成为主要储集空间类型。碎屑岩类储集层包括砂岩、砾岩、粉砂岩等。世界上的大型油气田中，有60％以上是砂岩储集层，而在我国有70％以上的油气储集在碎屑岩类储集层中。

碳酸盐岩类储集层：包括石灰石、白云石、白云质灰岩、生物灰岩等构成的储集层。这类储集层的储集空间主要是次生的裂缝和溶洞，原生孔隙常居次要地位。储油物性取决于岩石中裂缝、溶洞的发育程度。目前世界上油气储量的40％来自碳酸盐岩类储集层，而我国碳酸盐岩类储集层中也蕴藏着约30％的油气储量。

其他岩类储集层：包括火成岩、变质岩、黏土岩及火山岩等岩石构成的储集层。在这些储集层中均获得了工业性油气流，但其储量和产量所占的比例很小。这是因为这些岩类孔隙一般不发达，储集性能差，只有在一定地质条件下产生大量裂隙，才能成为具有一定孔、渗性的裂缝型储集层。

我国已发现的储集层是多种多样的，但也超不出以上三种类型。例如，以大庆油田为代表的属砂岩颗粒间的孔隙型储集层，以任丘油田为代表的属碳酸盐岩的溶蚀洞穴型和裂缝型储集层，以四川气田为代表的属碳酸盐岩的裂缝型储集层。此外，还有一些特殊的储集层，如辽河油田的火山岩储集层（孔隙型）、玉门鸭儿峡油田的变质岩储集层（裂缝型）以及青海油泉子油田的泥岩储集层（裂缝型）等。

（3）盖层。

为了不使储集层中的油气逸散掉，在储集层的上方需要有一套致密的、不渗透的地层把储集层中的油气保护起来。这种致密、不渗透的保护层称为盖层或封闭层。盖层要有一定的厚度，若太薄，则承受不住油气对它的压力，不能阻止油气逸散，起不到保护的作用。同时，盖层的分布要稳定，即厚度的变化不能太悬殊，更不能有的地方有盖层，有的地方没有盖层，否则就会在储集层的上方出现“漏洞”，油气就会从“漏洞”中逸散出去。此外，盖层还要求不受地壳运动的破坏。如果一个完整的盖层被地壳运动破坏得支离破碎，则也就失去了盖层的作用。

常见的盖层有页岩、泥岩、盐岩、膏岩、致密灰岩等类型。页岩、泥岩盖层常与碎屑岩储集层并存，盐岩、膏岩盖层常与碳酸盐岩类储集层并存。据统计，以泥岩、页岩为盖层的大油气田约占65%，以盐岩、膏岩为盖层的大油气田约占33%，以致密灰岩为盖层的大油气田仅约占2%。

第三节　油气成藏理论

石油和天然气都是流体矿产，它们在天然动力作用下可以在地壳内流动。石油和天然气在地壳内的任何移动都可称为油气运移。油气运移可以使生油层中处于分散状态的油气进入储集层并聚集成油气藏，同样也可以导致已形成的油气藏遭受破坏，使油气又呈分散状态。这些处于分散状态的油气在有利的地质条件下可以重新聚集起来，形成新的油气藏，如图2-3所示。这些都要受到地质条件的控制。

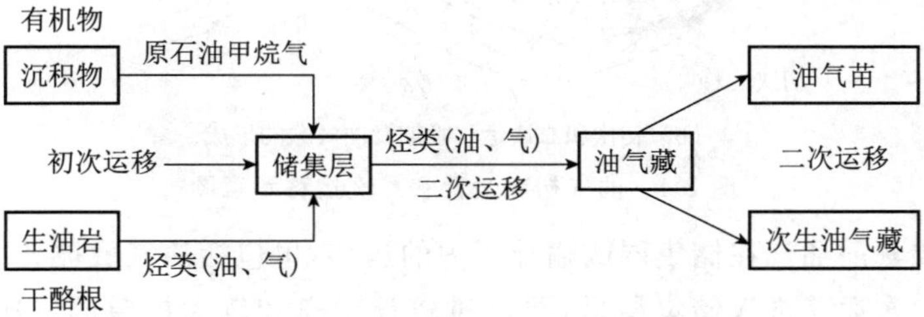

图2-3　油气运移过程示意图

一、油气运移

石油和天然气生成后，以点滴状分散状态存在于生油气层中。要想形成工业油气藏，就必须经过油气运移。为了表征油气生成后在不同环境、不同阶段的运移特点，油气运移又可分为初次运移和二次运移两类，如图2-4所示。

1. 油气的初次运移

初次运移是指油气从富含有机质的成熟烃源岩中向储集层的运移。

油气初次运移的时间从烃源岩生油气开始，而止于油气形成的结束。油气生成的高峰也是油气大规模运移的时间。

初次运移的动力比较多，其中压实作用是流体在地下运移的主要动力之一，压实的过程即排液的过程。压力主要是由上覆沉积岩的重量引起的。由于生油层在沉积时含水分较多，因此容易受到压缩。当压力增大时，生油层中的油、气和水一起被挤压出来，运移到附近的储集层中。

2. 油气的二次运移

二次运移是指发生在储集层内的运移，或从一个储集层到另一个储集层中的运移。

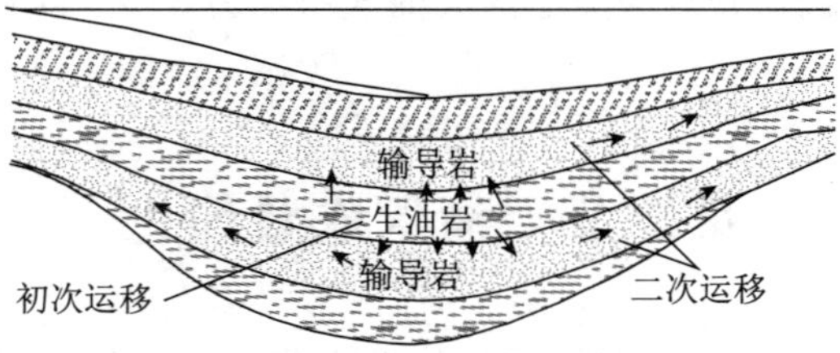

(a) 初次和二次运移早期

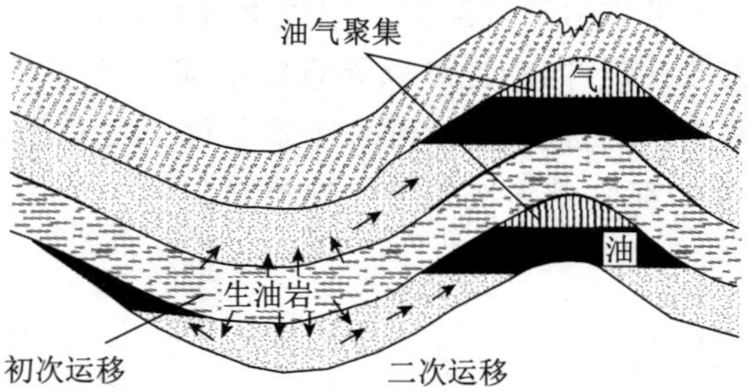

(b) 初次和二次运移晚期及油气藏的形成

图 2-4　油气初次运移和二次运移示意图

二次运移包括成藏前油气在储集层或输导层内的运移，也包括油气藏被破坏以后的运移。

油气经过初次运移进入储集层后，要经过较长距离和较大规模的二次运移才能富集成油气藏。要想进行二次运移，必须要有较为强大、持久的动力。这些动力主要有以下三种：

(1) 构造作用力。

当地壳发生构造运动时，地层中会有构造应力活动，促使地层流体产生运移并重新分布。

(2) 浮力。

天然气、石油和地层水密度不同且不相混溶，因此这三者在储集层中会按密度大小分层。当储集层出现倾斜或上下两个分隔的储集层之间出现断层或裂缝连通时，油气就会在浮力作用下持续向上运移，直至遇到盖层或其他遮挡。

(3) 动水压力。

当储集层中的水处于流动状态时，经过初次运移进入储集层中的油气将在动水压力的作用下发生运移。

二、圈闭及其类型

1. 圈闭的概念

圈闭是指储集层中能够阻止油气运移，并使油气聚集的一种场所，通常由储集层、盖层和遮挡物三部分组成。遮挡物可以是封闭的断层、非渗透的不整合面、储集层上倾方向的非渗透层、盖层本身的弯曲变形等，在适宜的条件下水动力也可成为遮挡条件。

2. 圈闭的类型

圈闭按其成因可以分为构造圈闭、地层圈闭、岩性圈闭三种基本类型，此外还有水动力圈闭和复合圈闭等。

(1) 构造圈闭。

由地壳运动使储集层褶皱或断裂而形成的圈闭称为构造圈闭。构造圈闭又可分为背斜圈闭、断层圈闭、裂缝性圈闭、刺穿接触圈闭等类型。

(2) 地层圈闭。

由沉积成岩条件的改变使储集层在横向发生岩性、物性变化，或与不整合面接触而形成的圈闭称为地层圈闭。地层圈闭又可分为岩性圈闭、礁型圈闭、不整合覆盖圈闭和地层超覆圈闭等类型。

(3) 岩性圈闭。

当储集层的四周被不渗透地层所包围，起了遮挡作用时形成的圈闭称为岩性圈闭。岩性圈闭又可分为岩性尖灭圈闭、砂岩透镜体圈闭等。

(4) 水动力圈闭。

由储集层内水动力梯度变化而形成的圈闭称为水动力圈闭。水动力圈闭又可分为背斜型水动力圈闭、单斜型水动力圈闭、鼻状构造型水动力圈闭等类型。

(5) 复合圈闭。

由两种或两种以上因素共同起封闭作用而形成的圈闭称为复合圈闭，主要有构造-地层复合圈闭、构造-水动力复合圈闭、地层-水动力复合圈闭和构造-地层-水动力复合圈闭等。

我国的大庆、任丘油田属于典型的构造圈闭，胜利油田是被断层复杂化了的构造圈闭，而克拉玛依油田则是以地层圈闭为主的油田。

三、油气藏及其类型

1. 油气藏的概念

油气藏是地壳中油气聚集的最基本单位，是油气在单一圈闭内具有独立压力系统和统一的油水界面的基本聚集。如果一个圈闭中聚集石油，则称为油藏；如果只聚集了天然气，则称为气藏；如果两者都聚集，则称为油气藏。

2. 油气藏的基本类型

按照圈闭的类型及形成条件，油气藏分为构造油气藏、地层油气藏和水动力油气藏三大类，每大类又可划分为若干个基本类型。

(1) 构造油气藏。

构造油气藏是指由构造变形(如褶皱)或变位(如断裂)形成的油气聚集，其类型多样，其中最重要的是背斜油气藏、断层油气藏。

① 背斜油气藏。

在地质作用下，储集层呈拱起的背斜，其上方被非渗透性盖层所封闭，形成背斜圈闭，其中若聚集了油气，则称为背斜油气藏，如图 2-5 所示。背斜油气藏是世界上分布最广、最重要的一类油气藏。

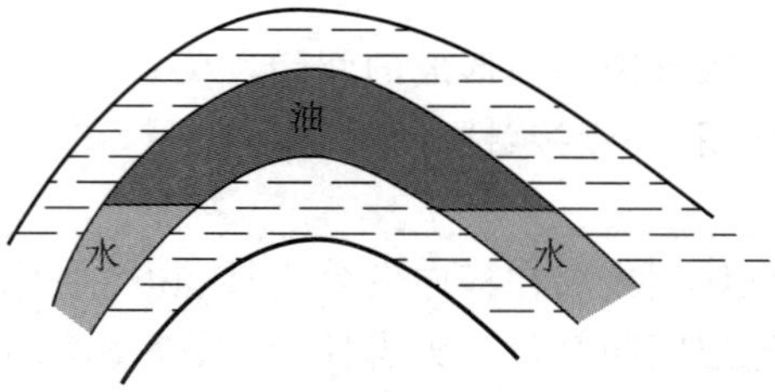

图 2-5　背斜油气藏示意图

② 断层油气藏。

以断层为遮挡条件而形成的油气藏称为断层油气藏，如图 2-6 所示。断层油气藏是另一类重要的构造油气藏。就圈闭的形成和油气聚集而言，断层油气藏比背斜油气藏复杂得多。断层对油气藏的形成具有双重作用，既可以起封闭遮挡作用，也可以起通道和破坏作用。断层的形式可以是平直的、弯曲的，还可以呈交叉形。

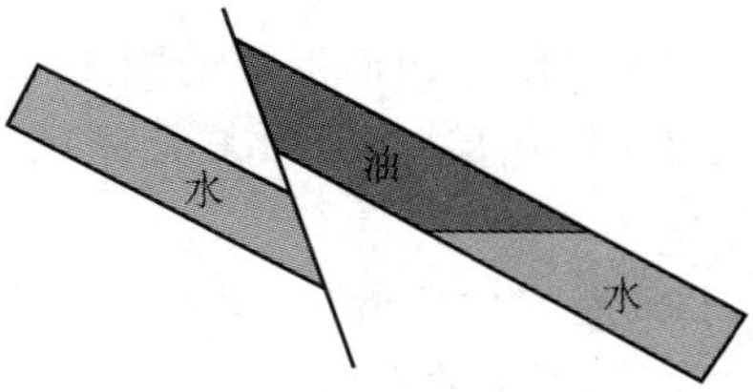

图 2-6　断层油气藏示意图

(2) 地层油气藏。

油气在地层圈闭中的聚集即可称为地层油气藏。按圈闭的形成条件，地层油气藏可分为地层不整合油气藏、生物礁油气藏以及岩性油气藏等。

① 地层不整合油气藏。

地层不整合油气藏是指储集层上倾方向直接为不整合遮挡而形成的油气藏，如图 2-7 所示。油气藏可以在不整合面之上，也可以在不整合面之下。

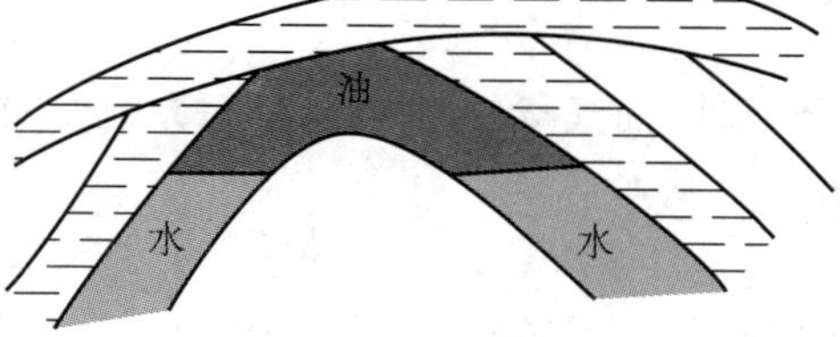

图 2-7　地层不整合油气藏示意图

② 生物礁油气藏。

生物礁是指由珊瑚、层孔虫、藻类等造礁生物原地堆积而成的碳酸盐岩建造。如果具有良好孔、渗性的生物礁储集体被非渗透岩石所覆盖，其中聚集油气，则形成生物礁油气藏。

③ 岩性油气藏。

油气聚集在岩性圈闭中的油气藏称为岩性油气藏。这类油气藏常见的有岩性尖灭油气藏、砂岩透镜体油气藏两类，如图 2-8 和图 2-9 所示。

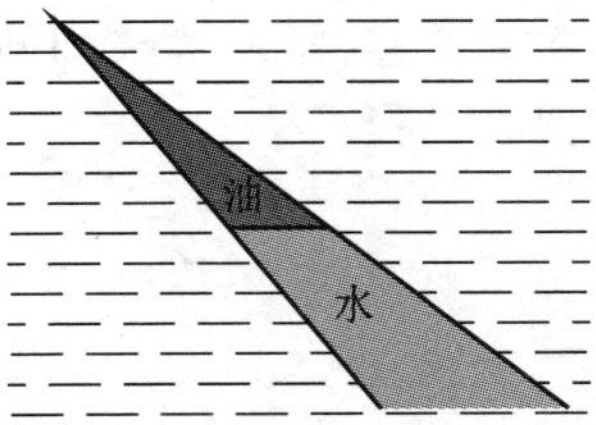

图 2-8　岩性尖灭油气藏示意图

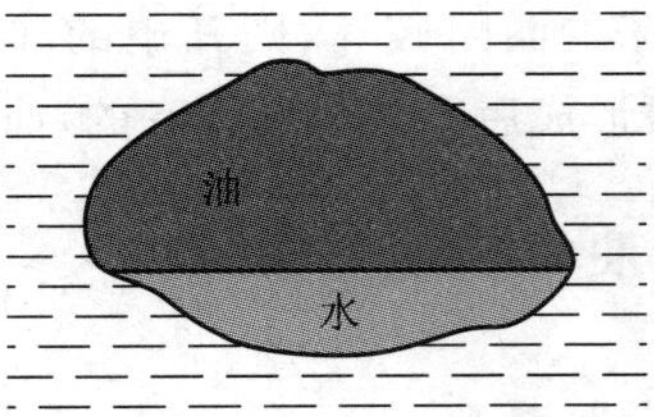

图 2-9　砂岩透镜体油气藏示意图

④ 地层超覆油气藏。

在湖盆(坳陷、凹陷)边缘倾斜侵蚀面上沉积的每一水进地区都相继朝陆方向扩展覆盖到下地层边缘之外，并与侵蚀面呈不整合接触的现象称为超覆。由这种不整合面的存在所形成的油气藏称为地层超覆油气藏，如图 2-8 所示。

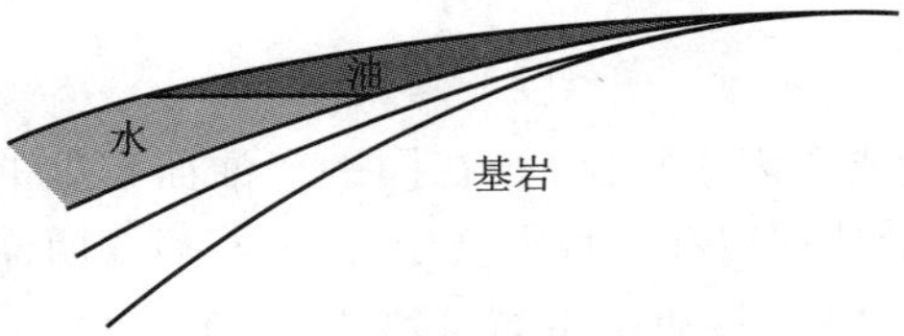

图 2-10　地层超覆油气藏示意图

(3) 水动力油气藏。

由于水动力作用阻止油气沿上倾方向运移，并且聚集油气形成的油气藏称为水动力油气藏。这种油气藏的形成和保存条件比较复杂，一旦水动力条件发生变化，这类油气藏即可转化为构造油气藏或地层油气藏。

水动力油气藏可分为背斜型水动力油气藏、鼻状构造型水动力油气藏、单斜型水动力油气藏和向斜型水动力油气藏。

(4) 复合油气藏。

复合油气藏是由两种或多种因素控制形成的油气藏类型，如构造-岩性油气藏、地层-构造油气藏等。

四、油气成藏条件

油气成藏需要具备六大要素，即“生、储、盖、运、圈、保”。

生油气烃源岩是油气藏形成的物质基础。储层的好坏决定了油气藏容纳油气的能力强弱以及开采的难易程度。盖层的好坏直接影响油气的聚集与保存。油气运移是油气由分散状态到聚集状态的唯一途径，也正是由于油气运移，在一定条件下可造成油气藏的破坏，这也是分析油气聚集与分布规律的主要证据。圈闭是油气发生聚集的场所，没有圈闭就不能形成油气藏。圈闭的大小、规模决定了油气的富集程度，其分布规律及形成控制着油气藏的分布规律。保存条件是油气藏从形成到能否完好无损地保存至今的关键因素。以上任何一个要素不具备，都不能形成现今的油气藏。

油气藏形成后，如果发生构造运动，使原来的圈闭扩大，则油气藏进一步充满；如果构造运动使原来的圈闭破坏，则其中的油气重新运移，部分散失，部分聚集到新的圈闭中。可见，油气藏形成后不是一成不变的，而是一个动态的保存过程。

五、含油气盆地和油气田

1. 含油气盆地

含油气盆地指的是地壳表面具有统一的发展历史，长期以沉降为主，能够生成油气，并且已聚集了油气的沉积盆地。含油气盆地大小不等、形态各异，面积可从几十平方千米到上百万平方千米，沉积厚度少则几百米，多则可达数万米。不同性质的沉积盆地发育着不同的生、储、盖组合及圈闭条件，因此可以把含油气盆地看成是油气生成、运移、聚集及远景评价的基本地质单元。

2. 油气田

油气田是指受构造或地层因素控制的，在同一产油面积上的油气藏的总和。石油探明储量在 10×10^8 t 以上的油气田称为特大型油气田，石油探明储量在 $1\times10^8\sim10\times10^8$ t 之间的油气田称为大型油气田，石油探明储量小于 $1\ 000\times10^4$ t 的油气田称为小型油气田，石油探明储量在 $1\ 000\times10^4\sim1\times10^8$ t 之间的油气田称为中型油气田。

油气田是最重要的油气聚集单位，它不仅是油气勘探和开发的独立单位，也是油气储量和产量的单独核算单位，还是投资和地面建设的基本单位。因此，正确地认识和划分油气田，不但具有重要的地质意义，而且具有一定的经济意义。

3. 我国的油气资源分布和主要油气田

我国的石油资源主要集中于东北地区、环渤海地区和西北地区，天然气资源主要分布于中部地区和西部地区。根据我国含油气盆地的地质特征和勘探程度，可划分为六个含油气区，它们分别是：

东部含油气区——主要包括东北和华北地区；

中部含油气区——主要包括陕西、宁夏、甘肃东中部和四川；

西部含油气区——主要包括新疆、青海和甘肃西部地区；

南部含油气区——主要包括江苏、浙江、安徽、湖北、福建、广东、湖南、江西、云南、贵州和广西等省区；

西藏含油气区——主要包括昆仑山脉以南、横断山脉以西地区；

海上含油气区——主要包括东南沿海大陆架和南海海域。

我国目前已在20多个省、自治区、直辖市发现了油气田，建立起多个特大型和大型油气田。根据2022年油气产量当量统计数据，目前我国排名前十的油气田见表2-2。

表2-2　2022年我国油气产量当量排名前十油气田数据

综合排序	油气田名称	油气产量当量/(10^4 t)	原油产量/(10^4 t)	天然气产量/(10^4 t)
1	长庆油田	6 502	2 541	497
2	渤海油田	3 452	3 175	35
3	大庆油田	3 438	3 000	55
4	塔里木油田	3 310	736	323
5	西南油气田	3 062	7	383
6	胜利油田	2 404	2 340	8
7	南海东部油田	2 001	1 457	68
8	延长石油	1 765	1 148	76
9	新疆油田	1 748	1 442	38
10	南海西部油田	1 212	515	88

思考题

(1) 简述石油的元素组成和化合物组成。

(2) 石油成因的无机成油理论代表性学说有哪些？

(3) 什么是干酪根？它有哪些类型？

(4) 什么是油气的初次运移、二次运移？

(5) 什么是圈闭？它有哪些主要类型？

(6) 油气藏的基本类型有哪些？

(7) 油气成藏的条件有哪些？

第三章

石油勘探与环境保护

第一节　油气勘探发展历程

石油工业整体上是一个连续的生产过程，大致可分为勘探、开发和利用三个阶段。勘探阶段的核心问题就是寻找油气田。寻找油气田的过程是一个调查研究和不断实践、反复实践的过程。进行油气田勘探必须严格地、科学地遵守由粗到细、由浅入深、循序渐进的原则，否则在一个大的含油气盆地中寻找油气田犹如“大海捞针”“无的放矢”，以至于徒劳无功。因此，应以石油地质科学理论为指导，综合运用各种勘探方法，合理布置勘探力量，有步骤、高水平、高效率地寻找油气田，并查明油气田的基本情况，为油气田全面开发做好准备工作。

一、世界油气勘探的发展

在 19 世纪 50 年代之前，人们在找油时基本上依赖对自然现象的直观感觉进行，如利用油气苗找油，甚至会靠迷信观念来布井。在此阶段，勘探方法也仅限于钻井法，钻井的方式为顿钻及麻花钻，深度一般为 500～1 000 m。勘探领域主要局限于油气苗附近和浅层。此阶段的代表性油田有我国自流井气田、巴库苏拉汉及中东的一些油泉和浅油层。

到 1848 年，地质学家发现了油气苗沿背斜分布的现象，经过不断的发展，于 1885 年第一次系统地阐述了背斜油气藏理论，并成功应用于井位部署。背斜油气藏理论认为，石油和天然气聚集于背斜构造中，石油、天然气密度低，占据背斜顶部，而地层水密度高，位于背斜底部，背斜褶皱的顶部是勘探油气的最佳位置。

20 世纪 20 年代至 30 年代，地震、重力及其他地球物理方法的发明和应用使在覆盖区查明地下的背斜构造成为可能。找油工作可以在平原区进行，大大拓展了找油领域，油气产量也随之迅速增加。

20 世纪 60 年代以来，由于相关领域学科的迅速发展和油气田的大规模勘探开发，人们对油气的生成、运移、聚集等各方面的规律有了进一步的认识，各种油气田勘探方法的质量有了明显的提高，勘探的精度和深度达到相当高的水平，找油效率也随之提高。

二、我国油气勘探的发展

新中国成立初期至大庆油田发现的10年是我国石油勘探的初期发展阶段。这一时期的勘探重点在中西部地区的四川、陕甘宁、酒泉、柴达木、吐鲁番等盆地。这些地区地表油气显示较多，已有少数油气田，地层出露较好，构造比较明显。1955年，克拉玛依油田的发现是新中国油气勘探的第一个重大突破，但依然没有从根本上改变我国进口石油的局面。

从1959年大庆油田的发现到20世纪80年代中期，我国石油勘探进入了快速发展阶段。大庆油田的发现实现了我国石油工业发展史上历史性的重大突破，由此我国石油勘探开始战略转移，重点由中西部地区转向东部地区。

20世纪80年代中后期到2008年，我国石油勘探进入稳定东部、发展西部、油气并举、大力发展海域勘探和积极开拓海外石油勘探开发市场的新阶段。在东部深化勘探的同时，重点加强了西部地区，特别是塔里木、准噶尔、吐哈、柴达木和鄂尔多斯等盆地的油气勘探工作。经过近20年的努力，发现了一大批油田，保证了我国原油产量的稳定增长。在此阶段，我国天然气勘探也取得了重大突破，相继发现了南海莺—琼盆地崖13-1、鄂尔多斯盆地靖边、塔里木盆地克拉2等一大批气田，探明天然气储量快速增长。同时，我国海洋石油勘探也获得了前所未有的快速发展，产量迅速增长。

2009年至今，我国常规油气勘探在大面积砂岩油气藏、海相碳酸盐岩油气藏、成熟探区精细勘探、前陆冲断带、深层火山岩等领域取得重大进展；在非常规油气方面，致密油气已成为现实勘探领域，煤层气已实现商业化，页岩气也实现了工业化起步。

第二节 油气勘探的一般程序与方法

一、油气勘探的一般程序

我国幅员辽阔、地大物博，油气田分散在祖国的四面八方，要想用钻井的办法在某一点上发现油气田，如同“大海捞针”一样。而且，石油和天然气都是深埋地下的流体矿藏，其流动性会带来一个问题，即生成的地方往往不是它们聚集和储藏的地方，这给油气田勘探工作带来相当大的难度。

石油学家总结出规律性的认识，用科学的慧眼去探索未知的领域，总体来说，找油的顺序大致是：

第一，寻找盆地，沉积盆地有厚度巨大的沉积地层和能生油的丰富的有机质。

第二，在盆地中寻找生油凹陷，因为生油层在生油凹陷中发育，是油气的发源地。

第三，在生油凹陷附近寻找主要的油气聚集区，因为这个地区最靠近油源，是“近水楼台先得月”的好地方。

第四，在主要油气聚集区内寻找圈闭，这是可能存在油气藏的所在地。

第五，在圈闭的最高部位钻第一口找油井，即预探井，目的是了解有无油气的存在。

第六，在预探井发现油气后，要向外扩大布井范围，钻一定的详探井，目的是了解含油气的边界，即解决油田的大小问题。

弄清了油田的范围以后，则要按一定距离部署生产井(或称开发井)，将油田投入生产开发。

以大庆油田的发现为例，大庆油田位于松辽盆地，对它的勘探始于1955年。在对盆地的周边进行地质调查的基础上，首先开展了全盆地的地球物理勘探工作，通过多种资料的综合解释，对盆地的结构有了初步了解，发现盆地中央有一个大型的构造带。经反复论证，该构造带是储存油气的有利场所，并选择构造带上最有利的部位部署了松基三井，钻探结果完全证实了物探工作的推断。

二、油气勘探的阶段划分

整个油气田调查与勘探工作是一个连续的过程，但这个过程不是一次就能完成的，整个油气勘探工作是划分为多个阶段进行的。划分各阶段的主要依据有两条：一是根据任务来划分；二是根据评价结果来划分。各阶段既有独立性，又有阶段之间的连贯性，这种阶段与阶段之间的相互关系和工作的先后顺序称为勘探程序。

根据各勘探时期的主要任务及其相应的勘探规模和方法的不同，可将整个石油勘探过程分为调查与勘探两大时期(表3-1)。调查时期的主要任务是通过地面地质调查或地球物理测量或地球化学探测调查油气藏存在的条件，又可细分为区域普查和区带详查。勘探时期的主要任务是采用钻探井的方法，通过取岩芯和测试油气层以证实油气藏是否存在，又可细分为圈闭预探、油气藏评价两个阶段。

表3-1　油气勘探各阶段之间的关系

勘探阶段	调查时期		勘探时期	
	区域普查	区带详查	圈闭预探	油气藏评价
勘探任务	含油气盆地	含油气系统	油气聚集区带	油气田
基本任务	择盆选凹	查区定带	发现油气田	探明油气田
资源-储量目标	盆地或凹陷资源量(生油法为主)	区带或圈闭资源量(容积法为主)	预测或控制储量	探明或控制储量
研究重点	生油岩特征生烃与排烃条件	储盖组合特征	圈闭特征、圈闭与保存条件	储层与流体特征、油气富集条件
综合研究技术	盆地分析模拟	含油气系统研究	圈闭评价	油气藏描述

(1) 区域普查。

区域普查的对象是含油气盆地或者盆地内的区域构造单元，通过采用多种调查勘探技术系统收集资料，并通过盆地和凹陷的类比、分析，以及区域探井的钻探工作，选出最有利的生油凹陷，初步划分可能存在的含油气系统，提交盆地或凹陷资源量。

该阶段主要的研究内容是：

① 盆地形成的大地构造背景，主要是不同地质历史时期盆地在板块中的位置，盆地所处的古经纬度、古气候、古地理环境等；

② 盆地结构与演化；

③ 盆地沉积底层分布；

④ 盆地构造特征；

⑤ 生油凹陷的分布和生油能力，生、储、盖组合；

⑥ 区域水文地质、压力特征；

⑦ 油气显示特征，包括地面、地下油气显示情况，油气基本物理化学性质等。

(2) 区带详查。

区带详查是在有利的生油凹陷及其附近地区，即可能存在的含油气系统范围内，通过地震普查与详查，落实区带(或二级带)的基本特征，结合参数井钻探，查明含油气系统的范围和基本特征，重点研究区域地温场、地压场、构造发育史、沉积相、成烃史、成藏史等有关烃类运移方向、运移方式、运移期次等问题，并通过油气系统分析与数值模拟，进行以优选有油区带为目的的勘探工作。此阶段结束后提交各区带或圈闭资源量。

(3) 圈闭预探。

圈闭预探是在选出的有利油气聚集区带上，通过进一步的地震详查和圈闭描述与评价工作进行圈闭的优选，然后通过预探井的钻探揭示圈闭的含油气性。它的最终目的是发现油气田，提交预测或控制储量。

(4) 油气藏评价。

油气藏评价是在已发现工业油气，获得预测或控制储量的油气藏范围内，开展以查明油气藏地质特征、储量规模、开发特性为主要内容的勘探工作，为油田顺利投入开发做准备。此阶段结束后提交探明或控制储量。

以上介绍了常规的勘探程序，在一些地质条件十分复杂的盆地或区带，为了达到最优的经济效益，需要有一个滚动勘探开发阶段。滚动开发的基本思想是勘探开发滚动式进行，即先以主力油气层以及较大和较简单的圈闭为对象进行勘探评价以及开发，在这个过程中积累资料，加深地质认识，进行详细的地质工作，发现和评价隐蔽的圈闭。实践证明，这是一种有效的方法。

滚动开发的具体做法要根据具体的地质条件和所采用的勘探技术灵活对待，至于一个油气区带应按照常规勘探程序，还是滚动勘探开发，主要取决于具体条件。如果含油气层系比较单一，圈闭的位置和形态比较确定，则用常规勘探程序为好。

各勘探阶段既相互独立，又保持一定的连续性。明确划分勘探阶段可以给实际勘探工作带来很大的方便：第一，它使得勘探的任务和目标更加具体明确，特别是突出了不同阶段的主要矛盾，便于检查和衡量每个阶段的工作效率；第二，它使得在确定一个阶段进入另一个阶段时做出继续、放弃或者及时调整勘探决策部署的依据更加充分；第三，它有利于合理调配勘探力量和勘探资金，及时补充勘探新区人力、物力。如果没有统一的勘探阶段划分标准，则往往使实际的勘探工作处于一种混乱状态。

油气勘探程序首先明确界定了油气勘探各阶段的对象、地质任务、资源/储量目标，即勘探阶段的划分依据与方法;其次严格规定了勘探各阶段的主要技术手段、综合研究内容以及资源评价方法。油气勘探遵循的原则是勘探范围从大到小、勘探精度由浅到深、勘探投入由廉到贵。

三、油气勘探的主要方法

随着科学技术水平的提高,油气勘探工作不断深入,取得了很大成绩,勘探方法也日趋成熟和完善。在最初阶段,勘探方法为地质方法及原始钻井方法,之后才出现了其他一些方法。目前采用的勘探方法主要分为地质勘探法、地球物理勘探法、地球化学勘探法、钻探法四类。

1. 地质勘探法

地质勘探法是寻找石油最基本,也是最常见的方法。很早以前,人们寻找石油就是在有油气苗的地区及附近打井,有时也找到了一些油气田,但失败的教训更多,因为油气苗不是寻找油气田的唯一标志,有的油气藏与油气苗并无直接关系。人们通过实践,逐渐认识到油气的分布与地质构造有关。

地质勘探是由地质人员到山地去寻找地层露头,详查地层层次及地质构造,并采取具有代表性的岩石和化石标本做室内研究,最后根据调查所得资料,绘制地面地质图及地下构造图,判断有无储集油气的构造。因此,它所研究的内容包括地面地质的观察和研究、井下地质的观察和研究、实验室的测定和研究、航空和卫星照片的地质解释等。

石油地质调查包括普查、详查、细测以及综合研究等步骤,着重解决四个方面的问题。

(1) 调查沉积盆地的岩层状况:沉积盆地有哪些沉积岩、火成岩和变质岩及它们的大致分布状况。通常沉积岩是生成和储藏石油、天然气的主要岩层。

(2) 调查地质构造,寻找油气圈闭:认真调查暴露在地表的地质构造,测量地层产状,观察地层接触关系,丈量圈闭的大小,编绘圈闭地质构造图,并对区域地质构造内的一、二级构造单元进行观测和描述。

(3) 调查油气苗显示:油气苗显示在油气勘探中占有重要地位,在野外石油地质调查中要十分注意寻找和发现油气苗。

(4) 采集样品:采集地层的各类岩石样品,供制作标本及化验使用,以测定地质时代及沉积环境、分析岩石储集性能等。

随着科学技术的发展,现在可以用航空照相代替铁锤和罗盘,即通过遥感技术来了解地质构造。遥感地质就是通过350～1 500 km高空卫星拍摄的地球表面照片,进行地质解释,认识和掌握地质情况和规律,用以确定含油气盆地的位置、规模和形态,划分可能的生油区和有利的油气聚集带,并指出一定深度内较大的地质圈闭,预测、发现和推断新的含油气区有利圈闭的存在。遥感地质在一定程度上代替了野外地质人员跋山涉水、人工填图,对地形艰难地区具有特别重要的意义。遥感技术作为一种快速、经济的勘探油气的手段,在我国西部地区油气勘探中的作用及效果非常显著。

2. 地球物理勘探法

广义地说，地球物理勘探法（简称物探法）是利用物理原理和技术来解决地质问题的方法。它是根据地下岩石的密度、磁性、电性以及弹性等物理性质的不同，在地面上利用精密仪器进行测量，了解地下岩层的起伏状况，寻找储油构造，达到寻找油气藏的目的。地球物理勘探法包括重力勘探、磁力勘探、电法勘探和地震勘探等。前三种方法主要用来研究大地构造和区域构造，划分出有利的沉积盆地以及盆地中的次级构造单元，指出有利的含油气区域，再在最有利的油气远景区开展地震勘探工作，查明各类储油构造，提供钻探井位。

（1）重力勘探。

重力勘探的理论基础是万有引力定律。地球上的任何物体都会受到引力和离心力的作用。引力来自地球和物体之间的相互吸引，其方向近似指向地心；离心力产生于地球的自转，其方向垂直于地球旋转轴向外。物体受到的引力和离心力的合力就是重力。地球是一个不规则的椭球体，表面上有地形的起伏，地表以下各种物质的埋藏和分布不均匀，这些造成了地球表面的重力分布十分复杂。如果将地形的影响和正常重力值去掉，便可得到地下物质不均匀造成的重力变化异常值。通过对异常值的分析，可以进一步了解地下构造变化或岩性分布。重力勘探中的重力异常特征主要应用于以下三个方面：研究和解释地壳深部地质结构；研究和判断盆地基底的结构、基底断裂特征和基底表面的起伏；分析盆地沉积盖层的构造特征，如断裂的分布、特殊岩性体的分布、凹陷区与隆起区的分布等。

重力勘探使用重力仪，其基本原理如同在弹簧上吊着一个单位重量的物质，由于受地下埋藏物质不均匀的影响，该单位重量的物质在不同地点所受的重力大小不同，弹簧所受的拉伸长度也不同，从而测得各点的重力值。

重力勘探主要用于圈定沉积盆地的大致范围，确定大断裂的位置，为进一步的地球物理勘探工作划分有利地区。在一定条件下，重力异常还能反映沉积岩内部构造，如盐丘、古潜山等。因此，重力勘探在油气藏勘探的普查阶段是一种经济、快速的方法，但精度不高。

在重力勘探过程中需要注意：工作范围应根据任务和测区的地形、地质及以往物探工作等情况合理地确定；设计的测线方向一般以垂直探测对象为原则，测网密度和工作比例尺应根据任务性质、探测对象的大小及其异常特征来确定；布伽重力异常的总精度应根据所承担的工作任务合理地确定；仪器精度是影响重力勘探的重要因素，重力仪应适应各种勘探环境，以保证获得的重力测量值准确且稳定。

（2）磁力勘探。

磁力勘探是利用地磁现象进行勘探的。地球本身是一个磁体，在其周围存在着地磁场。处在地壳中的岩石矿物及地质体受到地磁场的磁化作用，会产生不同程度的磁性，被磁化的岩石矿物及地质体在自己的周围又形成次生磁场，产生局部的磁异常（如铁矿周围的次生磁场可以造成指南针的失灵）。如果能将这种磁异常探测出来，并对磁化机理和特征加以分析，就可以正确推断出地下地质体的形态。

磁异常的地质因素比较简单，大多数沉积岩的磁性较弱，不会产生磁异常，而地下深部的岩体由于受到地球内部高温的影响，会失去磁性，也不会产生磁异常。在勘探中，造成磁异常的主要是火成岩和变质岩。磁异常特征在区域大地构造单元划分(稳定大地构造单元和不稳定大地构造单元)、盆地基底的内部结构、岩性与起伏、断裂、盆地沉积层岩性分布解释等方面有着广泛应用。根据测量位置的不同，磁力勘探可分为地面磁测、海洋磁测和航空磁测。

20 世纪 50 年代末期，根据松辽盆地的航空磁测异常分布，松辽盆地可划分为六个构造单元，中央凹陷区的沉积盖层最厚，为正磁力异常，其中的隆起(大庆长垣)为负磁力异常，被定为最有希望的油气聚集区。

磁力勘探的精度低，但快速、经济，适用于油气藏勘探的普查阶段中划分突起和凹陷、识别火成岩体等。

(3) 电法勘探。

电法勘探的实质是利用岩石和矿物(包括其中的流体)电阻率的不同，在地面测量地下不同深度地层介质的电性差异，用以研究各层地质构造的方法。一般来说，岩石都具有导电的性能，这是因为岩石孔隙中有的含有带盐分的水，有的含有一些金属矿物，各种岩石的导电性能不同。例如，石灰岩是不容易导电的，所以电阻率大；砂岩、砾岩孔隙中含有盐水或砂粒矿物本身导电，所以电阻率小；石油是不导电的，所以电阻率大。人们就是利用石油与地下岩石的电性不同，用人工的方法把电流通入地下，通过测定地下岩石电阻率的高低来判断岩层特征的。

目前用于油气勘探的电法主要有两种：垂向电测深法和大地电磁法。

垂向电测深法也称直流电测深法，是在地表相隔一定距离的两点的地下放置电极 A 和 B(正极和负极)，用于向地下供直流电，在两极之间还放置两个接收电极 M 和 N，在供电时通过测量 M 和 N 之间的电位差，再根据总电流的大小，就可以计算出地下岩石的电阻率。放置的 A 和 B 电极之间距离越大，测量的地层越深。垂向电测深法最适用于解决下列地质问题：① 查明基岩埋深，确定覆盖层厚度，查明基岩风化层发育深度，划分有较明显电性差异的第四纪分层等；② 查寻岩溶发育带，确定具有明显电性差异的断层破碎带，并了解其产状。

大地电磁法利用大地电磁场来研究地质构造。从太阳和宇宙射向地球的带电粒子与地球的电离层发生作用，会产生垂直向下传播的低频电磁波，这些电磁波在地下形成随时间变化的大地电流和磁场，如果将二者用于油气勘探，则称为大地电磁法。该方法通过观测不同频率的大地电流和磁场相互垂直的两个水平分量，可计算出地下介质的电阻率。利用该方法还可以确定沉积盆地的基底结构、断裂的展布，以及火山岩发育的有利地区，在有利的条件下可以对盆地内的沉积岩系进行电性分层，研究沉积相带的变化和沉积盖层构造。特别是当沉积盆地上部存在砾石层、火山岩层、碳酸盐岩溶洞发育带时，地震勘探效果不好，大地电磁法是一种有效的替代方法。

(4) 地震勘探。

地震勘探是目前地球物理勘探法中精度最高、应用最广的一种。地震勘探自应用于石油勘探以来，由于成效卓著，发展迅速。地震技术除了可以获得地下几百米至几千米的地质构造外，还可以应用于地层、沉积、构造、储层物性的研究以及流体和油气藏的直接检测、生油层评价和超压预测等研究中。

地震勘探的“地震”是人工地震，产生的地震波向下传播，遇到地下岩石的分界面时，就会如声波遇到墙壁一样有一部分被反射回来，形成反射波。反射波被设置在地表的接收装置——检波器接收和记录下来。设法测出弹性波往返所经过的时间、弹性波在岩石中的传播速度(一般为 2 000～5 000 m/s)，就可以根据公式(距离＝时间×速度)计算出岩层的深度及起伏变化。

地震波遇到岩层界面除了形成反射波外，还可形成折射波和透射波。折射波也可用于勘探，但目前人们利用最多的是反射波，如图 3-1 所示。

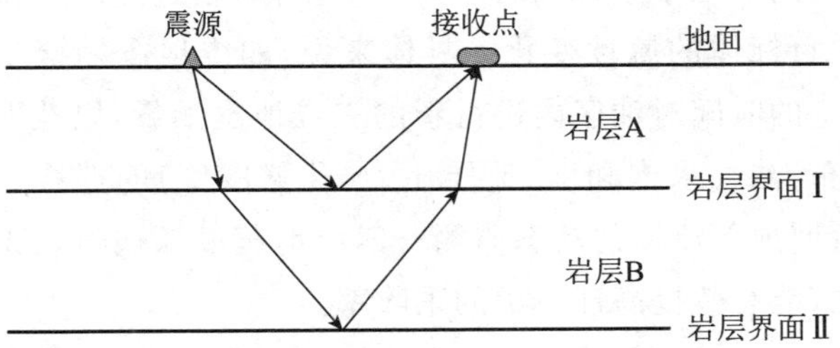

图 3-1　反射波法示意图

地震勘探的步骤简单概括起来可分为三步，即野外资料采集、室内处理和地震资料解释。地震勘探采用炸药震源时，将炸药置于人工或机械钻盘的炸孔中引炸，产生人工地震波，向四周传播。地下岩层一般是成层分布的，尤其是沉积岩。上下不同的岩层由于沉积时代不同，以及岩石孔隙内含有的流体(油、气、水)不同等，岩层与岩层之间存在着不同性质的界面。由于地层的物理性质差异，地震波得以折射或反射回到地面，之后利用高灵敏度的检波器将折射或反射回来的地震波转换为电能，由电缆输送至震测仪，经放大、滤波、调频后由记录仪照相并记录，再用资料处理系统做计算、修正、叠加处理形成理想的反射时间剖面，最后摘取反射层，绘制地下等高线图，对地下构造的形貌进行解释，判断出是否具有适于储存油气的构造。

地震勘探根据采集方式的不同，可以分为二维地震勘探、三维地震勘探、四维地震勘探、垂直地震剖面勘探(VSP)、井间地震勘探等。

① 二维地震勘探。

早期地震勘探是在地面上沿一维测线展开的，沿各条测线进行地震施工后，采集地震信息，经过计算机处理即可得出一张张地震剖面图。经过地质解释的地震剖面图就像从地面向下切割，在二维空间(长度和深度方向)上显示地下的地质构造情况，因此称为二维地震勘探。该方法的优点是成本低、野外施工简便易行、资料处理与解释容易等。但是，对于地下复杂的地质构造，进行二维地震勘探并按二维归位处理不能反映地下界面的真实情况。

② 三维地震勘探。

20 世纪 70 年代末期兴起了三维地震勘探方法。该方法是在一个平面上采集地震信息，并在三维空间（长度、宽度和深度方向）进行处理。三维地震勘探采集的数据是一个三维数据体(x, y, t, A)，其中 x，y，t 分别代表长度、宽度和深度；A 为地震属性，如振幅、频率等。三维偏移是在空间上进行的，各点都是按照它们的真倾角方向偏移，因此可以回到它们各自的反射点位置上。三维偏移的结果与真深度是一致的。这种方法可以提供剖面的、平面的、立体的地下地质体构造图像，大大提高了地震勘探的精度，对地下地质构造复杂多变的地区特别有效。

③ 四维地震勘探。

四维地震勘探由三维地震勘探发展演变而来，是由通常的三维空间和时间组成的总体，勘探作业时采用空间的三个坐标和时间的一个坐标，通过随时间推移观测的勘探数据间的差异来描述地质目标体的属性变化。具体来说，四维地震勘探是指伴随着油气田的开发与开采，每隔一定的时间对油区内进行新的三维地震测量，以获取地下产油气层内流体特征（如剩余油分布、油气水饱和度、地层压力、孔隙度等）的地震勘探工作。这种方法多用于油气田开发后期地下流体的动态监测。四维地震勘探通过认识储层动态变化来有效寻找剩余油气资源，能有效提高油气田的采收率。

④ VSP。

VSP 是一种在地表设置震源激发地震波，在井内不同深度安置检波器接收地震波，即在垂直方向观测人工场，然后对所观测到的资料经过校正、叠加、滤波等处理，得到垂直地震剖面的地震勘探方法，也称 VSP 测井技术。

相对于地面地震勘探，VSP 具有较明显的优势。由于 VSP 是在井中观测和研究地下地层的垂直变化，地震波只一次经过表层，波前扩散、地层吸收、低速带对波的影响和改造作用小，波形畸变小、干扰小、主频衰减小，有较高的分辨率，其地震运动学和动力学较地面地震勘探特征明显。VSP 的接收点位于地层界面或者界面附近，可以直接记录与界面有关的干净子波波形。VSP 资料可同时记录上、下行波信息，有利于对地震波的方向特性进行研究。从 VSP 资料中提取的地层速度参数、振幅信息、岩性参数等，相比于常规地面地震资料更加真实、容易，具有更高的保真度和可靠性。

但 VSP 野外采集工艺远比地面地震勘探复杂，涉及井孔、电缆及电缆车、井下检波器的安置以及重复性好的震源，工作环节多且烦琐。VSP 施工占用井场时间较长，经费开支较大，检波器组合基数较少，叠加次数较低。VSP 的最大缺点是测量范围有限，仅仅能够测到井孔周围有限的面积，这一点远远不能与地面地震的大面积覆盖相比。

⑤ 井间地震勘探。

井间地震勘探是将震源与检波器都置入井中进行地震波观测的一种物探新方法。由于地震设备能够靠近目的层，避开了地表强衰减风化层的低速带对地震信号高频成分的吸收，因此利用它可以获得极高分辨率的地震信号，可以对井间地层、构造、储层等地质目标进行精细成像，大大降低了钻井的风险与费用。

3. 地球化学勘探法

地球化学勘探法通过测定由于地下油气的扩散而引起的各种化学和生物化学的变化，了解地下油气的分布，属于直接找油的方法。地球化学勘探法容易受到地质情况和其他各种因素的干扰，在实践中会碰到一些难以解释的问题，一般配合其他勘探方法应用。

在现场常用的地球化学勘探法有烃气测量法、有机碳同位素测量法和细菌测量法等。它们是利用碳氢化合物气体沿岩石裂缝和空隙向地面扩散的效应，测量土壤或表层岩石中碳氢化合物气体(天然气)含量、性质和生物化学方面的变化，进而判断地下有无油气田的存在。

根据研究内容的不同，地球化学勘探法可分为两大类：一类是研究岩石以及油、气、水的原生地球化学特征，即主要研究与生油有关的地球化学指标及其作用；另一类是研究地下油气藏中高浓度集中的油气向周围介质(土壤、岩石、地下水)扩散而产生的次生地球化学变化。通过在地面研究这些影响和变化，就能划分出地下可能存在的油气藏的位置。因此，它是只利用地球化学异常指标和位置资料就可以布井直接找油的方法，而且勘探费用比较低，方法比较简单和灵活，具有较大的吸引力。

4. 钻探法

钻探法是探明油气田面积和储量最直接、最重要和必不可少的最后一道工序。这是因为前面介绍的几类勘探方法对寻找有利的含油气地区和含油气地质构造都仅仅是一些推断，并不能肯定，只有通过钻井钻进油气层，才能确定地下有无油气存在。在石油地质调查和勘探阶段，根据不同任务的需要，钻探井又可分为地质井、参数井、预探井、详探井等。

(1) 地质井(构造地质浅井、地层探井)：在盆地或凹陷普查阶段，为解决基础地质资料问题而钻的井，以了解一部分地层剖面和构造产状。

(2) 参数井：在已完成地质普查或物探普查的盆地或凹陷内，选择不同级别的构造单元而钻的一口或几口井，以了解其地层层序、厚度、岩性、生油、储油和盖层条件，并为物探资料的解释提供参数。参数井的设计深度尽可能要钻穿沉积岩的全部厚度。如果沉积岩太厚，不可能在一口井内取得完整的剖面资料，则可在不同的构造单元上钻两或三口参数井以取得盆地或凹陷内一个完整的剖面资料。

(3) 预探井：在地震反射法详查的基础上，在生、储条件比较有利的构造或圈团上拟定钻探的第一口探井。预探井的目的是发现工业油气流。因此，在预探井内要特别重视取得系统的储集层物性资料、中途测试和测井资料及完井、分层试油等资料。在测试获得油气流后，还要取得流体分析化验、油层压力和温度等数据资料。

(4) 详探井(评价井)：在已获工业油气流的构造或圈闭上，为取得该油气田的储油层面积和储量计算参数，在地震反射法精查构造图的基础上，视油气田面积的大小、构造的复杂程度而钻的井，以控制油气田的面积，了解油气层厚度变化、储集层物性变化和油藏类型。每口评价井除需要取得预探井内规定的各项地质资料外，对储油气层必须取岩芯，对岩性、电性和测试资料进行综合研究和储量计算。

综上所述，勘探技术众多，各技术精度不同，所解决的问题不同，勘探成本差别也很大，在对一个新的含油气盆地进行勘探时，必须进行全面、系统的调查研究工作，采用从全局着眼、局部入手的勘探原则，根据勘探对象的地质、地表条件采用多种勘探技术联合的综合勘探方法，取全、取准复杂的地质资料，并进行综合解释，才能正确掌握地下油气田的分布规律，又快又准地找到石油和天然气。

第三节　油气勘探中的环境影响及控制

视频3
石油勘探
环境影响及控制

油气勘探既是一种高风险、高投入的行业，也是高新技术密集行业。油气勘探除了广泛的常规地面勘探外，正在向海洋、高寒地区、地层深部扩展，这不仅对技术提出了新的要求，还对环境保护提出了新的要求。在整个石油工业中，与油气田开发、油气集输和油气加工工程等过程相比，石油勘探工作产生的污染较少，但对生态环境的影响同样需要重视。

一、污染源和污染物

在油气田勘探过程中，主要污染源和污染物有：

(1) 大气和水体污染，如使用炸药会对周围环境中的空气和水体造成污染。

(2) 固体废物污染，如生活垃圾、炸药包装外壳、废记录纸、废的机械零部件、测量使用的木桩和小旗等标志、未回收废弃的炮线等。

(3) 噪声和振动污染，如爆炸产生的噪声以及可控震源的振动会对周围环境产生影响，破坏地下或地表设施。

(4) 对生态环境的影响。例如，开辟测线时，对地面植被、表土、植物根系和种子的破坏；施工车辆对地表(土壤)、植被的破坏和对野生动物的影响；作业施工对古遗迹的破坏。另外，车辆在草原和沙漠中行驶时，会对植被造成破坏；车辙可能形成新的导流水沟，破坏环境的自然状态；车辆行驶会影响动物的自然生存。

又如，我国克拉玛依地处戈壁滩，戈壁滩上有厚厚一层小石头，这些石头是风将细砂吹走后逐渐裸露出来、一年年堆积起来的，但在勘探过程中需要将之掀起，从而使下面被固定的细砂易随风迁移，形成扬尘及沙尘暴。又如，20 世纪 40 年代起，美国开始在阿拉斯加进行广泛的油气勘探活动，石油工人驾驶着拖拉机在优美的苔原上东奔西跑，留下的破坏痕迹至今仍未能复原，有的地方甚至永远不会复原。

表 3-2 列出了油气勘探作业中产生的主要环境危害和影响。

表 3-2　油气勘探作业中产生的主要环境危害和影响一览表

项　目	可能带来的危害	可能带来的影响
陆地施工、营地搭建	砍伐树木，开辟水体，破坏植被	加重侵蚀，增加沉积并减少鱼的种类，殃及野生动物生存，破坏森林
海洋施工	造成海洋局部暂时的生态破坏或不良影响	影响珊瑚礁和其他水生生物，特别是在珍稀鱼、贝产卵期
沙漠和半干旱地区施工、营地搭建	破坏植被	加重侵蚀，加剧沙丘的活动
寒带和亚寒带施工、山地施工及营地搭建	损害苔原	影响野生动物生存
雨林区施工、营地搭建	破坏雨林区遮盖层	影响地表生态系统，加剧侵蚀
湿地施工、营地搭建	破坏湿地植被	形成沟道后影响水流，从而引起侵蚀和改变水的化学成分
物探施工	车辆、发动机及爆炸发出的噪声	影响人和动物的正常生存
	炸药、燃油和机油渗漏/泄漏、设备火花、化学溶剂等	污染土壤、水体
	所有设备发动机、营地和火炉排出的废气、爆炸气体	污染大气
野外作业	可控震源的振动	危害人体健康及生态环境
	粉尘作业中产生的粉尘	危害人体健康及生态环境
	营地排出的生活污水	污染水源和地下水
营地生活及作业	生活、施工和设备维修产生的各种废弃物、营地垃圾	污染环境
地震勘探作业	爆炸物品的报废与销毁	产生有毒气体，污染大气

二、油气勘探阶段环境污染控制

针对油气勘探过程中的污染源以及产生的污染物，通常采取以下措施进行防治：

(1) 地震队在作业过程中应制定严格的生活管理制度，养成节约的生活习惯，减少固体垃圾的产生。尽量少用外包装不易分解的食品或其他物品，及时回收生活垃圾，及时处理。

(2) 对勘探作业过程中产生的炸药包装箱、废记录纸、废旧零部件等固体废物要回收利用，没有利用价值的应及时处理；对哑炮要进行引爆处理；对在测线上形成的固体废物应回收，集中处理。

(3) 建立营地时注意：营地应建在植被较少的地方；尽可能减少营地的数量和占地面积，特别是减少停车场的占地面积；对营地植被要认真保护，特别是尽量不践踏植被。

(4) 施工时应注意：合理安排施工，减少车辆、人员穿越河流、沟渠、湖泊等的次数；设计合理的施工方法，减少固体废物的产生量；尽量采用小药量施工，使用毒性较小的炸药；在野外，固体废物堆放点应选择在远离营地、河流、湖泊的地方，应在营地水源的下游，最好在下风方向，其地势高于附近水源的最高水位；埋置检波器时要尽量避免破坏植被，不得砍伐受特殊保护的和直径超过 20 cm 的树木，遇到大面积树林或植被时应将测线偏移或改变施工方法；在丛林区慎用烟火，在灌木丛中推土机的铲子应离地面 10 cm 以上，保留测线上的表土、植物根系和种子，以利于再生；避开野生动物区，以免影响其入窝冬眠、筑巢、产卵、迁徙和摄食；限制车辆、人员在测线上活动的范围、频率，避免夜间施工，减少对野生动物的惊扰。

(5) 施工结束后，回收所有小旗、标志和废品，及时回填炮眼，避免继续污染环境；恢复工区所有的自然排水道；拆除所有的建筑设施，清除建筑材料；废弃开辟的道路。

例如，在野外勘探施工中，某物探队提出"保护环境，绿色施工，与自然和谐相处"的口号，努力保护好当地的生态环境。队员们严格按照 HSE(健康、安全、环境)实施程序要求作业，实施"一字型"施工法，施工车辆按照一个车辙行进，杜绝乱开车辙，减少碾压面积；在人工手摇钻可以打井的地段，坚决不进大型钻机；在小型车辆可以完成施工任务的区域，不进大型车辆；员工徒步查号代替车辆查号等。队上还专门成立清线组，对勘探区域内放炮遗留的废旧炮线、杂物等进行捡拾，对井口进行全面清理，尽力恢复原貌。

三、绿色勘探

伴随着我国经济的高速发展，大规模、粗放式的勘探开发活动会导致土壤污染、水污染、空气污染、生物多样性破坏和次生地质灾害等生态环境问题。

绿色勘探是指遵循生态原理和生态经济规律，将绿色发展和环保理念融入勘探工作的全过程，借助绿色勘探技术和信息数字化技术手段，节约资源和能源，避免、消除或减轻对生态环境的污染和破坏，使生态负效应最小化，并把勘探所产生的废物进行无公害处理和绿色固化处理，结束后进行环境修复治理的持续活动。

习近平总书记指出，"绿水青山就是金山银山"。党的十八大以来，以习近平同志为核心的党中央将生态文明纳入中国特色社会主义"五位一体"总体布局，坚定不移推动绿色发展，并提出"创新、协调、绿色、开放、共享"五大发展理念。在党的十九大报告中，习近平总书记提出"中国坚持人与自然和谐共生，致力于建设社会主义生态文明，走绿色发展之路，建设美丽中国"。在党的二十大报告中，习近平总书记再次强调"推动绿色发展，促进人与自然和谐共生"。那么，如何做到既要找到"金山银山"，又要留住"绿水青山"？对油气勘探而言，实施绿色勘探是解决这一矛盾的不二选择。以绿色发展理念为引领，以科学管理和先进技术为手段，以环境效益和经济效益为目标，在实施地质勘探全过程中控制环境影响最小化。

实施绿色勘探，应坚持以下基本原则：

(1) 秉承绿色理念，在地质勘探全过程中坚持以人为本，注重生态保护和人身健康安全，坚持保护优先，始终将"绿色化"环保理念贯穿于勘探活动的全过程。

(2) 坚持科技创新,充分依靠科技进步和管理创新,采用先进的技术、方法、工艺和设备实施地质勘探工作,最大限度地避免或减轻勘探活动对生态环境的扰动、污染和破坏。

(3) 坚持因地制宜,结合勘探作业区的实际自然环境和人文环境条件,尊重当地民俗,构建和谐氛围;采用适宜的勘探手段、环境保护和恢复措施,统筹兼顾勘探、人与自然和谐、生态环境和社会综合效益。

(4) 将绿色勘探管理内容融入日常工作,把保护生态环境作为勘探活动中应尽的义务和责任,制定相关生态环境保护与修复治理规章制度及保障措施,避免重复勘探对生态环境的二次影响。

下面以某地球物理公司为例,介绍其绿色勘探的具体开展过程。

1. “给骆驼戴口罩”和“观鸟定工时”

A项目组工区横跨某国国家保护区,为此,在营地选址、施工中的行车路线搜寻以及工区内的道路保护、生态保护、环境保护等方面采取了有效的控制和规避措施,被当地媒体誉为“环保先锋”,成为工区 HSE 管理的典范,尤其是“给骆驼戴口罩”和“观鸟定工时”的举措给当地社区政府和甲方留下了深刻的印象。

(1) 给骆驼戴口罩,以保护道路和生态环境。

因工区内的很多道路不能被使用,各种施工机械材料只能肩拉人扛,管理层决定雇佣300头骆驼作为运输工具。为防止骆驼干活时啃食鲜草,A项目组采取了严格措施,给骆驼戴上草编的口罩。“骆驼戴口罩”成了该国家保护区勘探施工时一道特有的风景线。

(2) 保护动物,观鸟定工时。

A项目组在施工中一旦发现动物新鲜的粪便,就要停工,等待环保监督人员研判,裁定是否能够继续施工。后来根据每天对测线沿线鸟巢情况的调研,定为上午 9 时半后开始施工,下午 4 时半后退出,即按照鸟出巢和归巢的时间作业。为了防止噪声给动物带来的影响,解释组每天以环保优先的原则设计施工方案,规定鸟巢附近 100 m 内不允许布置炮点,测线上二三千米之内不能超过 50 人一起作业。

2. 红树林复种和污染源分类分级管理

B项目组经常在红树林生长区作业,因红树林属珍稀树种,生长极慢,砍伐后几乎不可能自然再生,为此,对清线和环境恢复进行严格的现场监督和过程控制,规定测线清线宽度不超过 1 m,禁止使用链锯和推土机进行伐树和清线,只能用砍刀进行清线,同时规定直径超过 20 cm 的树不准砍,如果不得不砍,必须做好记录并在日报中反映出来。在环境恢复时,聘用专业承包商对所有测线进行复种,并定期对复种进展情况和成活率进行实地考察和监控。

B项目组在污染源分级分类管理方面起到了表率作用,对垃圾的收集、分类转运和处理进行了严格管理,由专业垃圾处理公司对已从源头进行分类的垃圾(可燃性垃圾、有害垃圾、特殊垃圾、机修垃圾、生活垃圾等)进行分别处理,或送焚烧炉处理,或收集、整理、分类、称重后移交给有资格的垃圾处理公司,并定期到垃圾处理公司对垃圾处理情况进行追踪以确保处理达标。

3. 珊瑚礁保护

C项目组在红海沿岸二维过渡带进行地震勘探采集项目，设计测线67条，总计约3 800 km，70%以上工作区域覆盖水域和过渡带，跨度南北延伸1 400 km、东西约200 km。红海拥有珊瑚礁、红树林、盐沼、盐田和丰富的海草，独特的生物种群造就了海洋生物的多样性，如海龟、海豚以及多种本地鱼类，珊瑚主要分布在北部和中部沿岸，给项目施工带来了严峻的挑战。为了避免在作业过程中因地震勘探作业产生对海洋环境的危害，小队在项目正式启动前对作业水域进行了充分的调研和信息搜集，并根据分析结果制定了具体的踏勘、逐点设计等规避海洋环境及珊瑚礁影响的防护措施。

(1) 分初次踏勘、二次作业点踏勘、作业完成后最终对比踏勘三步走，进行细致踏勘和调研，掌握珊瑚礁分布。

(2) 精确逐点设计，设置缓冲区。在施工前，针对每条沿线进行逐步踏勘和分析，确定最佳施工设计方案，包括收放线、激发方式选取、空站、点位偏移、船舶行驶航线等；在沿线图上标注出15 m范围内出现的珊瑚礁区域作为缓冲区，确保每个激发点处于缓冲区安全距离之外，禁止珊瑚礁保护区内使用炸药和钻井作业；所有船舶航行遵循绕行缓冲区航行规定，在浅水区域指定航线行驶，减小推进器对珊瑚礁的伤害；同时弯线设计解决了大面积连片珊瑚区的采集。

(3) 加强对员工的珊瑚礁保护知识培训，严格遵循海洋环境保护公约、当地环境保护法规和国际环境保护惯例，杜绝人为向海洋违章倾倒各种废物尤其是有毒有害物质，关注船舶航行安全，预防搁浅、漏油等对海洋环境造成的破坏，同时加强在用船舶的日常维修保养和检查，保证在用船舶污水处理和回收装置的正常使用。

(4) 遵循"减少使用、再利用、回收、恢复"四步法对废物全过程进行监控和管理。

(5) 聘用专职环境工程师、高级HSE专家，从作业前测线实地踏勘和风险评估、作业中现场监督和指导、作业后再次踏勘，以及废物的处理和溢油预防等方面全过程地监控地震作业对珊瑚礁的影响。

(6) 遵循一条航线政策，对船舶进行行程管理，既可避免船舶搁浅事故，提升船舶自身安全，又可大大降低对珊瑚礁的直接破坏。

4. 作业现场环境恢复

D项目组的施工工区基本上是以丛林、农场为主的地区，其中丛林地区内有珍稀的树种和稀有的动物，农场是当地居民赖以生存的环境。在这些地区作业时，环境保护要求尤为严格。D项目组对营地内、野外施工现场采取了不同的环境管理控制措施，保护了当地的珍贵物种、生态环境，尤其在作业现场环境恢复方面的做法突出，深受当地政府、甲方和其他公司的好评。

D项目组的环境恢复组分六个小组，每个小组由三人组成，负责按照环境恢复制度对所有施工测线进行细致的环境恢复，主要包括测量桩号/炮线/工区现场垃圾的回收、炮点填埋、炮点栽种植物等环节。同时，要求对所有的环境恢复数据进行统计，按照恢复的桩号上报给环境部门，统计到数据库中，且将每天的数据及时与测量部门交流，并把恢复工作进度展示在工区地图上。最后，由环境工程师对每条已经恢复的测线进行检查，检查通过后，编写环境恢复报告并与相关部门签订环境恢复协议，积极兑现按照国际标准进行环境恢复的承诺。

第四节　HSE 管理体系简介

在国家工业基础中，石油工业是重要的组成部分，关系着国计民生。石油工业从开始起步到今天走过了近百年的发展历程。进入 21 世纪以来，石油工业领域恶性事故接连发生，如 2010 年美国墨西哥湾深水地平线海上平台爆炸事故、2012 年中国渤海康菲石油泄漏事故等。在石油工业高速发展中所隐含的安全、环保等问题一直是高悬在石油科技工作者头上的“达摩克利斯之剑”。因此，石油工业未来的发展方向在于加强管理，最终实现经济、资源、环境的高效可持续发展。而高效可持续发展的最终途径则是推进 HSE 管理体系，向公众展示良好的发展潜力及承担更多的社会责任。

一、HSE 管理体系的基本内容

HSE 管理体系是一个企业（行业）确定其自身活动可能引发的灾害，以及采取措施进行管理和控制其发生，以便减少可能引起的人员伤害和环境破坏的正规管理形式，其基本内容如图 3-2 所示。它是国际上石油工业比较通行的一种科学、系统的健康、安全与环境管理体系的统称。其中，H（健康，Health）指人身体没有疾病，在心理上保持一种健康良好的状态；S（安全，Safety）指在劳动生产过程中，努力改善劳动条件，消除不安全因素，使劳动生产在保证劳动者健康安全、财产不受损失、他人确保安全的前提下顺利进行；E（环境，Environment）指与人类密切相关的、影响人类生活和生产活动的各种自然力量或作用的总和，包括各种自然因素的组合和人类与自然因素间相互形成的生态关系的组合。

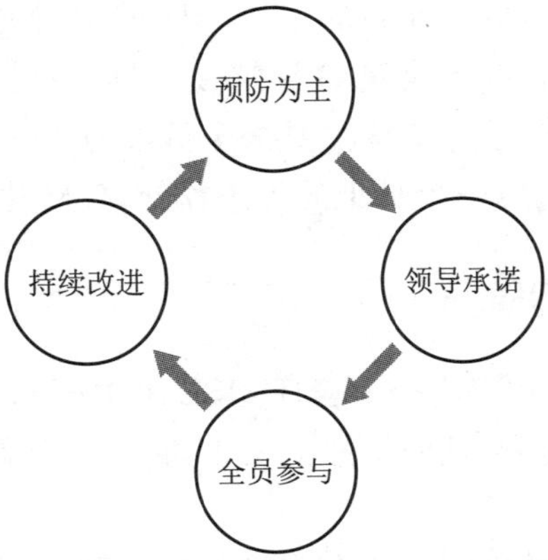

图 3-2　HSE 管理体系基本内容示意图

HSE 管理体系强调事前预防和持续改进，具有高度自我约束、自我完善、自我激励机制，具体包括以下四方面基本内容：

1. 领导承诺

组织对社会的承诺、对员工的承诺，领导对资源保证和法律责任的承诺，是 HSE 管理体系顺利实施的前提。领导承诺由以前的被动方式转变为主动方式，是管理思想的转变。承诺由组织最高管理者在体系建立前提出，在广泛征求意见的基础上，以正式文件（手册）的方式对外公开发布，以利于相关方面的监督。承诺要传递到组织内部和外部相关各方，并逐渐形成一种自主承诺、改善条件、提高管理水平的组织思维方式和文化。

2. 持续改进

HSE 管理体系着眼于持续改进，采用 PDCA（计划—检查—执行—处理）模式，实现动态循环。通过持续改进，使体系得到不断完善，同时，组织应按适当的时间间隔对 HSE 进行评审和审核，以确保持续改进的适应性和有效性。

3. 预防为主

HSE 管理体系始终贯穿了对各项工作事前预防的理念，贯穿了所有事故都是可以预防的理念。美国杜邦公司的成功经验是"所有的工伤和职业病都是可以预防的"，"所有的事件及小事故或未遂事故均应进行详细调查，最重要的是通过有效的分析，找出真正的起因，指导今后的工作"。事故的发生往往由人的不安全行为、机械设备的不良状态、环境因素和管理上的缺陷等引起。组织中虽然沿袭了一些好的做法，但没有系统化和规范化，缺乏连续性，而 HSE 管理体系系统地建立了预防的机制，如果能切实推行，就能建立起长效机制。

4. 全员参与

安全工作是全员的工作，是全社会的工作。HSE 管理体系充分体现了全员参与的理念：在确定各岗位的职责时要求全员参与，在进行危害辨识时要求全员参与，在进行人员培训时要求全员参与，在进行审核时要求全员参与。通过广泛的参与，形成组织的 HSE 文化，使 HSE 理念深入每一个员工的思想深处，并转化为每一个员工的日常行为。

二、HSE 管理体系的特点

HSE 管理体系的主要作用是在全面管理 HSE 事项的基础上，确定 HSE 的关键活动及其风险和影响，加强有效控制，预防事故的发生，将风险降低到可接受的程度。HSE 管理体系的特点如下：

（1）先进性。HSE 管理体系所宣传和贯穿始终的理念是先进的，如从员工的角度出发，注重以人为本、注重全员参与等，方法先进、可行、多样。目前这一体系在职业安全卫生领域走在世界前列，是前沿的管理体系，易于企业结合实际应用和创新。

(2) 系统性。HSE 管理体系本身是一个大系统，通过这一系统，使各要素有机结合，并由此形成各种体系文件，包括手册、程序文件、作业文件等，构成一个层次分明、相互联系的文件体系。其系统性是体系的固有特点，条理清晰、密切联系、有机结合，否则就无法构成一个有效的体系，也就没有生命力。

(3) 预防性。危害辨识、风险分析与评价是 HSE 管理体系的精髓所在，它充分体现了预防为主的方针。通过实施有效的风险分析与评价及控制措施可实现对事故的超前预防和生产作业的全过程控制，真正起到预防事故，保护员工健康的作用。因此，该体系从制度上、从运行上规范了企业中的预防性安全工作，言之有物，不再是空洞的说教，充分体现了预防性的特点。

(4) 可持续改进和长效性。HSE 管理体系的一个基础理念是实现持续改进，这是一个组织管理体系不断强化的过程，周而复始地进行策划、实施、监测、评审活动，构成了 PDCA循环，形成了长效机制，使健康、安全与环境表现不断改进，呈现出螺旋上升的状态。

(5) 自愿性。HSE 标准本身是推荐执行标准，非强制性标准，建立 HSE 管理体系非政府要求，而是企业在国际、国内市场驱动下的自愿行为，也是企业管理自身生存、发展绵要求，可使企业管理走上科学化、规范化轨道，逐步建立起现代企业管理制度并实现与国际惯例的衔接。同时，建立 HSE 管理体系可树立良好的企业形象，更好地保护员工和社会利益，因此越来越多的企业主动开始推行并进行认证工作。

三、HSE 管理体系的基本要素

HSE 管理体系有如下基本要素：

(1) 领导的承诺。领导的承诺是实行 HSE 管理体系的力量源泉。最高管理者及其领导层正确、强有力地行使领导责任和权利是 HSE 管理体系建立、运行、持续改进的最关键因素。

(2) 健康、安全与环境方针。这是 HSE 管理体系建立和实施的总体原则和方向。该方针是一定时期内，组织在健康、安全与环境方面所奉行的基本政策和行为准则，其作用在于统一思想和原则，同时能够为阶段性战略目标的制订提供依据，为企业 HSE 管理提供明确的努力方向。

(3) 策划。防止事故发生，将风险和影响降低到可接受程度是 HSE 管理体系运行的最直接目的。策划是对活动、产品及服务中健康、安全与环境风险的确定、评价及风险控制的制定，根据法律、法规及其他要求，组织方针确立的目标体系及实施目标的管理方案。

(4) 组织结构、资源和文件。这是 HSE 管理体系运行的组织保障和物质基础，是保证健康、安全与环境绩效的必要条件。

(5) 实施与运行。企业通过建立系统化的 HSE 管理体系，对运行过程中的活动和任务进行严格的健康、安全与环境管理，通过设定有特色的运行过程实现风险和影响的有效控制。

(6) 检查。这是HSE管理体系运行中的一个重要环节。在HSE管理体系的运行控制过程中,需要对自身状况进行监控,包括采用检查、监督、测试、检测、监测及审核等方式和方法,以确定是否满足法律、法规和其他应遵守的要求,评价目标和指标的实现情况,发现不符合的地方并有效纠正,及时报告事故、事件并处理,为体系的实施和改进提供依据。

(7) 管理评审。这是最高管理者主持的对HSE管理体系的适用性及其执行情况进行的系统的、全面的评审,是HSE管理体系最高形式的改进机制,是HSE管理体系实现持续改进的最重要保证。

思考题

(1) 油气勘探的主要任务是什么?勘探过程主要包括哪几个阶段?

(2) 油气勘探要解决哪些方面的问题?为什么说钻探是地质勘探不可缺少的手段?

(3) 地震勘探技术的基本原理是什么?

(4) 油气勘探过程的主要环境影响是什么?如何做好油气勘探中的环境保护工作?

(5) HSE管理体系的主要内容有哪些?

第四章

石油钻井与环境保护

第一节　钻井概述

一、钻井发展史

钻井工作是勘探和开发油气资源的一个重要环节，要想寻找和开发油气资源，就必须进行大量的钻井工作。我国在钻井技术的研究与应用方面具有悠久的历史，是世界上最早掌握钻井技术的国家，远在 2 000 多年前就能钻井取卤制盐。对于盐井的开凿，最初采用人力挖掘，但受技术限制，井深度小、口径大，称作大口浅井，这种井对盐卤的开采率较低。

为了节省人工、增加井深、提高采收率，人们发明了冲击钻，又称顿钻，并开始用牛力来取代部分人力，同时引入配套的机械装置，如碓架、井架、天地辊（滑轮）、大地车（绞车）等一套完整设备，可以说是现代钻井机械的雏形。顿钻所完成的井口径只有碗口大小，但能达到千余尺深，其中自贡燊海井开凿于1823年，整整用了12年凿成，井深达1 001.42 m。当时，每天可生产出万余担的黑卤水，用于制盐。

工业革命后，西方国家开始将蒸汽机等机械动力运用到钻机中。1859 年，人们在美国的宾夕法尼亚州泰特斯维尔小镇打出了深度 20 m 的油井，成为现代石油钻井的开始。

自 1901 年发展起来的旋转钻使得钻井的效率得到了极大的提高。旋转钻是靠动力来带动钻头旋转，通过旋转挤压、切削等来破碎岩石，同时用钻井液循环清洗井底，即破岩与清岩同时进行，这使得钻井过程可以连续进行，钻进的速度成倍提高。

1948 年之后，伴随着汽车工业和石化工业的发展，人们对于石油的需求量日益增加。钻井工艺在快速进步，牙轮钻头、固井工艺、钻井液均得到发展，同时出现了大功率钻井设备。这一时期突出的技术成就有高压喷射钻井、高效牙轮钻头（镶齿、滑动密封轴承钻头）、优质钻井液（低固相、无固相的不分散体系钻井液）以及优选参数钻井（优选钻压、钻速和水力参数）。随后出现的地层压力检测技术、油气井压力控制技术、钻井液固相控制技术、平衡压力钻井技术等使钻井速度不断产生飞跃。

自 1968 年至今，钻探作业逐步向自动化过渡，钻井参数自动测量、综合录井、随钻测量技术得到进一步发展，加之计算机的广泛应用、机械化或自动化工具的推广应用，新工艺、新技术应运而生。近年来，人们成功实施了旋转导向钻井技术、欠平衡钻井技术、PDC（聚晶金刚石复合片）钻头钻井技术、连续管钻井技术、小直径井眼钻井技术、大位移井钻井技术、分支井钻井技术等，这些工艺技术的发展极大地提高了钻井技术水平，提高了油气田的开采效率。

二、油气钻井及其分类

油气钻井一般定义为以勘探和开发石油、天然气等地下资源及获取地下信息为目的，在地层中钻出具有一定深度的圆柱形孔眼。

在石油工业中，钻井出现在很多环节，如在勘探与开发阶段，寻找和证实含油气构造，探明含油气面积和储量时需要钻井；正式采油开始之前需要钻井；实施注水、注蒸汽等增产措施时需要钻井；调整原有井网，滚动开发时需要钻井。可以说，钻井贯穿了油气开发的整个过程，各个阶段所钻的井的名称、用途、井径、深度等差异较大，类型多种多样。

1. 根据钻井目的不同分类

（1）基准井：为了了解地层的沉积特征和含油气情况，验证物探成果，提供地球物理参数而钻的井。

（2）剖面井：为了揭露区域地质剖面，研究地层岩性、岩相变化并寻找构造而钻的井。

（3）构造井：为了编制地下某一标准层的构造图，了解其地质构造特征，验证物探成果而钻的井。

（4）探井：在有利的集油气构造或油气田范围内，为了确定油气藏是否存在，圈定油气藏的边界，并对油气藏进行工业评价及获得油气开发所需的地质资料而钻的井。探井又可分为地质浅井、地质探井、预探井、初探井、详探井等。

（5）资料井：为了编制油气田开发方案，或在开发过程中为了某些专题研究获得资料数据而钻的井。

（6）生产井：在进行油气田开发时，为了开采石油和天然气而钻的井。

（7）注水（气）井：为了提高采收率及开发速度，对油气田进行注水（气）以补充和合理利用地层能量而钻的井。

（8）检查井：当油气田开发到某一含水阶段时，为了弄清各油气层的压力和油、气、水分布状况，以及剩余油饱和度的分布和变化情况，了解各项调整挖潜措施的效果而钻的井。

（9）观察井：在油气田开发过程中，专门用于了解油气田地下动态，如观察各类油气层的含水变化规律和单层水淹规律等而钻的井。

（10）调整井：在油气田开发中、后期，为了进一步提高开发效果和最终采收率，调整原有开发井网而钻的井（包括生产井、注入井、观察井等）。

2. 根据钻井井型不同分类

（1）垂直井：钻进的轨迹是一条铅垂线的井，通常默认井的样子就是垂直井。

（2）特殊井：除垂直井以外有些特殊情况下钻的井，如在海洋钻井平台上以及油气田在城市建筑、良田下游等情况下钻的井。定向井、丛式井、水平井等都是特殊井。

① 定向井。

定向井是指靠使用定向井仪器、工具、钻具和技术，使井眼沿着预定的斜度和方位钻进，直至钻达目的层的井。定向井一般有下列用途：海上钻井，在钻井平台或钻井船上采用定向钻井可以钻数十口甚至一百多口井，可大大提高平台利用率；当地面条件受到限制时，如油田在城市建筑、文化古迹、良田、湖泊、沼泽下游，这种情况下就要钻定向井开采；当油层地质条件不适宜用直井开采时，可以采用钻定向井、水平井、多底井开采等。

② 丛式井。

丛式井又称成组井，是指在一个井场上钻多口井。在海上用人工岛钻丛式井开发油田比用其他方法经济。如果在人工岛上钻多口丛式井，那么少修一个人工岛就可以省更多的投资。丛式井不但可以节约良田土地，还可以解决靠钻垂直井不能开发的油田。另外，丛式井油井集中，因此便于油田管理，节省油田建设费用，同时有利于实行油田自动化。丛式井要求的技术水平高，且一个平台上的井越多，技术难度越大，因为井多了，井与井易相碰，要想做到井不相碰，且钻达目的层，就要有好的设计，如高水平的井眼轨迹控制技术、先进的井下工具和测量仪器等。

③ 水平井。

水平井是指在油层以上时井眼是直的，当井眼进入油层后不是垂直钻进，而是水平钻进的井。这样钻穿的油层厚，使油层暴露的井段长，有利于出油，因此水平井通常可使油井产量增加。

第二节　钻井的主要方法

油气田的开发过程分为勘探、开发、建设、生产等几个阶段，各阶段互相联系，而且都需要进行大量的钻井工作。高质量、高速和高效率的钻井是开发油气田的重要手段。虽然各阶段钻井的名称、用途、直径及深度不同，但它们的钻井过程基本一样。

在长期的生产实践中，人类创造和发明了多种钻井方法，并且随着生产的发展，钻井设备也在不断进步和完善。下面介绍几种常规钻井方法。

一、顿钻钻井

顿钻钻井又称冲击钻井，分为绳索式和机械式两种，是旋转钻井出现之前的主要钻探方法。顿钻钻井过程为：先通过地面将绳索拉起，带动钻头提升高度，待离开井底一段距离后让其自由落下，利用向下的冲击力凿碎岩石，再向井内注水，将岩屑和泥土混成泥浆，最后用捞砂筒捞出岩屑。

顿钻钻井的整个过程中破岩和清岩分开，钻井速度慢；依靠冲击作用破岩，钻头功率小，破岩效率低。顿钻钻井只适用于钻探垂直井。顿钻钻井不能进行井内压力控制，钻到油气藏后无法防止油气井喷，易造成危险并带来环境污染等问题，不适应快速钻井的要求，特别是钻深井或超深井。但由于钻机体积小、施工噪声小，适合硬岩钻进，目前顿钻钻井在某些场合仍在使用。

二、旋转钻井

旋转钻井是依靠外加动力来带动钻头转动，利用旋转的钻头碾压、切削、破碎井底岩石，并通过钻井液的循环和旋转将岩石碎屑带出井底的过程，其破岩和清岩同时进行，是目前主要的钻井方法。

按照动力驱动方法的不同，旋转钻井可以分为顶部驱动旋转钻井、转盘驱动旋转钻井和井下动力驱动旋转钻井三类，其中转盘驱动旋转钻井是目前应用最为广泛的钻井方法。因此，下面主要以转盘驱动旋转钻井为例进行介绍。

1. 常用钻井设备、工具和材料

一口油井从选择井位开始到最后对生产层进行射孔、试油而建成油气流通道，要经过许多工艺过程。由于钻井过程涉及的专业术语较多，为了便于理解，下面首先介绍常见的钻井设备、工具和材料。

1）钻机

由于井的深浅不一，要求的设备能力不同，所以有不同类型的钻机，以适应不同深度的井。

（1）钻机的分类。

根据起重能力和所用钻杆直径的大小，钻机可分为以下几类。

① 大型钻机：最大起重量在 800 kN 以上，使用直径 88.9～139.7 mm 的钻杆，井径在 160 mm 以上，用于钻生产井、注水井、探井等。大型钻机又可进一步分为：

a. 超重型钻机：钻井深度超过 5 000 m，最大起重量超过 2 500 kN。

b. 重型钻机：钻井深度为 3 000～5 000 m。

② 轻便钻机：主要用于钻地质勘探井和水井等。

（2）钻机的组成。

现代石油钻井使用一套联合的工作机组，当前国内外广泛使用的是转盘驱动旋转钻机，它由起升系统、旋转系统、循环系统、动力系统、控制系统和井控系统六大系统组成，如图 4-1 所示。

① 起升系统。

起升系统主要由井架、天车、游动系统（包括游动滑车、大绳、大钩）及绞车组成。

天车装在井架顶部，游动滑车用大绳吊在天车上。大绳的一端装在绞车滚筒上，称为

- 钻机组成
  - 起升系统
    - 井架
    - 天车
    - 游动系统(包括游动滑车、大绳、大钩)
    - 绞车
  - 旋转系统
    - 转盘
    - 水龙头
    - 钻柱(有时也用井底动力钻具)
  - 循环系统
    - 泥浆池、泥浆槽
    - 振动筛
    - 除砂器
    - 除泥器
    - 离心机等
  - 动力系统——驱动绞车、转盘、泥浆泵等工作机的动力设备
  - 控制系统——机械控制、气控制、液压控制、电控制、集中控制台及观测记录仪表等
  - 井控系统

图 4-1　钻机组成系统示意图

快绳;另一端则固定在井架底座上,称为死绳。绞车滚筒旋转时缠绕或放开快绳,使游动系统上下起落。游动滑车下边挂有大钩。

起升系统的载荷为几百千牛到几千千牛。

② 旋转系统。

旋转系统主要由转盘、水龙头、钻柱(有时也用井底动力钻具)组成。

在旋转钻井中,转盘的主要作用是在不断往井中送进钻具的情况下转动井中的钻具,传递扭矩和转速。下套管或起下钻时,转盘承托井中全部管柱的重量。在涡轮钻井中,转盘制动上部钻杆柱,以承受反扭矩。

水龙头是起升系统的不旋转部分和钻具之间的连接部件。钻进时,高压钻井液通过水龙头进入钻柱,所以对它的要求是既要承受全部钻柱的重量,保证钻柱自由旋转,又要有良好的密封作用,使高压钻井液不致漏失。

③ 循环系统。

循环系统主要由泥浆池、泥浆槽、振动筛、除砂器、除泥器、离心机等组成。钻井液由泥浆泵自泥浆池吸入、泵出,经过钻井液管线和水龙带进入方钻杆,从钻头流出冲洗井底,然后经钻柱与井壁的环形空间返回井口,再经泥浆槽返回泥浆池。

④ 动力系统。

动力系统是驱动绞车、转盘、泥浆泵等工作机的动力设备,有的是柴油机,有的是电动机。动力系统的作用是将动力机的动力按照钻井工艺的要求传递并分配给绞车、转盘、泥浆泵等。在钻井过程中,完成不同的工艺所需要的动力分配是不一样的。

⑤ 控制系统。

控制系统包括机械控制、气控制、液压控制、电控制、集中控制台及观测记录仪表等。控制系统的主要作用是:控制动力机的启动、停车、并车及调速,绞车滚筒的启动、停车、排

挡、刹车，转盘的启动、停车、排挡、倒车，泥浆泵的启动与停车，传动系统的挂合与摘离，辅助机组的启动与停车等。

⑥ 井控系统。

在钻井过程中，为了防止地层流体侵入井内，总是使井筒内的钻井液静液柱压力略大于地层压力，这就是对油气井的初级压力控制。但是，在钻井作业中，常因各种因素导致压力控制失效，出现井喷等事故。这时就需要依靠井控系统重新恢复压力控制。因此，井控系统主要具有以下功能：

a. 预防井喷。保持井眼内钻井液静液柱压力始终略大于地层压力，防止井喷条件的形成。主要应用防喷装置，包括防喷器组、四通、套管头、过渡法兰等。

b. 发现溢流。对油气井进行监测，及早发现溢流和井喷前兆，尽早采取控制措施。主要应用监测和预报地层压力的井控仪器仪表。

c. 控制井喷。溢流、井涌、井喷发生后，迅速关井，实施压井作业，对油气井重新建立压力控制。主要应用节流管汇、压井管汇、放喷管线以及压井管线、注水管线等。

d. 处理复杂情况。当油气井压力失控后，进行灭火抢险等处理作业。

2）钻具

钻具包括方钻杆、钻杆、钻铤等。钻进中，将方钻杆、钻杆、钻铤用接头连接起来的管串称为钻柱。钻柱是钻井的重要工具，是连通地下和地面的纽带。通过钻柱可以实现钻井液由井口流向钻头再返回地面的循环，并给钻头施加压力（钻压），使工作刃吃入岩石，将地面动力（扭矩）等传递给钻头，使钻头旋转破碎岩石，根据钻柱长度计算井深。此外，钻柱还具有一些特殊作用，如通过钻柱传递信息，观察和了解钻头的工作情况、井眼状况和地层状况，进行取芯、挤水泥、打捞井下落物、处理井下事故等特殊作业，对底层流体及压力状况进行测试与评价，即钻杆测试，又称中途测试。

（1）方钻杆。

方钻杆位于钻柱的最上端，其上部和水龙头相连接，下部和钻杆相连接。根据中部截面形状的不同，方钻杆可以分为正方形截面和六角形截面两种。方钻杆中部始终与转盘配合，随转盘旋转带动钻柱旋转。

方钻杆两端有接头，该接头两端的丝扣可以是一公一母，也可以是双公、双母。方钻杆的长度一般比钻杆单根长 2～3 m。方钻杆的主要作用是传递扭矩和承受钻柱的重量。

（2）钻杆。

钻杆是钻柱的基本组成部分，是钻柱中最长的一段，用无缝钢管制成，主要用以传递扭矩和输送钻井液。

每一根钻杆都包括钻杆管体及钻杆接头两部分，且这两部分采用对焊的方法连接在一起。为了加强钻杆本体两端同接头连接部分的强度，通常将钻杆两端管壁加厚，加厚的方式有内加厚、外加厚和内外加厚三种。内加厚是在两端内壁增加厚度，这种钻杆的外径是一致的，接头外径不太长，在旋转时可减少接头与井壁的接触，也可减少磨损，但因内加厚部分的内径比管体的内径小，增加了钻井液循环时的阻力。外加厚钻杆的内径一致，但外径加大，使接头的外径比同尺寸的钻杆接头的外径大，在井内旋转时增加接头与井壁的接触，易磨损，使循环钻井液的流动阻力减小。

(3) 钻铤。

钻铤位于钻柱最下部，主要作用是给钻头施加压力及防止井斜。钻铤两端分别与钻杆和钻头相连接。钻铤由高级合金钢制成，其壁厚比钻杆大得多，这样可以增强刚度，在加压时可以减少弯曲，防止井斜和钻具折断，也可以给钻头施加一定的压力，以便提升钻井速度。

(4) 接头。

接头是钻柱的组成部分，它的主要作用是连接管柱、保护重要部件的丝扣等。按接头的作用，接头可分为钻杆接头、配合接头和保护接头三类；按接头的结构，接头可分为内平式接头、贯眼式接头和正规式接头三种。

3) 钻头

钻头是破碎岩石的主要工具，钻头质量好，进尺就快，井也钻得快，成本就低。衡量钻头质量的指标主要是钻头的总进尺和机械钻速。机械钻速是单位时间内的进尺。钻井使用的钻头通常有四种，即刮刀钻头、牙轮钻头、金刚石钻头以及特殊钻头。

(1) 刮刀钻头。

刮刀钻头通过在钻头上固定若干个刀翼，当钻进时在钻压的作用下刀片吃入地层岩石，并随钻头旋转切削地层，实现钻井过程。刮刀钻头是旋转钻井中最早使用的一种钻头，其结构简单、成本低，适用于较软地层，不适用于较硬地层或软硬交错层。

刮刀钻头由上钻头体、下钻头体、水眼、刀翼四部分组成。上钻头体位于钻头上部，上端有螺纹用于连接钻柱，下端侧面有装焊刀片的槽；下钻头体焊接在上钻头体下部，内开水眼孔，以安装喷嘴；喷嘴是用硬质合金压制烧结而成的，高压钻井液通过喷嘴时形成高压射流冲击井底，以达到水力破岩和清洗井底的目的；刀翼是直接破碎岩石的主要部件，是直接与岩石接触、破碎岩石的工作刃，按其数目可将钻头分为鱼尾(双刮刀)钻头、三刮刀钻头和四刮刀钻头等。

(2) 牙轮钻头。

牙轮钻头是现代石油钻井中使用最广泛的钻头，在钻进时通过钻头对岩石的压碎、冲击、剪切作用达到破岩的目的。牙轮钻头的切削刃交替接触井底，与岩石接触面积小，每个齿上分的钻压大，易于吃入地层，并且切削刃能自由转动，受到的阻力小，因此牙轮钻头可以适用于各种软硬程度的地层。

牙轮钻头由钻头体、牙爪、牙轮、牙轮轴、轴承、储油密封补偿系统、水眼等部分组成。钻头体上部有螺纹，用于连接钻柱；牙爪(也称巴掌)与钻头体做成一体或者与钻头体焊接，下带牙轮轴；牙轮装于牙轮轴上，通过所带有的牙齿(镶装或牙轮上直接加工而成)，在钻压和旋转力的作用下破碎岩石；每个牙轮与牙轮轴之间都有轴承，在工作中应保持润滑和密封；为了保证轴承正常工作，钻头设计有储油密封补偿系统，用于储存和向轴承腔内补充润滑油脂及防止钻井液进入；在牙爪间设计有水眼，大多数牙轮钻头的设计允许在水眼内安装、使用合适的喷嘴，以形成高速水射流，同时作为钻井液流经钻头的通道。在整个牙轮钻头中，关键部件是牙齿、牙轮和轴承，这三个部件直接影响钻头的破岩效率和钻头的工作寿命。按牙轮钻头设计装用的牙轮个数，可将牙轮钻头分为单牙轮钻头、双牙轮钻头、三牙轮钻头和四牙轮钻头。

(3) 金刚石钻头。

金刚石钻头的切削刃由金刚石制作而成。金刚石钻头硬度大、抗压强、抗磨损能力强，适用于坚韧地层的钻进。它按钻头切削刃的材料可以分为天然金刚石钻头、聚晶金刚石复合片钻头和热稳定聚晶金刚石钻头。金刚石钻头虽然硬度高，但是脆性大，遇到冲击负荷时容易破裂，并且热稳定性差，要格外注意冷却。

金刚石钻头无活动部件，为一体式钻头，主要由上体、胎体、金刚石、切削刃、水眼等部分组成。上体上部有螺纹用于连接钻具，而胎体是镶嵌金刚石的基体。

(4) 特殊钻头。

① 取芯钻头：为了钻井取芯而专门设计的钻头。取芯钻头根据破碎岩石原理的不同，可分为多种。

② 矛形钻头：用于钻水泥塞，打捞时用于钻破井下的铁块或将铁块挤入井壁，在换小钻头之前用于打导眼。

③ 菱形钻头：它的侧边和底部都有刀刃，工作时都加焊硬质合金，主要用途是在下套管前或钻进过程中遇泥饼太厚时进行划眼钻进。

④ 偏芯钻头：用于扩大井下部分井段的直径或用于拨井底落物使其居中，便于打捞。

⑤ 梯形钻头：当井眼直径由大变小时，可作为找中的专门工具。

4) 钻井液

在旋转钻井中使用的循环流体统称钻井液，它是钻井的“血液”。钻井液主要采用黏土和水配制而成，因此也常被称为钻井泥浆。为了解决某些复杂问题，钻井现场还使用了油基钻井液以及空气、泡沫等新型钻井液，已经超出了黏土和水形成的“泥浆”范围，因此用“钻井液”来代替“泥浆”相对合理规范。

(1) 钻井液的作用。

① 悬浮和携带岩屑，通过井口返出岩屑和钻井液进行录井；

② 润滑、冷却钻头和钻具；

③ 稳定井壁，防止井壁剥落和坍塌；

④ 平衡地层压力，发挥水力效能，实现喷射钻井和优选参数钻井。

(2) 钻井液的分类和组成。

钻井液一般分为水基钻井液、油基钻井液两类。

水基钻井液的基本组成为：

① 水(或盐水)：连续相。

② 膨润土：密度为 2.6 g/cm^3 左右的配浆材料，提供钻井液所需胶体粒子。

③ 处理剂：各种调节钻井液性能的水溶性添加剂。

④ 加重材料：密度为 3.0 g/cm^3 以上的固体材料，用于提高钻井液密度。

油基钻井液的基本组成为：

① 油（柴油、白油等矿物油）：连续相，乳化外相。

② 水（氯化钙溶液）：乳化内相。

③ 乳化剂：将水乳化进油相中，形成稳定乳状液。

④ 润湿剂：使进入油基钻井液中的亲水性固相亲油。

⑤ 亲油胶体：通常为有机土、沥青等，用于调节钻井液的流变性和滤失造壁性。

⑥ 处理剂：用于调节油基钻井液性能的油溶性添加剂。

⑦ 加重材料：密度为 3.0 g/cm^3 以上的固体材料，用于提高钻井液密度。

（3）钻井液的性能要求。

① 钻井液的密度：主要用于调节钻井液静液柱压力，以平衡地层孔隙压力，防止发生井喷，有时用来平衡地层构造应力、控制或减轻井塌。钻井液密度必须符合地质和工程要求，密度过大时会损害油气层，降低钻井速度。

② 钻井液的流动性：流动性主要通过黏度和切力表示，其中黏度表征钻井液流动的内阻力的大小，而切力表征钻井液结构强度的大小。黏度和切力过大时钻井液流动阻力大，能量消耗大，钻速慢，易泥包钻头。黏度和切力过小时钻井液携屑能力差，井眼净化不好，易引起井下事故。

③ 钻井液的造壁性能：主要指滤失量（即滤液进入地层的多少），以及在井壁形成泥饼质量的好坏。通常滤失量越低越有利于减少油气层损害，泥饼薄而坚韧更有利于保护井壁。

④ 钻井液的固相含量：一般指钻井液中不溶物及可溶性盐类的全部含量，包括加重材料、膨润土和钻屑。加重材料和膨润土为有用固相，钻屑为无用固相，无用固相要彻底清除。固相含量高，钻井液静液柱压力大，钻井液易进入油气层，并且钻速低。降低固相含量的方法有化学方法和机械方法两种。化学方法可以使用絮凝剂等；机械方法一般使用振动筛、除砂器、除泥器，当固相较细时可以使用离心机。

⑤ 钻井液的酸碱度：指钻井液中含碱量的多少，即钻井液对酸中和能力的大小，常用 pH 表示。

技术人员应根据不同类型的油气层损害的机理，按照水敏、速敏、酸敏、盐敏等不同敏感性试验，正确选择钻井液体系，保护好油气层，保障井下安全钻进的需要。

2. 钻前准备

当确定油气开发区域后，要考虑大量的钻井准备工作，如井场公路、现有的油气运输基础设施、电力消耗、河流、湿地和民用住宅区域等因素。此外，靠近水体的地形地势也是一个重要因素。这些因素会影响钻井和生产设备的布置以及环境保护措施。因此，在确定井区以后，需要做钻前准备，以保证油气井的顺利开发。

钻前准备主要分为定井位、修公路、平井场、打基础、供水供电和通信，以及钻井设备的搬运和安装、井口准备等。

(1) 定井位。

地质工程师根据地质上或生产上的需要确定井身轴线或井底位置。由于多数井的井身轴线按铅垂线设计，所以井口是地面上与井底在同一铅垂线上的点，这种井称为直井。

(2) 修公路。

新的井位确定后，一般要修道路，才能通行车辆到达井场，保证钻井设备、器材和原材料的供应。

(3) 平井场。

在井口周围平整出一块场地以供施工用。井场的大小要与钻机的大小、井深相适应。大钻机钻的井深大，故井场面积应大一些。

(4) 打基础。

为了在钻进过程中设备不下沉，钻井设备下部要打基础。轻型钻机可使用活动基础，而重型钻机使用的基础要在现场用混凝土浇灌。

(5) 供水供电和通信。

钻井前要将水和电送到井场，且要接通通信线路。

(6) 钻井设备的搬运和安装。

设备的就位和安装、找正是一个非常重要的环节，只有将设备安装得准确、牢固，才能高速度地打出高质量的井。

(7) 井口准备。

井口准备主要包括打导管(即打一孔并下入导管)和钻鼠洞。在井口中央掘一圆形井，下入导管，并用水泥砂浆固结。在离井口中心不远处的钻台前侧钻一深 17～18 m 的浅井洞，下入一根钢管，称为鼠洞，用于在钻井过程中存放方钻杆和水龙头。另外，在转盘外侧(靠大门一侧)离其中心 1 m 多处钻另一浅孔，下入一根钢管，称为小鼠洞，用于在钻进过程中接单根时存放单根钻杆。一般情况下，鼠洞可以直接用水射流冲出来。

(8) 其他准备。

备足钻井所需要的各种工具、器材，如钻杆、钻铤、钻头及泥浆泵的必要配件、钻井液处理剂等。

3. 钻　进

钻进过程是通过钻头、钻杆及钻井系统的联合工作打通地面到油气层的通道，为后续采油做铺垫。钻进过程需完成破碎井底岩石、将破碎的岩石(即岩屑)运移至地面、巩固井壁(简称固井)、使井眼与油气储层连通等工作，具体包括以下几个方面：

(1) 钻进。

钻进是进行钻井生产取得进尺的唯一手段，如图 4-2 所示，是用足够的压力把钻头压到井底岩石上，使钻头牙齿吃入岩石中并旋转以破碎井底岩石的过程。

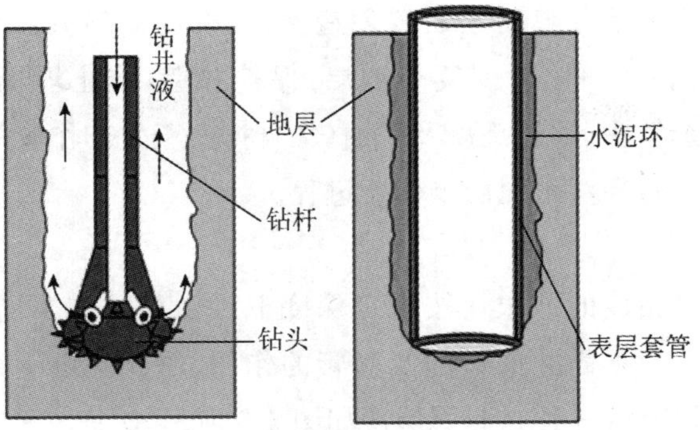

图 4-2 钻进过程示意图

钻进时，井下钻具经过转盘下到井底，最上部是方钻杆，它和水龙头用接头连接起来。转盘中心有带方孔的方瓦，方钻杆上有一个方补心，方补心坐在方瓦内可上下活动，但不能相对转动。转盘旋转时，方瓦、方补心就带着方钻杆和整个钻柱旋转。

大钩提着全部钻柱，大钩上的重量可由指重表量出。指重表是指示重量的仪器，它被装在钢丝绳的固定端上。大钩重量不同，钢丝绳的拉力就不同，因此指重表指示的重量也就不同。

钻进时，大钩并不能将全部井下钻柱重量完全提起，而是让一部分重量落在钻头上，这部分重量就是钻头工作时所受的压力，称为钻压。钻头就是在这种钻压下工作以破碎岩石的。

(2) 钻井液循环。

在钻柱转动的同时泥浆泵不断地工作，流经钻柱内孔和钻头喷嘴的钻井液冲击井底，随时将井底岩屑清洗、携带到地面。在转盘钻井的整个钻进过程中，不管钻头是否破碎岩石、钻柱是否在旋转，钻井液循环都始终在进行着，除非遇到接单根、起下钻或其他无法循环的特殊情况。钻井液循环不能停止，否则将易造成井下事故。

(3) 接单根。

随着岩石的破碎，钻柱逐渐下落，方钻杆也缓缓进入转盘，直至方钻杆完全落入转盘内，这时必须增加钻杆长度才能让钻柱继续向下深钻，这种接长钻杆的工作称为接单根。

(4) 起、下钻。

如果钻头已被磨损，应将井内钻柱全部起出，另换新钻头再钻，起出钻柱的工作称为起钻，下入钻柱的工作称为下钻，总称起、下钻。

(5) 固井。

固井是指在井眼内下入套管柱，在套管柱与井壁环形空间注入水泥浆进行封固，使套管与井壁固结在一起。固井工程是油气勘探开发的关键环节之一，固井质量对油气井的生产寿命和生产效率将产生直接影响。

固井的目的是封隔地下不同油、气、水层，防止窜槽；为井的投产建立生产通道；封闭暂不开采的油、气层;为安装井口防喷装置创造条件,控制油气流,以利于钻进和生产;提供油气井压力控制的基本条件;封闭复杂地层,保护井壁,防止坍塌、井漏;封隔疏松、易塌、易漏等地层;安装套管头、油管头以及采油(气)树,便于生产作业等。

固井主要包括下套管和注水泥两个作业过程。

① 下套管。

下套管是指在已经钻成的井眼内按规定深度下入由相同或不同的外径、钢级及壁厚的套管组成的套管柱。根据固井的目的及套管的作用,一口井内下入的套管可以分为表层套管、技术套管、油层套管三种。套管层次如图 4-3 所示。

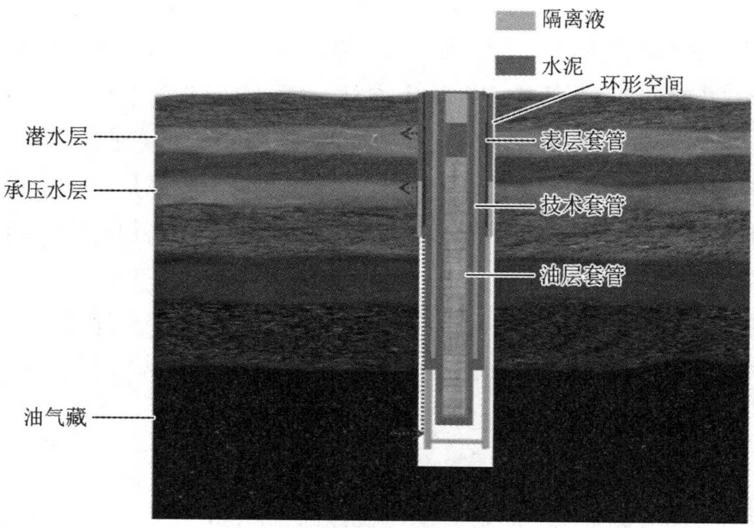

图 4-3　套管层次示意图

a. 表层套管:下入深度可以从几十米到几百米,管外水泥通常返至地面。

b. 技术套管:用于封堵复杂地层,如大段漏失层、高压水层、严重垮塌地层,以及非目的层的油气层或压力相差悬殊的油气层等,保证顺利地进行钻进。技术套管的水泥返高一般应返至所封地层 100 m 以上,对于高压气井,为防止漏气,常将水泥返至地面。

c. 油层套管:用于将不同压力的油、气、水层与其他地层分隔开来,以形成油气通道,保证长期生产,满足开采和增产措施的要求,其下入深度取决于目的层的深度和完井方法。水泥一般返至封隔油、气层以上 100 m,对于高压气井,则应返至地面,以利于加固套管,增加丝扣密封性,提高套管抗内压能力。

② 注水泥。

套管下入后,下一步工作是将水泥泵入套管并使之充满套管外环形空间,这一工作称为注水泥。将配制好的水泥通过一定的设备和工艺注入套管,并按照设计要求使水泥在管外环形空间上返到一定的高度。施工前必须对水泥用量进行精确的计算,施工时要使用地面设备和辅助装置,还要进行严密的组织施工等。

固井注水泥的基本要求如下：

a. 水泥返高和套管内水泥塞高度应符合设计要求。

b. 注水泥井段环形空间内的钻井液应全部被水泥顶替，不存在残留现象。

c. 水泥石与套管及井壁岩石均有足够的胶结强度，能经受住酸化压裂及下井管柱冲击。

d. 水泥凝固后管外不冒油、气、水，环形空间内各种压力体系不能互窜。

e. 水泥石能经受油、气、水的长期侵蚀。

（6）完井。

完井，顾名思义，指的是油气井的完成，即根据油气层的地质特性和开采的技术要求，在井底建立油气层与油气井井筒之间的合理连通渠道或连通方式，是油气井生产前的最后一道工序。完井是油田开发中的一项重要工作，油藏开发方案和井下措施都要通过完井管柱来实现。目前完井有多种方法，但都有其各自的适用条件和局限性。完井方法应能满足有效地封隔油、气、水层，减少油气流入井的阻力，防止油气层井壁坍塌，保证油气井长期稳定高产，并满足注水、压裂、酸化等特殊作业要求。只有根据油气藏的类型和油气层的特性去选择最合适的完井方法，才能有效地开发油气田，延长油气井的寿命和提高其经济效益。

含有油气流体的孔隙型砂岩或裂缝型碳酸盐岩的储集层一般均有一定的压力，而且有较好的渗透性，因此，钻开油气层时，总会产生钻井液对油气层的损害或油气层中的油气侵入钻井液。当井内钻井液静液柱压力大于地层压力时，钻井液中的滤液或固相颗粒就会进入油气层中，且压力越大、时间越长，对油气层的损害就会越大，就会降低油气层的产量。反之，如果钻井液静液柱压力小于地层压力，油、气、水就会侵入钻井液中。如果处理不当，就会造成井喷失控事故。因此，钻开油气层时既要防止和减少对油气层的损害，又要防止井喷失控事故的发生。

油气层钻开以后，如图 4-4 所示，井筒和油气层的连通方式与井下油、气、水层的直接测试结果以及以后的油气田开发、开采有密切的关系。在井底建立的油气层与油气井井筒之间的不同连通渠道构成了不同的完井方法。

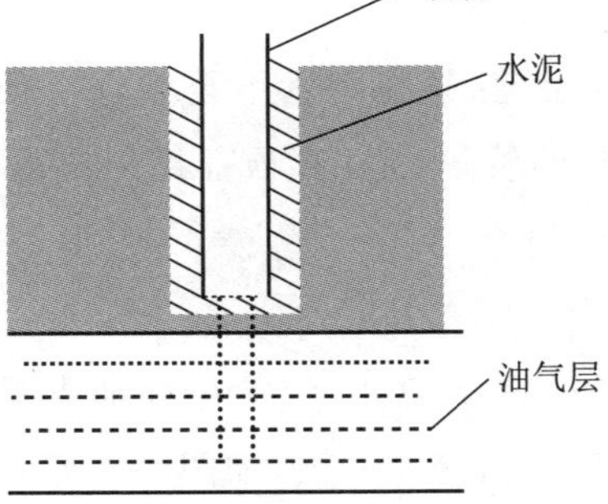

图 4-4　钻开油气层示意图

a. 射孔完井法。

套管射孔完井法是在钻开油气层后下油层套管至生产层底部进行固井，然后下入专门射孔器在油气层部位射孔，射孔弹射透套管和水泥环。射孔后，油气会通过这些孔道流入井眼内，再从井眼底部流至地面，如图 4-5 所示。

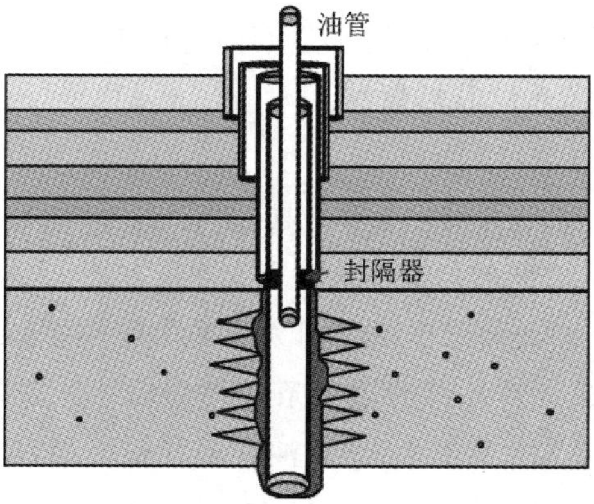

图 4-5　射孔完井示意图

射孔完井法能够封隔油、气、水层，防止互相窜扰，有利于分层试油、分层开采、分层酸化、分层压裂、分层注水等，并能防止井壁坍塌。射孔完井法适应能力强，是我国采用最多的一种完井方法。该方法的缺点是在钻井过程中钻井液易损害油气层，加上射孔穿透能力小，使油气与井眼连通不好，影响油气井产量。

b. 裸眼完井法。

裸眼完井法是将套管下到油气层顶部，然后钻开油气层，油气层钻完后不再下套管，使油气层部位裸露而完井，如图 4-6 所示。

裸眼完井法的优点是钻开油气层时使用的钻井液可与油气层配伍，以减少对油气层的损害，有利于保护油气层，适合石灰岩裂缝型油气藏，或比较坚硬、不易坍塌的油气层，而且没有水层时，才能使用这种方法；缺点是进行分层酸化、分层压裂比较困难。

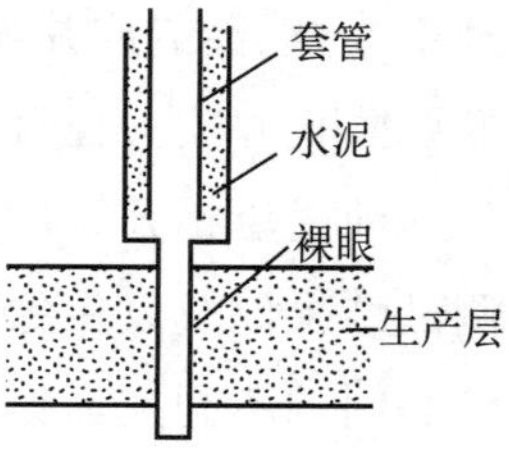

图 4-6　裸眼完井示意图

c. 衬管完井法。

衬管完井法是在钻开油气层前，先将套管下至油气层顶部，然后钻穿油气层，再下一种衬管(带割缝的套管，或带眼的管子)，衬管顶部用封隔器悬挂于油层套管上，如图 4-7 所示。

d. 砾石衬管完井法。

对较疏松的油气层或出砂较严重的井，为了更好地支撑井壁，防止形成砂堵，可在衬管和井壁之间填充砾石，称为砾石衬管完井法，如图 4-8 所示。衬管的眼均为割缝孔眼，孔眼外窄内宽，缝大小和出砂颗粒大小相匹配，砾石直径大小也要和油层出砂直径大小相匹配。当油层中夹有气、水层时，这种完井法不宜采用。

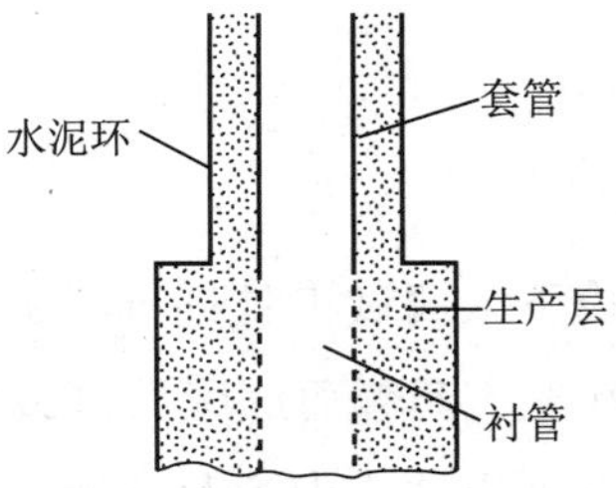

图 4-7　衬管完井示意图

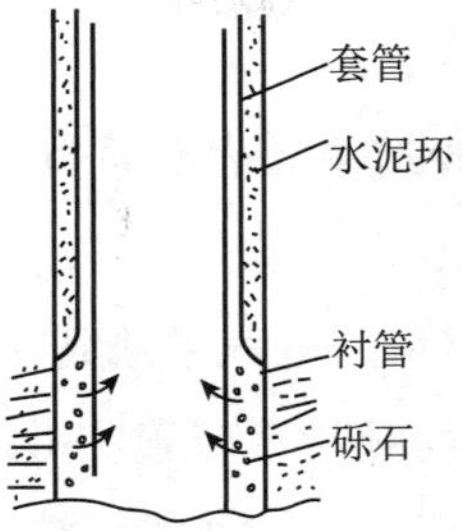

图 4-8　砾石衬管完井示意图

4. 试　油

油气井完井之后，要通过试油工作才能知道油气层含油气情况。对可能出油（气）的生产层，在降低井内液柱压力的条件下，诱导油气入井，然后对生产层的油产量、气产量、水产量、地层压力及油气物理化学性质等进行测定，这一整套工艺技术称为试油。试油工艺主要由以下部分组成：

（1）诱导油气流。

油气井射孔后有的能自喷，有的不能自喷。对于能自喷的井，可进行放喷测试；对于不能自喷的井，必须进行诱导油气流的工作。诱导油气流的方法有：

① 替喷法。

替喷法是用密度较小的液体将井内密度较高的钻井液通过循环的方法替出，达到降低井内液柱压力的目的，从而使油气畅流入井。通常使用清水或原油替喷。

② 抽汲和提捞法。

抽汲法是在油管内下入抽子，在油管内高速上提下放，把井内部分液体经油管逐步抽至地面，从而降低井内液柱高度，使油气流入井内。提捞法是把特制提捞筒下入井内，将钻井液逐筒捞出，降低液柱高度，诱导油气流入井内。

③ 气举法。

气举法是借用压风机将压缩空气从环形空间注入井内，迫使环形空间液面下降，替出部分钻井液。当环形空间液面降至油管鞋以后，压缩空气进入油管，使钻井液混气后喷出地面，诱导油气流喷出。

（2）完井测试。

完井测试的主要任务是通过地下资料的收集和分析，确定油气层的工业价值，为油气井正常生产和编制合理开发方案提供可靠依据。测试时，要利用一定的仪器装备和工艺方法取全取准以下几个方面的资料：

① 油、气、水的产量；

② 原始地层压力；

③ 油气层的温度、增温率；

④ 油、气、水样；

⑤ 油气层的渗透率和表皮系数。

(3) 中途测试。

中途测试是指钻进过程中遇到油气层时，裸眼内下入测试工具进行测试，可及时了解含油气情况，有油气时就下套管完井，没有油气时就不下套管而继续钻进或完井，从而节省套管。因此，它可以代替老式既费时又花钱多的试油方法。中途测试通常有两种方法，即钻杆测试、玻璃接头测试。

① 钻杆测试。

钻杆测试时，在钻具上接上地层测试器这种工具，下入井内进行测试，可求得油气层产量、温度和井底开关时间-压力关系曲线，取得流体样品。通过分析解释获得在动态条件下地层和流体的各种特性参数，据此可及时评价油气层。这种方法速度快，获得的资料多，可测出油气层被钻井液、射孔液、压裂液、酸化液等造成的损害。钻杆测试一般在裸眼井中进行，要注意防卡钻。

② 玻璃接头测试。

玻璃接头测试是在钻杆上接上封隔器和玻璃接头，当封隔器坐好后，隔绝上部地层和油气层，这时从钻杆内投入铁棒打碎玻璃接头，由于钻杆内压力突然下降，油气就会从油气层流出。

第三节　钻井过程环境影响及控制

一、污染源分布

钻井作业中的主要污染源有废钻井液、钻井废水、钻屑、柴油机烟气、汽车排放尾气、噪声等。钻井过程中的主要污染因子及其来源、特点、处理方法见表 4-1。

视频4
石油钻井
环境影响及控制

表 4-1　钻井过程中的主要污染因子及其来源、特点、处理方法一览表

污染因子	废钻井液	钻井废水	钻井废气
来　源	不适于钻井工程和地质要求的钻井液，性能不合格而被排放的钻井液，完井时井筒被清水替出的钻井液，钻井液循环系统跑、冒、滴、漏等	废钻井液中的澄清液；机械污水，柴油机冷却水；钻井泵拉杆、振动筛、钻台、钻具冲洗用水；固井、压裂、酸化、修井、洗井等井下作业产生的污水等	动力设备运转过程中燃烧油料所产生的烟气、烟尘，污染成分有二氧化硫、氮氧化物、一氧化碳等

续表

污染因子	废钻井液	钻井废水	钻井废气
特点或影响	污染地表水和地下水资源，导致土壤板结、重金属富集，影响植物生长，危害人畜健康，影响水生动物和飞禽等	点多；面广；间歇性排放；污染物种类复杂，有悬浮物、重金属、油、酚、硫化物、有机物等，组成和浓度随钻井液体系的变化而变化	影响环境空气质量，与动力设备类型及燃料种类有关
处理方法	直接排放，回填法，回注法，土地耕作法，固化处理法，微生物处理法等	减少用水量，处理回用	改进设备性能，提高燃料质量，保证充分燃烧，配置尾气净化装置，控制废气排放量，电力代替柴油机等

此外，钻井过程中的污染因子还有：

(1) 固体废物：主要指钻井岩屑，变质的化学药品、药品包装袋、生活废料、废旧棉纱和手套，施工土方，油泥(砂)(属危险废物)，落地原油等。

(2) 井场噪声：主要包括机械噪声(主要是柴油机、发电机、钻井泵及其他各种机械设备运转过程中发出的噪声以及撞击性噪声)和气流噪声(主要包括气控钻机和快速放气阀工作时产生的气流噪声以及发生井喷事故时高速液柱推动空气产生的噪声)。

(3) 油污：主要源于井场储油系统、动力设备运转系统和润滑系统的油品更换以及设备的跑、冒、滴、漏等。

二、污染源控制

钻井过程的污染控制遵循全过程控制原则，即源头消减、过程控制和末端治理。

第一阶段为源头消减。从钻井开始阶段的钻前工程开始，合理布置井场，尽量用最少的土地进行油田开发，挖好井场四周的界沟，减少井场占地面积，选择合适的搬迁路线，根据施工所在地政府的要求以及施工所在地的地理位置、自然环境和气候条件合理布置钻井设备，在环境敏感地区和自然保护区采取防渗和井场铺设木板与水泥地面的措施，减少对环境的污染和当地生态平衡的破坏。井队配备废油回收罐，井场所有设备被更换的润滑油、清洗零部件及仪器的油品以及所有能收集的油类全部存放在回收罐内，集中处理，不允许随便丢弃，避免污染井场周围水体。采用电驱动钻机和消噪发动机，减少钻井周期和降低噪声，在现有条件下，严把井队设备安装关，保证设备安装达到平、稳、正、全、牢，减少设备震动产生的噪声。使用环境可接受的钻井液体系以及采用密闭加料系统，减少有害物质的泄漏；在钻井过程中使用对环境无毒的各种润滑油脂和清洗剂等可以从源头控制钻井对周围环境的污染，使钻井对周围环境的污染降低到最低水平。

第二阶段为过程控制。使用小井眼钻井技术，减少钻井岩屑和钻井液用量；使用高效固控装置，提高钻井液的循环使用率；使用钻井液、岩屑和污水处理装置，尽量减少污染物的产生量，提高污水回用率；选择钻井新工艺，选择环保型钻井液，提高固控效率；加强井控装置的管理，杜绝井喷事故的发生；加强井场环境管理，尽量减少油品和污水的跑、冒、滴、漏现象的发生。为降低井场噪声，在损耗功率满足生产的前提下，在柴油机和发电机上安装消声装置，减少井场噪声；在环境敏感地区，采取加隔离墙或封闭发声设备的方法降低噪声。另外，合理为职工配备耳塞、耳罩等劳动保护用品，避免噪声对人体的伤害。加强巡回检查，避免施工中油品跑、冒、滴、漏等现象的发生。

第三阶段为末端治理，主要针对井场污水和固体废物，即在现有的条件下，将井场上的钻井液和岩屑进行事后处理。处理的方法有注入安全地层、集中处理、脱水回填、固化填埋、微生物分解后土地耕作、脱水回用、焚烧法以及回收再循环使用等。

下面介绍针对具体不同污染源的分析与控制方法。

1. 废液污染源分析及控制

废液污染源主要包括废钻井液和钻井废水等。

(1) 废钻井液分析。

① 废钻井液主要包括不适于钻井工程和地质要求的钻井液，性能不合格而被排放的钻井液，完井时井筒被清水替出的钻井液，钻井液循环系统跑、冒、滴、漏的钻井液等。

② 代表性钻井液组成为水(油)、黏土、加重材料(剂)，为了满足使用要求，还会添加种类繁多的处理剂。常见的钻井液处理剂种类如图 4-9 所示。

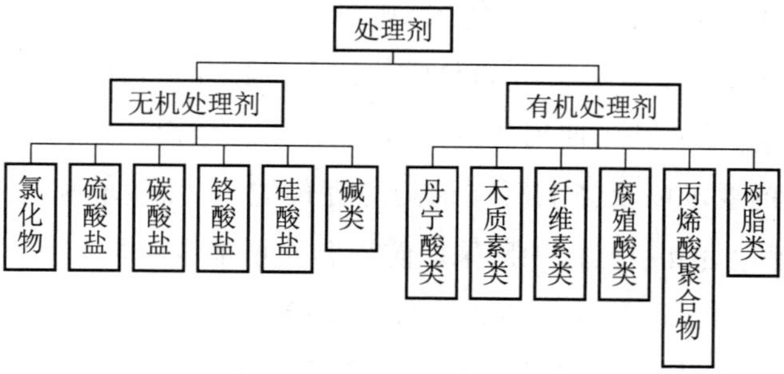

图 4-9 钻井液处理剂组成示意图

③ 废钻井液可能对环境的影响包括污染地表水和地下水资源，导致土壤板结、重金属富集，影响植物生长，危害人畜健康，影响水生动物和飞禽等。

④ 废钻井液的产生量优先选择实测法，即现场进行废钻井液的计量。当条件不允许时，可以参考相关产污系数手册，根据工业类型和钻井深度估算出废钻井液的产生量(表 4-2)。

表 4-2 钻井作业废钻井液产生量一览表

名 称	原 料	工艺名称	规模等级	污染物指标	单 位	产污系数
钻井作业	钻井液	普通油井	≥3.5 km 进尺	工业固体废物（废钻井液）	t/(100 m)	16.05
			2.5～3.5 km 进尺			13.98
			≤2.5 km 进尺			11.28
		特殊油井	≥3.5 km 进尺			62.33
			2.5～3.5 km 进尺			46.01
			≤2.5 km 进尺			34.16

(2) 钻井废水分析。

① 钻井废水主要来源于废钻井液中的澄清液；机械污水，柴油机冷却水；钻井泵拉杆、振动筛、钻台、钻具冲洗用水；固井、压裂、酸化、修井、洗井等井下作业产生的污水等。

② 钻井废水的特点。

钻井废水中常有钻井液混入，加之各类处理剂的影响，其含有一定数量的有毒聚合物、有机污染物和无机污染物，通常包括加重剂、降失水剂、堵漏剂、增黏剂、稀释剂、稳定剂、解卡剂、减阻剂、pH 调节剂和防地层伤害化学剂等。钻井废水中存在着对环境有害的油类、盐类、可溶性重金属元素等物质，以及有机硫化物和有机磷化物等。这些污染物中一部分可由地层流体进入钻井液，另一部分来自钻井液处理剂及其分解产物。仅就钻井液中所含污染物而言，废钻井液中的 $NaOH$，$CaCO_3$，Cr^{3+}，Fe^{3+}，SO_4^{2-} 等可影响地下水或地表水的 pH，其中 Cr^{3+} 的毒性对环境和人体的影响较为严重；Ca^{2+} 可使土壤板结、钙化；碱类（NaOH 和 KOH）可使土壤的 pH 增大。

(3) 废液污染源控制。

① 废钻井液的处理方法。

a. 回填法。

回填法如图 4-10 所示。

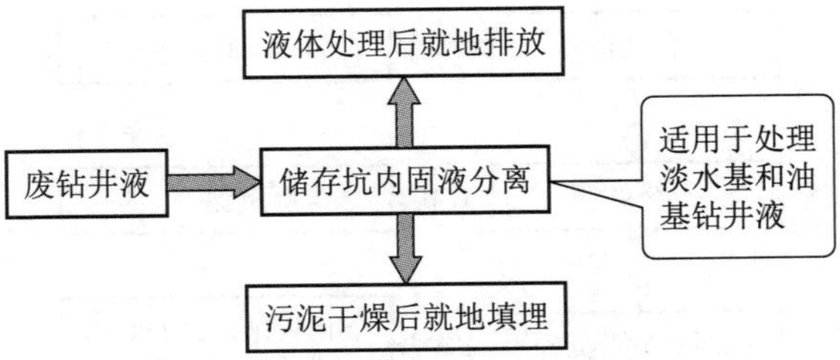

图 4-10 废钻井液回填法示意图

b. 回注法。

回注法是将废钻井液通过深井注入安全地层或注入井的环形空间，适用于处理水基和油基钻井液。回注法的优点是安全、环保，费用低，占地面积小；缺点是可能给油层或地下水带来污染。

c. 土地耕作法。

土壤耕作法是除去废钻井液上部水层后，把储存坑中的废渣(污泥和钻屑)直接撒放到土壤表面，再用基础土壤耕作机把它们混入土壤中。

土壤耕作法适用于淡水基钻井液的处理，不适用于氯离子含量很高的废钻井液的处理，其优点是可使废物中的有毒成分获得最大程度的稀释，且处理成本低。

d. 固化处理法。

固化处理法已进行了工业化推广应用，特别适用于处理毒性较大、含过渡金属和重金属的废钻井液。

固化处理法的优点是可减少废钻井液中的金属离子和有机物对土壤的侵蚀和沥滤，且设备简单。

e. 钻井液无害化处理。

钻井液无害化处理如图 4-11 所示。

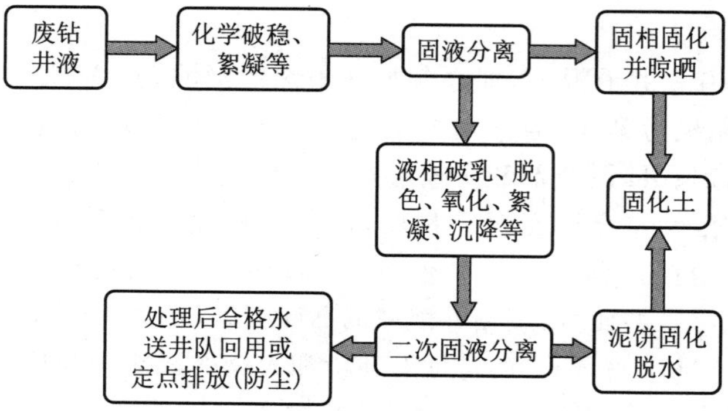

图 4-11　钻井液无害化处理示意图

② 钻井废水的处理方法。

a. 减少用水量，采用相应的节水措施。

b. 处理回用或达标排放。处理过程如图 4-12 所示。

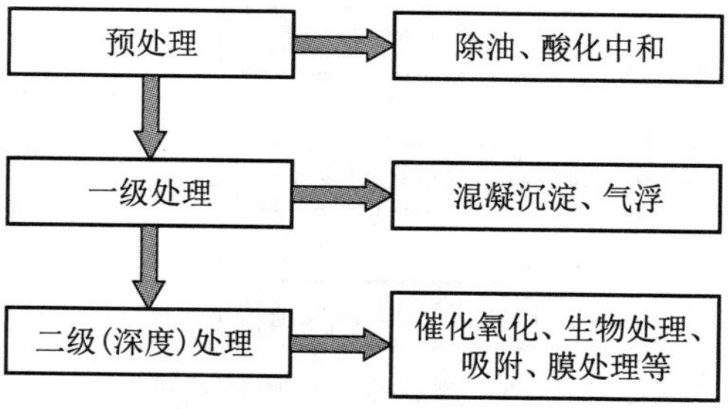

图 4-12　钻井废水处理示意图

2. 大气污染源分析及控制

大气污染源主要是钻井废气。钻井废气主要来源于动力设备运转过程中燃烧油料所产生的烟气、烟尘，除此之外还有锅炉排放的少量烟尘、井喷排放的大量烃类气体、油罐排放的少量烃类气体以及固井过程中产生的少量粉尘。柴油机燃油产生的废气可以通过采用高质量设备减少污染物影响。此外，定期对柴油机、柴油发电机等设备进行维护，并且采用高品质的柴油、添加柴油助燃剂等措施，在很大程度上可减少柴油燃烧污染物的排放，减轻对大气环境的影响，使其污染物达标排放。

当条件允许时，依靠工业电网，利用电动钻机取代燃油钻机，将从源头上大大减少大气污染物的产生。因此，“电代油”成为油气田开发行业的大趋势。

3. 固体废物污染源分析及控制

固体废物污染源主要包括钻屑和生活垃圾等。

钻屑是钻井在钻进过程中钻头切削地层岩石而产生的碎屑，通过钻井液循环到井口，进入钻井液循环系统，经振动筛分离后，排入井场岩屑池中。钻屑的产生量与井眼长度、平均井径及岩性有关。多数钻屑并不含油及有毒物质，少数含油钻屑需要通过萃取、热解等手段进行脱油处理。含油满足环保要求的钻屑加入适当添加剂后可制成建筑材料，也可用来填坑或围淤造田。而井队的生活垃圾一般进行统一收集，交由市政处理。

4. 噪声源控制

降低钻井生产机械噪声的主要措施有：

(1) 柴油机房、发电机房采用特殊减振、隔音措施或安装隔音棚。

(2) 柴油机安装消声装置或减噪设施。

(3) 平稳操作，避免特种作业时产生非正常噪声。

5. 生态系统的防护

(1) 道路工程防治区治理。

道路主要由新建及扩建道路组成，在水土保持方面可采取修建浆砌截水沟、排水沟措施及种植行道树措施。当施工结束后，对没有长远使用价值的临时道路进行土地平整，恢复原有土地类型。对有利于当地发展及使用的部分道路，则移交给当地政府管理使用。

(2) 土地所受影响及修复。

钻井作业中，作业区的土地会受到以下方面的影响：

① 扰动土壤耕作层，破坏土壤结构。土壤结构是经过较长的历史时期形成的，尤其是土壤中的团粒结构，一旦遭到破坏，必须经过较长的时间才能恢复，对农田土壤影响更大。农田土壤耕作层是保证农业生产的基础，深度一般为 15～25 cm，是农作物根系生长和发达的土层。

② 混合土壤层次，改变土壤质地。

③ 影响土壤养分。土壤剖面中不同土层的特征及理化性质差异较大。表土层养分含量高，紧实度、孔隙状况适中，适耕性强。施工势必对原有表层土造成扰动，使土壤养分状

况受到影响，严重时使土壤性质恶化，并波及其上生长的植被，甚至难以恢复。

④ 影响土壤紧实度。施工中机械碾压、人员践踏等都会影响土壤紧实度。土层过松，易引起水土流失；土体过紧，会影响作物生长。

⑤ 造成土壤污染。施工过程中将产生施工垃圾、生活垃圾以及焊渣、废弃外涂层涂料等废物。这些固体垃圾可能含有难以分解的物质，如果不妥善管理而回填入土，将影响土壤质量，影响土壤耕作和农作物生长。另外，施工过程中各种机器设备的燃油滴、漏也可能对沿线土壤造成一定的影响。

钻井工程占地主要包括永久性占地和临时性占地。永久性占地主要是场站等地面设施建设占地，而临时性占地主要是施工便道等占地。对于临时性占地，首先在方便施工运输的前提下，尽量减小作业带宽度，避免对地貌、植被影响范围过大；施工完成后做好现场清理及恢复工作，包括田埂、水渠、弃渣妥善处理等，尽可能降低施工对生态系统带来的不利影响。

(3) 野生动植物所受影响及保护。

工程建设对野生动植物的影响主要来自植被破坏、施工噪声等。施工机械、车辆和人员活动的碾压、践踏以及挖出土的堆放造成植被破坏，也可能妨碍野生动物的迁徙，减少野生动物的栖息地。钻井过程中产生的噪声和振动会惊吓和干扰生活在附近的野生动物。

可以采取以下措施对工程区内的野生动物进行保护：

① 科学规划、严格管理施工场地，尽可能地保护现存植被。

野生动物和植被有着密不可分的依赖关系，植被条件的好坏是影响野生动物种类组成的一个十分重要的因素。工程区植被的破坏将导致本区动物种类及数量的减少。因此，在工程期间要严格规划施工地点，尽可能地减少施工过程所造成的植被破坏，保护野生动物赖以生存的生态环境。

② 改善野生动物的栖息环境。

工程中造成的植被破坏以及野生动物资源损失单靠生物群落的自然演替是远远不够的，因此，在工程期间或完工以后，要尽快开展种树种草工作，加快生物群落的恢复速度，改善本区的植被条件，恢复工程区野生动物资源。

③ 加大野生动物保护的宣传力度。

施工过程中应加大野生动物保护法的宣传力度，提高施工人员对野生动物的保护意识，改善项目隔离区野生动物的栖息环境。

(4) 人员施工带来的生态影响及修复。

① 所有钻井临时性工程，如井队生活区、生活水罐、垃圾坑、厕所等，在井队搬迁后都将拆除，对于所拆除的预制板、条石、砖等建筑材料，应与村民协调，用于铺设小路使用。

② 清理场地上多余废弃土、石方、钢筋、混凝土块等，用于应急疏散道路的修缮。

③ 采用机械对施工场地土壤进行松翻，结合人为施肥、灌溉和改良等方法，加速土壤熟化过程，为植被恢复及复垦做好准备。

④ 将施工前剥离的表土或者岩屑池开挖土方或者外购表层土进行覆土，覆土厚度为0.3～0.5 m，整地后进行复垦或者植被恢复。

(5) 退役期环境保护。

项目结束后，对退役油气井实施永久封堵和废弃，并对井场进行生态恢复。具体包括：上钻机作业，换装井口；井内若有油管，起出油管（所有井已进行了压井作业，井内无压力）；下钻具钻塞、通井至井底；对所有已射孔井段进行挤注水泥浆并在井内持有至少 50 m 的水泥塞；通过电测，检查有无产层的气体在环形空间内运移，若发现，则在其上部射孔，重新挤注水泥，防止气体沿环空上窜；在射孔段以上下一机械桥塞，在上面先注一水泥塞，然后注一水泥塞，所有的水泥塞都要进行质量检查，完成封堵弃井。该过程有少量洗井废水产生，经处理合格后灌注地层。完成气井封堵后，对废弃井井口周围 100 m^2 以外的原有井场用地采取植被恢复措施，包括：清理老井场内的水泥硬化地面、碎石铺装工艺区等，剥离和清除水泥、碎石等；剥离和清除后的老井场用地进行必要的土地整治（包括土地修复、松翻等），然后外购耕作土进行覆土，最后进行绿化或复垦。

三、绿色钻井

绿色钻井是指在整个钻井过程中，以清洁生产为宗旨，以节能、降耗、减排、增效为目标，通过改进工艺、更换设备、技术创新等手段，尽量减少能源消耗，使原料的来源、使用、处理过程无污染；提高能源和油气资源的利用效率，降低生产成本；从源头上减少或防止钻井过程中产生的环境污染和生态破坏。

下面介绍几种现场应用的典型绿色钻井技术。

1. 网电取代柴油机供电

我国油田开采大多已经进入中后期，开采难度加大，石油资源消耗量却持续增长，利用柴油来驱动钻井设备会导致钻井成本过高、钻井过程能耗增加，造成的环境污染更严重。为了助力“双碳”目标实现，满足绿色钻井需求，需要改造、更换动力供给设备，这也对供电系统提出了更高的要求。要根据钻井工艺、安全切换要求、电能质量监测、电能计量需求，采用完善的供配电技术和电气传动控制技术来设计一套能稳定运行的网电系统。网电相对于柴油机供电系统更加复杂、不稳定，在网电技术改造时，钻井单位可以通过设置独立、简单的模块来建立能够兼容、组合应用的网电电机控制装置、无功补偿装置、变压器、高压室、辅助设施等，确保现场设备运行异常时能够结合实际需求调拨各种网电钻机模块，保证向钻机持续供电，满足设备故障时的高效应急处理需求。

2. 钻井液不落地处理

钻井过程中会使用大量的钻井液。钻井液从地下带出岩屑，经振动筛钻井液循环使用，岩屑和少量钻井液成为废钻井液。一般钻井单位会将废钻井液收集在储存坑中，经干燥或脱水后处理。但钻井液成分复杂，含有黏土、钻屑、加重材料、多种化学处理剂、污水、污油、重金属等不易降解的污染物，同时钻井液一般呈黏稠状态或半流体状态，不易干结，不仅会引起土壤板结及大气、水污染，还会影响动物、植物生存和人类健康，产生一系列的环境问题。

钻井液不落地处理技术是指采用一定的物理、化学手段，将钻井液有效分离成岩屑、泥饼和水，经过再处理后外排或回收利用。钻井液不落地处理技术有明显的技术优势和环保优势：可避免挖掘和填埋储存坑，减小井场占地面积，缩短钻前准备时间，节约成本；废钻井液随钻处理，处理后的清水可以循环回用，岩屑和泥饼经过处理后也可以烧制环保砖，实现资源化；对废钻井液的处理更加彻底，最大程度上减小了对环境的影响，有一定的环境效益和经济效益。

3. 绿色钻井液开发

(1) 烷基葡萄糖苷钻井液。

烷基葡萄糖苷(APG)作为一种绿色非离子型表面活性剂，无毒，对皮肤无刺激性，生物降解迅速彻底，配伍性能好，并且其主要成分甲基葡萄糖苷(MEG)基液本身就是很好的页岩抑制剂，由它配制成的钻井液不仅各项性能与常规油基钻井液接近，而且更加生态环保。APG 钻井液有较强的抑制性，降滤失与封堵效果好，可较好地稳定井壁，且润滑性能好，可有效保护油气层，同时具备较强的污染抗性，在地层复杂地质区域以及水平井、延伸井、大斜度井等复杂钻井活动中能够发挥重要作用。

(2) 合成基钻井液。

合成基钻井液是以合成有机物为连续液相，盐水为分散液相，有机土为分散固相，加入乳化剂、降滤失剂、稳定剂和流型改进剂等组成的一种逆乳化悬浮分散体系。合成基钻井液的优越性是不含芳烃，毒性小，可生物降解，绿色环保；凝固点低，闪点高，使用时不受气候温度限制，适用范围广。使用合成基钻井液虽然成本较高，但是提高了钻速，减少了钻井液使用量，降低了钻屑的处理成本，并且能使井眼稳定，因此，合理使用合成基钻井液的钻井成本比油基甚至水基钻井液都低，能够满足延伸井、大斜度井、水平井等特殊区域的钻井需求。

4. 油基钻屑资源化利用

在油气钻探开发过程中，常规水基钻井液常常不能很好地满足大斜度井、水敏感性地层、复杂地层、水平井等高难度钻井作业的要求，油基钻井液因稳定性好、抗高温能力强、润滑性好、对产层伤害小，其使用规模不断增加。在这个过程中，油基钻井液的弊端也显现出来，如井控问题更加突出，油基钻屑的处理也成为一个难题。

油基钻屑资源化利用技术是指在无害化处理的基础上，将废弃物中的有机物提取出来，实现油品的回收再利用，这样不仅有效控制了其对环境的污染，还创造了一定的经济效益，符合绿色钻井理念。目前可回收油品的技术主要包括热分馏技术、热解技术、化学清洗技术和超临界溶剂萃取法等。

(1) 热分馏技术。

热分馏技术是利用蒸馏的原理，将废弃油基钻屑引入密闭减压系统，通过供热，待温度达到油的沸点使其汽化，再冷凝回收矿物油，实现油和钻屑的分离。热分馏技术工艺流程简单，回收的油可继续配置油基钻井液，但能耗高，并且分离效率低，残余固相中仍含有较多的石油类物质，属于危险废物，不易处理。

（2）热解技术。

热解技术是在无氧条件下，将油基钻屑加热到一定温度，使石油类物质分解成油、气和炭黑，其中油和气可作为二次能源。热解技术发展较成熟，应用范围较广，可较大程度上实现油基钻屑中油品的资源化，并且适应性强；处理速度快且更加彻底，油品回收率高，剩余残渣含油率低；产生的二次污染少。但是，热解技术需要在无氧状态下加热到高温，对设备性能要求高，能耗高，并且产生的尾气需要再处理。

（3）化学清洗技术。

化学清洗技术是指利用含有乳化剂的热水将油基钻屑表面的油污清洗下来，再加入破乳剂和絮凝剂使油水分离，最后经过离心、旋流和气浮等技术实现油、水、固的分离。此工艺过程较为简单，处理过程在常温、常压下运行，安全性高，油品回收率高，剩余残渣含油率低，但是耗水量大，且产生大量含油污水，易造成二次污染。

（4）超临界溶剂萃取法。

超临界溶剂萃取法是利用萃取的原理，向油基钻屑中添加萃取剂将石油类物质萃取出来的过程。此方法相较于传统的溶剂萃取技术而言，采用超临界流体代替原本的有机萃取剂，克服了有机萃取剂的毒性和经济性等问题。超临界萃取剂有二氧化碳和水等。超临界二氧化碳溶解度高、传质能力强，易达到超临界温度、压力条件。将油基钻屑与超临界二氧化碳混合，使石油类物质进入超临界流体中，再经减压分离后萃取剂回用，可实现石油类物质资源化再利用。此方法成本低，处理周期短，能耗低，石油类物质回收率高，剩余残渣含油率低，但对设备的密闭性要求高，且高压易爆，目前仍处于实验研究阶段。

思考题

（1）什么是顿钻钻井？

（2）什么是旋转钻井？

（3）常用的钻井设备有哪些？

（4）钻前准备包括哪些环节？

（5）废钻井液的来源与处理方法有哪些？

第五章

采油工程与环境保护

第一节 采油工艺与方法

采油是一个油田存在期间最为持久的过程,所有的工作都是围绕提高采油效率来开展的。了解采油过程组成及各具体单元环节的环境影响,对做好日常油气田环境保护至关重要。

一、采油工程

采油工程是油田开采过程中根据开发目标通过生产井和注入井对油藏采取的各项工程技术措施的总称。油田开发是一项庞大而复杂的系统工程,采油工程是其重要的组成部分和实施的核心。

采油原理:当通过钻井、完井射开油层时,由于井中的压力低于油层内部的压力,在井筒与油层之间就形成了一个指向井筒方向的压力降。在原始条件下,油层岩石与孔隙空间内的流体处于压力平衡状态,一旦钻开油层,这种平衡就被破坏。这时,由于压力降低引起岩石和流体的弹性膨胀,相应体积的原油就被驱向井中。

采油的基本任务:在经济条件许可的情况下,最大限度地将地下的油气资源开采到地面上来,并实现合理高产、稳产。

采油工程不是一个孤立的过程,它是和其他工程环节互相联系的,如图 5-1 所示。采油工程主要围绕着地层到地面的油气通道即井筒开展工作,用于保证井筒畅通,附属采油设备正常、高效率工作,井筒和油层之间畅通,保证所采油层的油能顺利进入井筒并被采出到地面。为实现这一目标,相关的钻井工程要按合理的井位布置和井深设计等展开工作,油藏工程要保证油藏储集层组成及结构有利于将所藏油气尽可能多地从地层流向井筒。

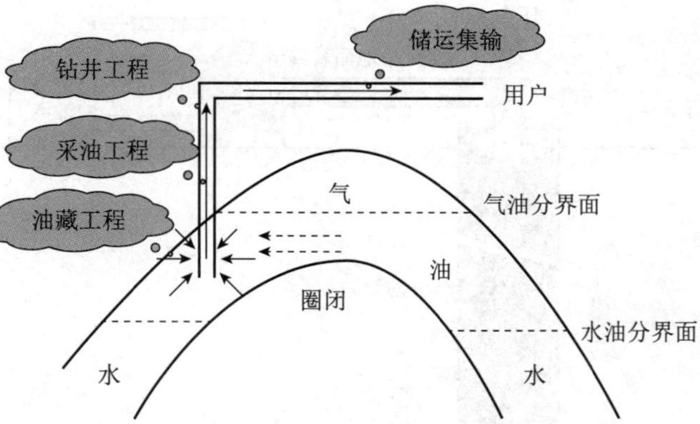

图 5-1 采油工程所处的工程环节示意图

二、采油工艺

采油工艺包括采油方法及提高采油效率的增产维护措施，如注水、水力压裂、酸化、防蜡、防砂、蒸汽注采稠油、改善低渗透油层物性等内容。

衡量采油效果的一个指标是采收率，它是实际采出量和地质储量的百分比。采油工作的主要目标就是采用一切工程技术手段尽量提高采收率。

三、采油方法

采油方法主要有自喷采油和人工举升采油两种，根据油层能量是否充足来判断是否需要给井筒流体人工补充能量。在油田的开发过程中，当对油井试油后，可根据油井的油层物性、压力选择合适的开采方式。

在实际生产中，对于油层物性好、压力高的油井，油气可自喷到地表，即自喷采油；对于油层物性差、压力低的油井，当地层能量不足以将油气举升到地表时，应人工补充能量，进行人工举升。

1. 自喷采油

利用油层本身的能量使油喷到地面的方法称为自喷采油(图 5-2)。自喷采油的动力来源于油层压力，油层中的原油靠消耗部分油层压力流入井内，流入井内的原油又在剩余压力(流动压力)驱动下沿井筒向上举升，在向上举升的过程中又不断消耗压力，使得在油层高压下溶于原油内的一定量的天然气从原油中分离出来，天然气的体积膨胀，在向上运动时降低井筒中液柱的相对密度，将原油沿油管向上举升到井口。为了保持地层能量，调节流动压力，做到合理开采，在原油流出地面以前，要在井口装一油嘴，原油经油嘴后还需要保持一定的压力，使原油经分离器直接进入地面油气集输系统。

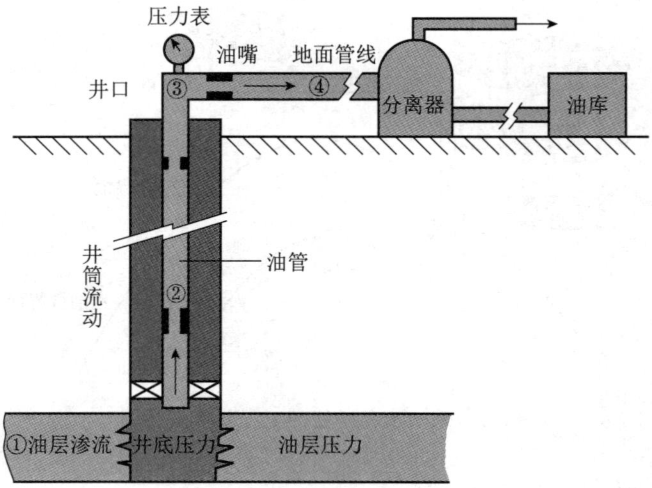

图 5-2　自喷采油工艺示意图

油井自喷生产一般要经过四种流动过程。

(1) 油层渗流:原油从油层流到井底。

(2) 井筒流动:原油从井底沿着井筒上升到井口。

(3) 油嘴节流:原油到井口之后通过油嘴。

(4) 地面管流:原油沿着地面管线流到分离器、计量站。

自喷井生产系统是最简单的油气井生产系统,但又基本包含各种机械采油的组成要素。

2. 人工举升采油

当油层能量低而不能自喷时,需要人工给井筒流体增加能量,将油从井底举升到地面,这种采油方式称为人工举升或机械采油。人工举升采油是采油周期中最常用的方法,一般有气举和泵举之分(图 5-3)。目前广泛使用的有气举采油、游梁式抽油机-深井泵采油、地面驱动螺杆泵采油、电动潜油离心泵采油以及水力活塞泵采油等。不同的举升方式均有其各自的优势和使用条件。

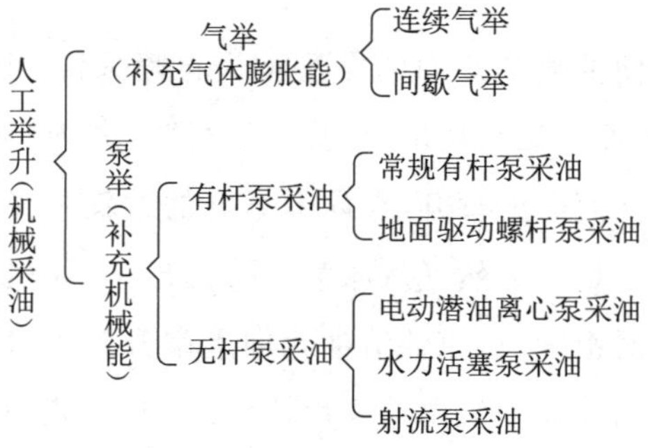

图 5-3　人工举升采油方法分类图

(1) 气举采油。

气举采油是指当油井停喷以后，为了使油井能够继续出油，利用高压压缩机，从地面向井筒注入高压气体而将原油举升至地面的一种人工举升方式。气举采油可用于各种气液比的直井、斜井、丛式井、水平井及小井眼井的采油。

气举采油是基于U形管的原理，从油管与套管的环形空间，通过装在油管上的气举阀，将高压气体连续不断地注入油管内，使油管内的液体与注入的高压气体混合，降低液柱的密度，降低液柱对井底的回压，从而使油层与井底之间形成足够的生产压差，油层内的原油不断地流入井底，并被举升到地面，如图5-4所示。

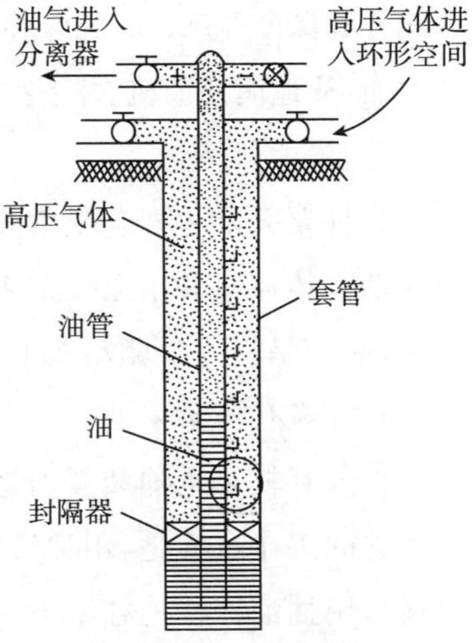

图 5-4　气举采油示意图

气举采油按注气方式可分为连续气举和间歇气举两大类。

① 连续气举。

连续气举是常用的气举采油方式，它是从油套环形空间(或油管)将高压气体连续地注入井内，使油管(或油套环形空间)中的液体充气以降低其密度，从而降低井底流压，排出井中液体的一种人工举升方式。连续气举适用于油层供液能力较好且能量较充足的油井。连续气举井的采油原理与自喷井相似，区别是气举井需要人为注入高压连续气体补充能量，而自喷井则完全依靠油层本身能量。

② 间歇气举。

间歇气举是指向油套环形空间内周期性地注入高压气体，气体迅速进入油管内并形成气塞，将停注期间井中的积液推至地面的非常规气举采油方式。采用间歇气举时，地面一般需要配套使用间歇气举控制器(周期-时间控制器)。间歇气举主要用于地层能量不足的油井，对这类油井，采用间歇气举较连续气举可明显减少注气量，提高举升效率。间歇气举的缺点是井口装置比较复杂，在闭式循环气举系统中，当间歇气举井占到一定比例时，容易造成地面注气压力波动，影响其他气举井的正常生产。

气举采油的优点包括：① 井口和井下设备比较简单；② 可在不停产的情况下，通过不断加深气举，使油井维持较高的产量；③ 可进行小直径工具和仪器的油层补孔、生产测井和封堵底水作业并减少井下作业次数，降低生产成本。气举采油的缺点是需要压缩机和高压管线，地面系统设备复杂，投资大，气体利用率低。气举采油主要适用于海上采油、斜井、高产量的深井，气油(液)比高的油井，定向井和水平井等。气举采油必备条件是：① 必须有单独的气层作为气源，或可靠天然气供气管网供气；② 在油田开发初期，要建设高压压缩机站和高压供气管线。

(2) 泵举采油。

① 有杆泵采油。

有杆泵采油是当前国内外应用最广泛的采油方法,国内有杆泵采油井数约占人工举升采油总井数的 90%。有杆泵采油设备简单,投资少,管理方便,适应性强,从深度 200～300 m 的浅井到深度 3 000 m 的深井,产油量从日产几吨到日产 100～200 t 都可以应用。在设备制造方面,从地面抽油机、井下抽油杆到抽油泵,国内产品早已系列化、成套化,能够满足油田生产的需要。

有杆泵采油主要包括常规有杆泵采油和地面驱动螺杆泵采油,两者都是用抽油杆将地面动力传递给井下泵。前者是将抽油机驴头悬点的往复运动通过抽油杆传递给井下柱塞泵,后者是将井口驱动头的旋转运动通过抽油杆传递给井下螺杆泵。

a. 常规有杆泵采油。

常规有杆泵采油装置由地面抽油机、井下抽油杆和抽油泵及其他附件组成。

它的工作过程是:用油管把深井泵泵筒下入井内液面以下,泵筒下部装有吸入阀(固定阀),用抽油杆柱把柱塞下入泵筒,柱塞上装有排出阀(游动阀);通过抽油杆柱把抽油机驴头悬点产生的上下往复直线运动传递给抽油泵,从而实现向上抽油。

地面抽油机是常规有杆泵采油的主要地面设备,按其基本结构可分为游梁式抽油机和无游梁式抽油机两类。

游梁式抽油机主要由游梁-曲柄连杆机构、皮带与减速箱、动力设备和辅助装置四大部分组成,如图 5-5 所示。下面介绍其主要部件及作用。

驴头:驴头制成弧形是为了保证抽油时光杆始终对准井口中心,同时承担井下各种载荷的作用。驴头与游梁的连接方式有三种,即穿销式连接、悬挂式连接、螺栓连接。

游梁:装在支架轴承上,前端安装驴头以承受井下载荷,后端连接横梁、连杆、曲柄,作用是绕支架轴承上下摆动来传递动力。

曲柄连杆机构:将电动机的旋转运动转变成驴头的上下往复运动。曲柄上有4～8 个孔,用于调节冲程。

减速箱:将电动机的高速转动通过三轴二级减速转变成曲柄轴的低速转动,同时支承平衡块。

平衡块:抽油机上行程时平衡块向下运动,帮助电动机做功;下行程时平衡块向上运行,储存能量,以便在下行程时释放。平衡块的作用是减小电动机上下行程的载荷差。

悬绳器:连接光杆和驴头的柔性连接件,用于悬挂全井杆柱。

电动机:抽油机运转的动力来源,用于将电能转变成机械能。一般采用感应式三相交流电动机。

刹车装置:有内胀式和外抱式两种,靠刹车片和车轮接触时发生摩擦而起到制动作用。

图 5-5 游梁式抽油机及抽油泵结构示意图

游梁式抽油机的工作过程是：由地面抽油机上的电动机（或天然气发动机）经过传动皮带，将高速旋转运动传递给减速箱减速后，再由曲柄连杆机构将旋转运动转变为游梁的上下往复运动，悬挂在驴头上的悬绳器连接抽油杆，并通过抽油杆带动井下抽油泵的柱塞做上下往复运动，从而把原油抽汲至地面。

经过多年的发展和改进，我国先后研制出多种游梁式抽油机，包括前置型、异相型、旋转驴头式、大轮式以及六杆式双游梁、双驴头抽油机等。

无游梁式抽油机（图 5-6）的种类较多，主要是为了减轻抽油机的重量，扩大设备的使用范围并改善其技术经济指标，多为长冲程、低冲次，适合于深井和稠油井采油。无游梁式抽油机又可分为机械式无游梁抽油机和液压式无游梁抽油机。

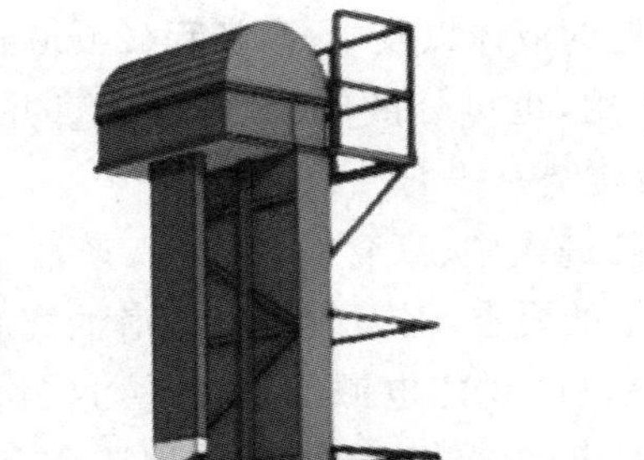

图 5-6 无游梁式抽油机外形及结构示意图

我国先后研制和应用了链条式抽油机、皮带传动抽油机、滚筒型无游梁式抽油机和液压抽油机等，其中主要以链条式抽油机和皮带传动抽油机为代表。链条式抽油机具有长冲程、低冲次、悬点匀速运动、负荷能力大、平衡效果好等特点，适合大多数油井的有杆抽油，尤其适于抽稠油和深抽。

b. 地面驱动螺杆泵采油。

地面驱动螺杆泵采油的工作过程是：动力设备带动驱动头、抽油杆柱旋转，使螺杆泵转子随之一起转动，地层产出流体经螺杆泵下部吸入，由上端排出，实现增压，并沿油管柱向上流动。这种采油方式简便，实际使用时井下不需要再装泄油装置。由于螺杆泵转子随抽油杆柱下入或起出，螺杆泵转子一旦脱离定子（泵筒），油、套管之间便连通，从而起到了泄油的作用。另外，这种采油方式可在生产过程中测量动液面，使用费用较低，是较理想的采油方式之一。

② 无杆泵采油。

无杆泵采油是指用电缆或高压液体将地面能量传输到井下，带动井下机组工作，把原油举升至地面的采油方式。它与有杆泵采油的主要区别在于动力传递方式不同。目前，现场应用的无杆泵主要有电动潜油离心泵、水力活塞泵、射流泵（喷射泵）等。

a. 电动潜油离心泵采油。

电动潜油离心泵（图 5-7）简称潜油电泵，是一种无杆泵，它是将动力机直接放在井下并带动离心泵抽油。它具有下泵深、排量大、自动化程度高、经济效益好等优点。电动潜油离心泵采油是目前主要的机械采油方法之一。

电动潜油离心泵的抽油装置为离心泵，由多级导轮、叶轮组成，每一级包括一个固定的导轮和一个可转动的叶轮。导轮、叶轮的型号决定了泵的排量，而导轮、叶轮的级数决定了泵的扬程和电动机所需的功率。叶轮有固定式和浮动式两种。离心泵的特征是排量大且均匀，适合泵送低、中黏度的液体以及中、高扬程（2 000 m 左右）使用，且效率高；地面设施简单，可适合油田成批使用，也可分散使用；可用于直井，也可用于定向井；在地面条件恶劣、海上平台上使用更有优势。

因现在已开发的油田都已进入中、高含水期开采，产液量不断增长，采用原有的抽油机深井泵难以满足提高产液量的要求，因而改用电动潜油离心泵。改用后，地面设施和集输流程都不需要改造，只要提供必要的电源就可以了，这就优于其他机械采油方式的转变。今后，在高含水期开采中，电动潜油离心泵的使用还会有较大幅度的增长。目前在国外已出现新一代的变频电动潜油离心泵，我国海上油田已开始使用。同时，我国开发出稀土电动机变工况电动潜油离心泵，这是一个重要的技术发展方向。

b. 水力活塞泵采油。

水力活塞泵是一种液压传动的往复容积式无杆抽油设备，它是由地面动力泵将动力液通过油管送到井下驱动油缸和换向阀，从而带动抽油泵抽油工作的。

水力活塞泵有两种生产方式：开式流程、闭式流程。开式流程广为现场采用，其井下只需下一根油管，泵入的动力液经水力泵后与产出液从油套管环形空间混合采至地面。其地面流程也比较简单，只需建一条动力液管线。该流程的优点是工艺技术简单、管理方便、投资少，但其缺点是动力液与采出液混合在一起，采出液不能单独计量，也不

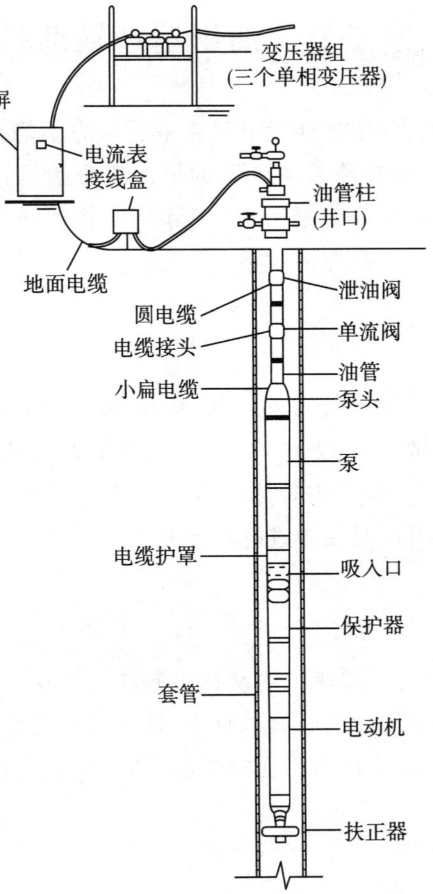

图 5-7 电动潜油离心泵

易对采出液和井下动态进行直接分析。国内外大多采用开式流程,其原因是经济效益好,管理方便。闭式流程的井下需下两根油管(同心或平行),动力液从一根油管泵入,再从另一根油管返出,采出的液体从油套管环形空间返出,动力液与采出液自成系统,互不混合。该流程的优点与缺点和开式流程正好相反,因而要根据油井的实际情况选用不同的流程。

目前,在油田推广应用中,一般优先选用原油作动力液的开式循环多井集中泵站系统。在原油黏度较高、油井含水较高、添加剂较贵的情况下,可选用水作动力液的闭式循环多井集中泵站系统。

c.射流泵采油。

水力射流泵简称射流泵,是一种利用射流原理将注入井内的高压动力液的能量传递给井下产液的无杆水力采油装置。射流泵采油系统由地面储液罐、高压泵和井下射流泵等组成。射流泵在井下无运动部件,对高温深井、高产井、特殊井(含砂、含腐蚀性介质、稠油及高气液比)具有较强的适应性。

第二节　油田增产辅助措施

随着油气采出量的增多，地层能量下降或地层阻力不均、采油堵塞等情况的发生会导致采油量急剧下降。这时就必须采取辅助的增产工程措施，如采用驱赶油气的注水注气方式、改变油气层的流动特性和渗透特性、清除堵塞物的防砂和防蜡等，保证油气采收率的稳定或提升，增加油田开发的经济效益。

一、注水开发

油田投入开发后，随着开采时间的延长，油层本身能量不断地被消耗，致使油层压力不断地下降，地下原油大量脱气，黏度增加，油井产量大大减少，甚至停喷停产，造成地下残留大量死油而采不出来。为了弥补原油采出后所造成的地下亏空，保持或提高油层压力，实现油田高产、稳产，可以对油田进行注水开发。

1. 什么是注水开发

利用注水设备把质量合乎要求的水从注水井注入油层，以保持油层压力，将地下原油驱替到生产井，增加一次采油后的原油采收率，这个过程称为油田注水。注水是目前油田提高采油速度和采收率方面应用最广泛的措施，如图 5-8 所示为注水井和采油井的关系。

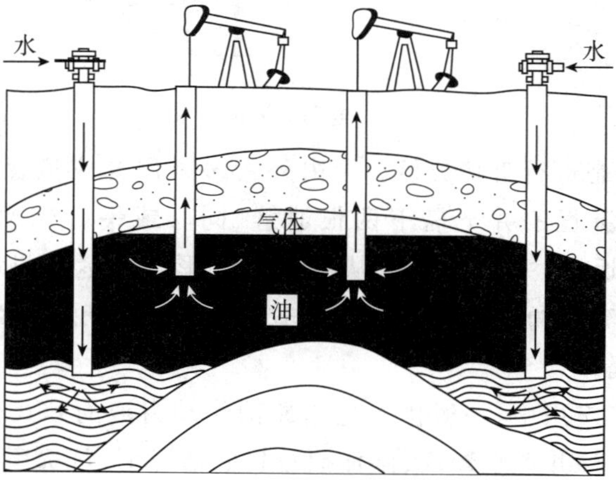

图 5-8　注水井和采油井关系示意图

2. 注水与采油的关系

注水与采油之间的关系如图 5-9 所示。只有“注好水、注够水”，达到注水与采油的平衡，才能保证油井的高产、稳产。如果注水量、注水强度过大，则会在油藏中形成“指进”，造成油井水淹。如果注入量不够，则地层能量亏空，引起油井产量下降。

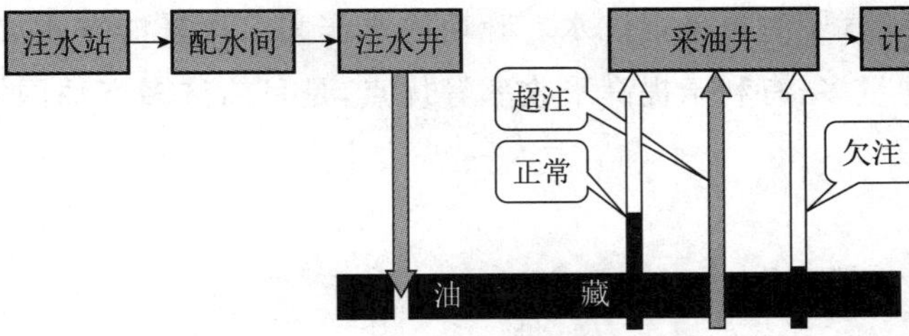

图 5-9　注水、采油搭配关系示意图

3. 注水的作用

注水的作用可以归纳为以下几点：

(1) 提高采收率。

油田依靠地层能量采油，一般采收率不到 10%，而利用注水可使采收率提高至 20%～30%。

(2) 高产、稳产。

采用注水，能保持或提高油层压力，保证油流在油层中有足够的能量，维持油田的合理开采速度，使其长期高产、稳产。

(3) 改善油井生产条件。

对于高饱和压力的溶解气驱油田，注水可使井下流动压力高于天然气溶解于原油中的饱和压力，使天然气在油井中携油上升，延长自喷期。

(4) 变废为利，保护环境。

随着油田开发的进行，含油污水日益增多，将其处理后回注地下，既可防止污染环境，又可充分节省水资源，变废为利，利国利民。

4. 注水的时机

油田开始注水的最佳时间是比较重要的，事关最终采油率、采油成本等，一般要根据油田天然能量大小、油田地质特征、国家对石油的需求以及满足最大经济效益等状况来决定。

(1) 超前注水：在采油井投产前就开始注水，使地层压力高于原始地层压力，建立起有效驱替系统的一种注水方式。

(2) 早期注水：在油田投入开发初期就进行注水，使油层压力保持在原始压力附近，以实现保持压力开发的一种注水方式。

(3) 中期注水：介于早期注水与晚期注水之间，即当地层压力降到饱和压力以下，气油比上升到最大值之前注水。

(4) 晚期注水：先利用天然能量采油，当驱动能量显著不足，油层压力降至饱和压力之下，油藏驱动方式转变为溶解气驱时再进行注水。晚期注水作为二次采油方式加以应用，具有投资少、见效快、无水油量多、有利于提高采收率等优点，是目前许多产油国家常用的油田开发方式。

5. 油田注水方式

注水方式指注水井在油藏所处的部位和注水井与生产井之间的排列关系，可根据油田特点选择以下注水方式：① 边缘注水，可分为缘外注水、缘上注水和缘内注水三种，如图 5-10 所示；② 切割注水；③ 面积注水，可分为五点法注水、七点法注水、歪七点法注水、四点法注水及九点法注水等。

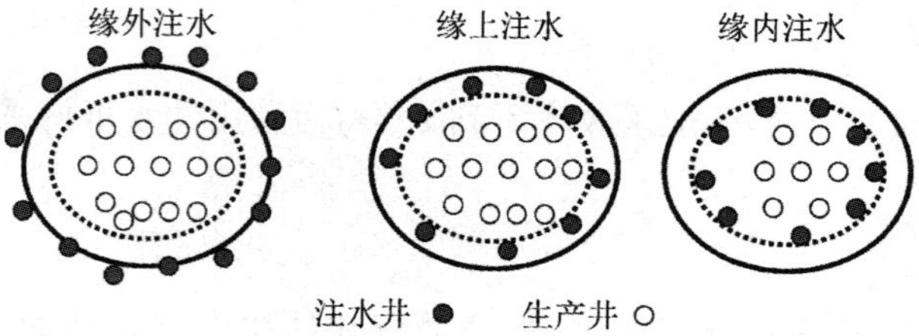

图 5-10　边缘注水注水井和生产井关系图

6. 注水工艺

要想完成油田注水工序，必须选择合适的注水水源，配套建设供水站、注水泵站、注水管线并打好注水井等。一个注采系统的简易流程如图 5-11 所示。

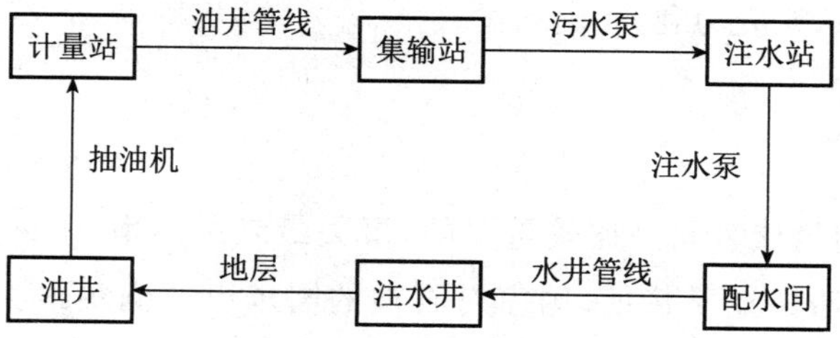

图 5-11　注采系统简易流程图

7. 注水水源及注水水质

注水水源需根据当地水源情况来选择，主要选择标准是所取用水质不能对地层造成破坏。现在大多数油田会采用处理后满足注水水质要求的采出水回注地下，这是最经济有效、对环境影响最小的方式。

具体的注水水质标准根据各个油田地层情况会有较大差别，但是控制的主要指标差别不大，主要是会影响地层渗透性的指标。表 5-1 列出了某油田开发处发布的注水标准，从中可以了解注水水质要求情况。

表 5-1　油田采出水回注技术推荐指标

指　标		数　值			
注入层平均空气渗透率/(10^{-3} μm^2)		<1.0	1.0～10.0	10.0～100.0	>100.0
控制指标	悬浮物含量/(mg·L^{-1})	<5	<10	<10	<15
	悬浮物粒径/μm	<3	<3	<3	<5
	含油量/(mg·L^{-1})	<10	<15	<20	<30
	平均腐蚀率/(mm·a^{-1})	<0.076			
	SRB 菌数/(个·mL^{-1})	<10			
	TGB 菌数/(个·mL^{-1})	<100			
辅助指标	总铁量/(mg·L^{-1})	<0.5			
	pH	6～9			
	溶解氧含量/(mg·L^{-1})	<0.05			
	硫化物含量/(mg·L^{-1})	<2.0			
	二氧化碳含量/(mg·L^{-1})	−1.0～1.0			

8. 注水开发的矛盾及改进措施

1) 矛盾

当注水开发多油层、非均质的油田时，由于油层渗透率在纵向上和平面上的非均一性，注入水会沿着高渗透层或高渗透区窜流，而中、低渗透层或渗透区却吸水很少，从而引起一系列矛盾，归纳起来主要有三种，即层间矛盾、平面矛盾、层内矛盾。

(1) 层间矛盾(图 5-12)。

在注水井中，高渗透层吸水能力强，水线前缘很快向生产井推进，形成单层突进。低渗透层吸水能力差，水线前缘向生产井推进较慢。

(2) 平面矛盾(图 5-13)。

由于油层渗透率在平面上分布不均，以及井网对油层各部分控制不同，注入水在平面上推进不均，使油水前缘沿高渗透区呈舌状窜入油井，形成“舌进”。

(3) 层内矛盾(图 5-14)。

注入水沿阻力小的高渗透条带突进，呈“指进”现象。由于油井过早见水，驱油效果变差。

任何过程中如果有多种矛盾存在，则其中必定有一种是主要的，起着主导和决定作用，其他则处于次要和服从的地位。然而，这种情况并不是固定的，三大矛盾并不处于相同地位。一般在注水开发初期，层间矛盾是主要的；随着注入水侵入油井，平面矛盾逐渐暴露出来;层内矛盾是长期存在的,到了油田开发后期,进入全部水洗采油阶段时,层内矛盾将上升为主要矛盾。

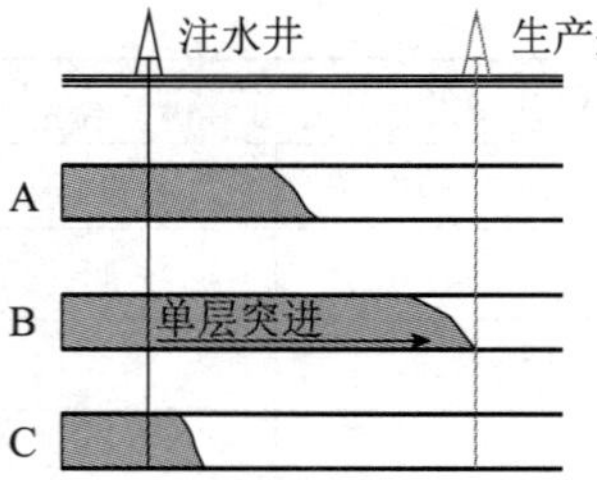

图 5-12 层间矛盾

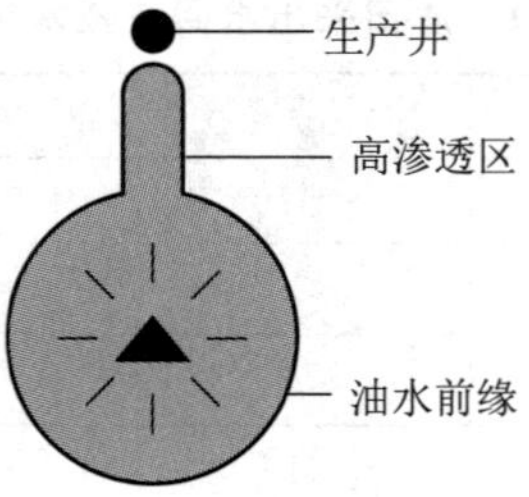

图 5-13 平面矛盾

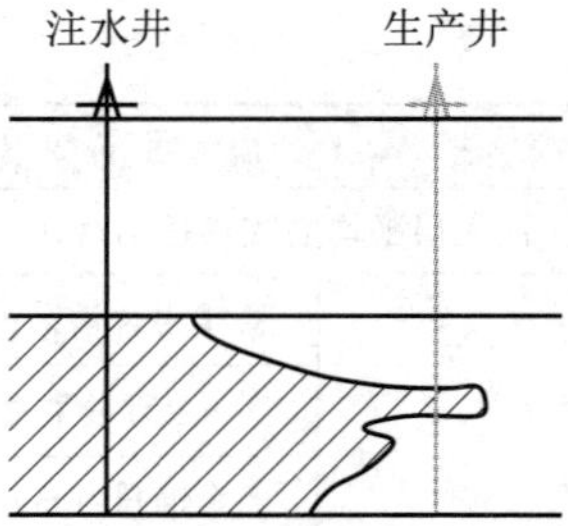

图 5-14 层内矛盾

2) 改进措施

(1) 分层注水。

三大矛盾调整的核心是分层注好水,达到保持油层压力、降水、增油、实现稳产的目的。所谓注好水,就是根据油水运动情况,随时按分层需要调整注水量,积极主动地进行层内、层间的平面调整,增加见效层位、见效方向、受效程度。例如我国的大庆油田、胜利油田、辽河油田等,由于各油层的渗透性是不同的,如果在一口注水井里不区分油层就笼统注水,虽然也能达到保持压力的目的,但是注进去的水在渗透性好的油层跑得快,在渗透性不好的油层跑得慢,采油井上见不到好的注水效果,而好油层已经大量出水。因此,为解决这个问题,需实行分层注水。

分层注水的工具称为封隔器。封隔器是一个细长的管状柱体,其外径比油井或水井的套管小。在下入井中时,将封隔器连接在油管上,下到预定的位置,靠地面施加的压力使起密封作用的胶皮筒张开,从而将油管和套管之间的环形空间隔开,达到分隔油层的目的。

封隔器的关键部位是起密封作用的胶皮筒。当从内部施压以后,胶皮筒就张开,紧紧贴在套管壁上,使其上下分开。当泄掉压力后,胶皮筒就收缩,这样又可以将封隔器起出或放下。胶皮筒的张开是靠注入水的压力,因为封隔器连接在油管上,井口和注水管相接,这样当水泵工作时,注水压力使胶皮筒张开,这种封隔器称为水力式封隔器。为解决分层控制注水,还需要在封隔器上安装配水器,内装水嘴。

油田上广泛使用的配水器有两种:一种是固定式配水器,就是将配水器连同水嘴一起固定在封隔器上,提前将水嘴大小配好,下入井中以后不能随便更换,当需要换水嘴时,必须把油管从井中提出来,换好以后再放下去;另一种是活动式配水器,它是在分水筒内有一活动芯子,分水筒和油管连接在一起,芯子和筒之间用胶皮密封,由于水嘴装在活动芯子上,当需要换水嘴时,就要把芯子提出来,换好之后再放下去,这样就减少了起下油管的时间。

注水井在实行分层注水以后,注入油层水的推进速度可以按照采油工作的需要进行调整和控制。这样"单层突进""水淹过快"甚至有的差油层见不到注水效果的问题就可以得到缓解。

(2) 分层采油。

一个油田实行分层注水以后,好油层见水过快而差油层见不到注水效果的问题得到了缓解，注到油层中的水也发挥了一定作用。但是，由于油井仍采用多层合采，一方面注水井在高渗透层控制注水，但是在油井中的高渗透层产油仍得不到控制，结果是在同一口油井中高渗透层产油多，注入水少，能量得不到及时补充，造成地层压力下降，影响了高渗透层的出油；另一方面低渗透层出油能力差又受高渗透层的影响，不能充分发挥它的产油能力。为了解决这个矛盾，人们通过实践认识到，对高产层适当控制它的产量，既可以保持地层能量，又能使低渗透层充分发挥其出油能力，因此可以实行分层定量采油。

近些年来，我国各油田根据具体情况，设计制造了各种类型的油井封隔器。它和分层注水用的封隔器相似，是用配产器来实现分层定量采油的。目前，油田上广泛采用的配产器有同心配产器和偏心配产器两种。

同心配产器由固定的工作筒和活动芯子组成。工作筒连接在油管上，下到配产层的深度。配产嘴子装在活动芯子上，可以从井口投入，坐入工作筒内，起上时可以用打捞器捞上来。工作筒和注水井用的分水工作筒基本相仿，它有两个孔道：一个是上下通道，让下层油流通过；一个是进油孔道，使配产层的油流经此孔道流入，再经配产嘴子控制减压后流到活动芯子上部，与下层油流汇合，经油嘴喷出地面。活动芯子根据外径大小，与相应内径大小的工作筒配套应用。分层配产和分层配注一样，用油嘴来控制高渗透层的产量，使这些油层合理地出油，保持地层压力，同时减少对中、低渗透层出油的影响。这样，中、低渗透层的产油能力可以得到比较充分的发挥，从而使层间矛盾得到解决。

偏心配产器是在配产器上设计制造了一个主道孔和一个偏孔，配产芯子停放在偏孔内，可以任意打捞，并不妨碍其他井下仪表和工具在主道内通行。在此简单介绍一下多级偏心配产器，其内有一个导向体，打捞和投送时用一种特殊的井下工具，当它遇到导向体后，活动芯子即可自动进入岔道偏心孔内，并不影响其他井下作业。

对注水开发油田，把分层配注与分层配产结合起来，可以推迟油井见水时间，改善油田开发效果。采油井的配产层段划分要与注水井的配注层段相对应，层内能细分的应进一步细分，并要注意保持各层段的压力平衡。

(3) 分层堵水。

注水开发的油田开采一个阶段以后，注入油层的水量越来越高，而且会出现油水分布参差不齐的现象：有的区块油层含水量很高，而有的地区注水效果不明显，甚至有的高渗透层在油井里已大量出水。这时光靠分层配注和分层配产已经解决不了生产问题，必须配合分层堵水才能取得较好的开发效果。

分层堵水就是采取各种工艺技术措施，封堵压力很大、产水量很高的见水层。由于这种见水层对其他油层干扰很严重，把高含水层堵住以后，同时放大相邻的低含水或未见水层的采油压差，就能提高产油量。

在进行分层堵水时，要区别见水层的性质，采取不同的措施进行堵水。堵水分两大类：机械堵水和化学堵水。机械堵水是用封隔器将高含水层封住，暂时停止生产，此堵水方法简单且比较灵活，因而被各油田普遍使用。化学堵水就是向地层中挤入堵剂，堵剂分为两种：一种堵剂如树脂类或水玻璃加氯化钙，固化后将油层全部封死，此堵水方法称为非选择性堵水；另一种堵剂如聚丙烯酰胺等聚合物，挤入地层后堵剂黏附在油层砂粒或者碳酸盐岩孔隙或裂缝面上，此堵剂具有亲油憎水性，因而有利于油通过而不利于水通过，所以达到增油减水作用，此堵水方法称为选择性堵水，但此堵剂具有一定的有效期。由于化学堵水工序多、成本高，因而在必要时才可使用。

二、水力压裂

1. 基本原理

水力压裂是一项有广泛应用前景的油气井增产措施。简单来说，水力压裂就是用压力将地层压开一条或几条水平或垂直的裂缝，并用支撑剂将裂缝支撑起来，减小油、气、水的流动阻力，沟通油、气、水的流动通道，从而达到增产增注的效果。

具体来说，进行水力压裂时首先利用地面高压，通过井筒向油层挤注具有高黏度的压裂液。当压裂液的压力超过井底附近油层岩石的破裂压力时，油层将被压开并产生裂缝。这时，继续不停地向油层挤注压裂液，裂缝就会继续向油层内部扩张。为了保持压开的裂缝处于张开状态，接着向油层挤入带有支撑剂（如石英砂）的携砂液，携砂液进入裂缝之后一方面可以使裂缝继续向前延伸，另一方面可以支撑已经压开的裂缝，使其不至于闭合。再注入顶替液，将井筒的携砂液全部顶替进入裂缝，用石英砂将裂缝支撑起来。最后注入的高黏度压裂液会自动降解，排出井筒之外，在油层中留下一条或多条长、宽、高不等的裂缝，在油层与井筒之间建立起一条新的流体通道。压裂之后，油气井的产量一般会大幅度增长。

油层水力压裂可以解除油井近井地带的堵塞，增大流体的渗流面积并改变流体的渗流规律，减小流体的流动阻力，提高油气井的产量和注水井的注入量，特别是在低渗透油田的勘探和开发中，水力压裂起着十分重要的作用：

（1）压裂能改造低渗透层的物理结构，在油层中形成一条或几条高渗液流通道，从而改善油流在油层中的渗流状态，变径向流动为线性流动，减小流动阻力，增大渗流面积，提高油井的产油能力。

（2）压裂可减缓层间矛盾，改善中、低渗透层的开采状况，提高中、低渗透层的采油速度，使高、中、低渗透层都得到比较合理的开采。对一个非均质多油层油田来说，由于各小层的渗透性不同，在注水开发条件下，个别高渗透层吸水能力高，水线推进速度快，地层压力高，出油量大，造成油井见水快、产量递减快，影响稳产，而大量的中、低渗透层却没有发挥应有的作用，影响最终采收率。通过压裂可以改善中、低渗透层的开采状况，充分发挥它们的作用，使层间矛盾得到缓和。

（3）压裂可解除因钻井液、射孔、油井作业等造成的近井地带堵塞。

（4）压裂可用于探井和评价井的地层改造。对油层物性差、自然产能低、不具备工业开采价值的探井和评价井进行压裂改造，可扩大渗流面积或对油井做出实际评价。

（5）压裂可以人为地制造一条穿过污染带且在储层内有一定长度的高导流能力支撑裂缝，从而提高油气流的渗流面积，使油气流通过裂缝流向井筒，变径向流动为线性流动，达到增产的目的。

但是，压裂也可能给地层造成二次伤害，如滤液造成的润湿性改变、产生毛细管力、造成储层流体的流动能力降低，以及乳化残渣及黏土的膨胀、分散、运移产生的损害等。为了保护储层，提高压裂效果，根据储层特征，应选择与之配伍的各种添加剂以组成相适应的压裂液，即要求压裂液必须有优良的流变性、破胶性且低残渣，支撑剂必须清洁、均匀，圆球度好，破碎率低，以保证支撑裂缝的宽度和高导流能力，提高压裂效果。

2. 压裂液的类型及成分

压裂作业所使用的压裂液是压裂过程的主要物质。

根据压裂过程中注入井内的压裂液在不同阶段的作用，压裂液可以分为：

(1) 前置液。它的作用是破裂地层并产生一定几何尺寸的裂缝，同时起到一定的降温作用。为提高其工作效率，特别是对高渗透层，前置液中需要加入降滤失剂，如细砂或粉陶(粒径 100～320 目，砂比 10%左右)或 5%柴油，堵塞地层中的微小缝隙，减少液体的滤失。

(2) 携砂液。它起到将支撑剂(一般是陶粒或石英砂)带入裂缝中并将砂子放在预定位置上的作用。在压裂液的总量中，这部分占的比例很大。携砂液和其他压裂液一样，都有造缝及冷却地层的作用。

(3) 顶替液。它的作用是将井筒中的携砂液全部替入裂缝中。

根据物理、化学性能不同，压裂液主要分为水基和油基压裂液两类。

(1) 水基压裂液：以水为溶剂或分散介质，加入稠化剂、添加剂配制而成的压裂液。主要采用三种水溶性聚合物为稠化剂，即植物胶(瓜胶、田菁、魔芋等)、纤维素衍生物及合成聚合物。这几种高分子聚合物可在水中溶胀成溶胶，交联后形成黏度极高的冻胶，具有黏度高、悬砂能力强、滤失低、摩阻低等优点。目前国内外使用的水基压裂液分为以下几种：天然植物胶压裂液，如瓜胶及其衍生物羟丙基瓜胶、羟丙基羧甲基瓜胶、延迟水化羟丙基瓜胶；多糖类压裂液，如半乳甘露糖胶(田菁及其衍生物、甘露聚葡萄糖胶等)、纤维素压裂液(羧甲基纤维素、羟乙基纤维素、羧甲基-羟乙基纤维素等)；合成聚合物压裂液，如聚丙烯酰胺、部分水解聚丙烯酰胺等。

(2) 油基压裂液：以油为溶剂或分散介质，加入各种添加剂配制而成的压裂液。当前较通用的是铝磷酸酯与碱的反应物。将有机脂肪酸醇与无机非金属氧化物五氧化二磷生成的磷酸酯均匀混入基油中，用铝酸钠进行交联，可形成磷酸酯铝盐的网状结构，使油成为油冻胶。铝磷酸酯盐冻胶改善了原油的稠化程度，并提高了温度稳定性。

压裂过程中难免会产生废弃的压裂液，要适当处置，否则会对环境产生一定影响。

三、酸　化

酸化也是油田常用的一种增产措施，是为解除钻井液等外来物堵塞，恢复油气井生产能力，使其投入正常生产的一种酸处理过程。

1. 酸化分类

按作用原理，酸化可分为基质酸化和压裂酸化两种。

(1) 基质酸化。

基质酸化(又称孔隙酸化、常规酸化)是指在不压破地层的情况下将酸液注入地层孔隙(晶间、孔穴或者裂缝)的工艺。它是利用酸液溶解砂岩孔隙及喉道中的胶结物和堵塞物,改善储层渗流条件,提高油气产能。基质酸化的目的是解堵,特点是不压破地层。

常用酸化技术包括低浓度盐酸酸化、高浓度盐酸酸化、土酸酸化、互溶土酸酸化、氟硼酸酸化、逆土酸酸化、油酸乳化液酸化、缓速酸化、磁处理酸化、低伤害酸酸化、热酸酸化、防膨酸酸化、集成酸酸化、胶凝酸闭合酸化、混气胶凝酸闭合酸化、硝酸粉末酸化等技术。

(2) 压裂酸化。

压裂酸化是指在压破地层的情况下将酸液注入裂缝并在壁面上溶蚀形成沟槽的工艺。它是利用裂缝壁面的不整合建立高导流通道,改善储层渗流条件,提高油气产能。

2. 酸化常用工艺程序

(1) 洗井:用 1～2 m^3 HCl 正替入油管后用清水正洗井,清除管壁脏物及铁锈。

(2) 注前置液:HCl 用于预处理,溶解碳酸盐类矿物,防止生成 CaF_2 沉淀;顶走地层水,防止生成 Na_2SiF_6,K_2SiF_6;清洗近井带油垢;保持较低的 pH。

(3) 注土酸液(HCl＋HF):HCl 溶解碳酸盐类胶结物,并保持 pH;HF 溶解石英长石及黏土矿物,从而沟通并扩大孔道,提高地层渗透性。

(4) 注后置液:油井多用柴油或 HCl,气井用酸或气(N_2、天然气)。注后置液的目的是恢复地层固相及沉淀性酸反应物的亲水性,防止生成乳化液。

(5) 注顶替液:多用活性水。

四、修井作业

修井作业是井下作业工作的一项内容。井下作业是油田勘探开发过程中保证油水井正常生产的技术手段。油水井在长期的生产过程中,由于受到地下油、气、水的腐蚀,逐渐老化,出现各种不同类型的故障,导致其不能正常生产,甚至停产。因此,必须对出现问题与故障的油水井进行井下作业,使油水井恢复正常生产。

井下作业内容主要包括油水井维修、油水井大修、油层改造和试油。修井作业的主要施工方式如下:

(1) 起下作业。

利用井架和修井机通过提升系统对井内管柱或杆柱进行起下施工。

(2) 循环冲洗。

利用泵进行洗井、冲砂、压井或压裂、酸化、封堵等施工。

(3) 旋转钻进。

利用转盘和钻柱及井下工具进行套铣、磨铣、侧钻、钻水泥塞、造扣和倒扣等施工。

五、防蜡清蜡

在油井管理中，防蜡清蜡是一项经常性的工作。石蜡是石油中的一种成分，油层条件下原油中所含的石蜡处于溶解状态。在开采过程中，随着温度、压力的降低和气体的析出，溶解在原油中的石蜡便以结晶析出。随着温度的进一步降低，石蜡不断析出，其结晶便长大聚集并附着在管壁上，即所谓的结蜡现象。结蜡后油管内径缩小，造成油井减产，严重时可将油管全部堵死而导致停产。因此，有必要采用防蜡及清蜡措施来保证油井正常生产。

（1）防蜡。

通常的防蜡办法有：油管内衬和涂层防蜡以及在油流中加入防蜡抑制剂，阻止石蜡结晶；或改变油管表面性质，分散石蜡结晶，防止聚晶和沉积。

（2）清蜡。

在含蜡原油开采过程中，虽然采用了防蜡措施，但不会将石蜡全部防住，仍会有少量石蜡沉积在油管壁上，时间长了就会沉积得越来越厚。因此，在开采一定时期后，需要对油井进行清蜡，方法有机械清蜡和热力清蜡等。

① 机械清蜡。清蜡工具有刮蜡片和清蜡钻头。油井开采过程中，可总结结蜡点的位置、清蜡周期等规律，定期将直径略小于油管内径的刮蜡片用钢丝连接并下入油管内进行刮蜡。若结蜡严重，可用清蜡钻头深通。对于有杆泵抽油井，往往在抽油杆上装尼龙刮蜡器等装置，在抽油过程中进行清蜡。

② 热力清蜡。将高温热介质，如热油、热水，由油管内注入，使井内温度达到石蜡的熔点，熔化的石蜡随着原油和注入的热介质一起排出地面。热力清蜡往往比机械清蜡彻底。热力清蜡也同样有其周期性，需要定期开展热洗或循环。

六、防　砂

在油田开发过程中，由于一些油层岩石颗粒胶结疏松，当原油从油层流向井底并喷出地面时，将携带出大量的油砂。出砂轻微时，携带的砂粒可以从油管带到地面。但是，到了地面，进入管线后，由于流速降低，砂粒就会从原油中分离出来并沉降在输油管线和储油罐中，时间长了就会使管线和储油罐积砂过多而无法继续使用。出砂严重时，会因井底沉砂将油层埋住而造成油井停产，也可能出现砂子将油嘴磨坏或磨损地面管线和设备等情况，严重影响油井生产。因此，如何防止油井出砂和怎样将井底的积砂清除干净，是保证油井正常生产的重要问题。

油井防砂工艺技术分为机械防砂和化学防砂两种。

（1）机械防砂。

机械防砂是指在油井中下入割缝管或筛管防砂，这两种防砂方法只能防止砂子不进入油管。若砂子流入井内太多，也会堵塞在割缝管或筛管与套管的环形空间，造成油井不出油或产量降低，这时需要采取冲洗法定时将井底的砂子清洗干净，然后下入割缝管或筛管继续生产。在油井中下入割缝管或筛管均不能有效地防砂，目前只作为井下辅助管柱来使用。现在普遍采用金属绕丝筛管和砾石填充的方法，此方法既可用于套管射孔井防砂，也可用于裸眼井防砂。

（2）化学防砂。

化学防砂是指向油田中的出砂井段挤入胶结物质，将砂粒胶结固定，形成人工井壁，防止砂子流向井内。此外，还要挤入增孔剂以保持油层有一定的渗透率，能出油。常用的胶结物质有水泥砂浆、树脂、树脂加石英砂或核桃壳。化学防砂法主要用于薄油层，或用机械方法分段填砂困难的出砂井。

我国有不少油田，特别是稠油油田，如胜利、辽河、大港、新疆等油田出砂井多，现在已具有机械和化学防砂两套防砂技术、工具及装备。有时机械防砂与化学防砂同时使用。

第三节　提高采收率方法

一、采收率概念与影响因素

1. 采收率概念

缓解石油供求之间日益突出的矛盾主要有两条有效的途径：一是寻找新的原油地质储量；二是提高现有地质储量中的可采储量，即提高采收率。

原油采收率是采出原油量与油藏原始地质储量之比，通常以百分数表示。

一个油藏采收率的高低既取决于客观的地质条件，如地质储量、储层岩石的孔渗性、原油黏度、有无边水及底水等，又取决于开发水平、采油工艺水平、采取的提高采收率措施等。

在有限的原油地质储量中，其可采储量是一个变量。它随着开采技术的发展而增加，而且其潜力一般很大。在目前技术水平下，原油采收率在30%～60%之间。在非均质油藏中，水驱采收率一般只有30%～40%。也就是说，水驱只能开采出地质储量的一小部分，还有大部分原油残留在地下。如何将油藏中的原油尽可能经济有效地开采出来，是一个极有吸引力的问题，也是世界性难题。实际上，与勘探新油田不同，提高采收率问题自油田发现到开采结束，自始至终地贯穿于整个开发全过程中。可以说，提高采收率是油田开采永恒的主题。

2. 影响原油采收率的因素

大量现场资料分析表明，地层的非均质性、原油黏度、油藏润湿性、驱油能量等是影响采收率的主要内因；人为的工作状况，如井网布置、注水方式、油井工作制度、采油工艺技术水平以及经济管理水平等是影响采收率的外在因素。因此，原油采收率的高低一方面取决于油藏天然的地质埋藏条件（内因），另一方面受到人为因素的影响与制约（外因）。

(1) 油层非均质性的影响。

近年来,国内外都特别强调在采取措施前除了解油层的基本物性(如孔隙性、渗透性等)外,还必须对其地质特征,如高渗透带、裂缝、断层、方向性等进行深入的了解,即对油层的各种非均质性要做到心中有数。

油层的非均质性通常是由沉积条件造成的。次生的成岩作用、断层作用也会对油层的非均质性产生影响。沉积条件不同,导致沉积碎屑物的分选程度、堆积方式和充填程度不同。岩石的胶结物数量与类型不同,导致油层岩性在平面上、垂直剖面上有极大的差异。在沉积过程中,岩层成层沉积,平行于水流方向与垂直于水流方向的渗透率相差甚大,有时相差达几十倍甚至上百倍。

油层的非均质性可以划分为垂直剖面上的非均质性、平面上的非均质性和结构特征上的非均质性三种类型。前两种统称为宏观非均质性,即油层岩石宏观物性参数(孔隙度、渗透率)的非均质性,一般认为宏观非均质性对注入工作剂的波及系数影响很大。岩石孔隙结构特征的非均质性则属于微观的非均质性,它表现为孔隙大小分布,孔隙、孔道的曲折程度,毛细管力作用及表面润湿性等,主要影响注入工作剂效率和洗油效率。当然,严格地讲,无论是宏观还是微观非均质性,对波及系数和洗油效率都有直接且明显的影响。

(2) 流度比及油层流体黏度对采收率的影响。

对于层内非均质程度比较严重的油藏,水的黏度/油的黏度影响较均质地层更为严重,它将使层内非均质水驱油的影响更加剧烈,驱油效果更差。例如正韵律油层,由于油水黏度差大,在驱动压差不大时,重力分离使得油层下部渗透带的水容易流动,在底部大部分水淹后水相饱和度增高,水相渗透率增大,从而导致油层纵向上的流度比增大,波及系数降低,层内非均质的矛盾表现更加突出。

(3) 油藏润湿性对采收率的影响。

油藏润湿性对采收率的影响是由岩石对油和水的润湿性不同引起的。有的油层岩石为亲水(或偏亲水),有的为亲油(或偏亲油),有的部分亲水、部分亲油。对于亲水油层,在水驱过程中,由于水能很好地润湿孔壁,易于驱净亲水油层内的油,而对亲油油层内的油则难以驱净。根据实际油田统计资料,亲油油层的采收率目前最高只有45%左右,而亲水油层的采收率可达80%。对均质润湿系统,公认水湿储层比油湿储层水驱更有效。对于亲油油层,由于油能优先润湿岩石的颗粒表面,油与固体颗粒间存在较强的附着力,当注入水(或聚合物)进入亲油孔道时,由于油与岩石表面的附着力,水(或聚合物)很难与岩石表面接触或在岩石表面流动,并且毛细管力为驱油阻力。另外,水的黏度比油更小,水会沿孔道中心窜流而留下油膜,成为残余油。增大注水速度后,这种窜流会更加明显。

二、提高采收率方法

1. 采油层次分级

在油田开发中,运用油藏天然能量开采石油的方法一般称为一次采油,即自喷采油,也被称为能量衰竭法采油,其采收率一般只能达到15%左右。

通过人工举升、注水或非混相注气提高油层压力并驱替油层中原油的方法一般称为二次采油(secondary oil recovery)。二次采油时原油的物理、化学性质不发生变化，此时的二次采油称为维持压力采油。二次采油的采收率可提升至30%～40%，个别油田可达80%。

二次采油虽然明显提高了采收率，但尚有一半以上的油滞留在油层中，如何采出这些残余油是油藏工程师们面临的问题。通过向油层注化学物质、注蒸汽、注气(混相)或微生物而改变油层中原油的性质并提高油层压力的驱油方式一般称为三次采油(tertiary oil recovery)，也被称为强化采油(enhanced oil recovery，简称EOR)。

2. 主要EOR技术简介

原油采收率取决于驱油剂在油藏中的体积波及效率(或波及系数)和驱油效率。所有的提高采收率方法都是以提高波及效率和/或提高驱油效率为目标。但是，由于驱替介质和驱替方式不同，各种提高采收率方法的机理、适应性有很大差异。

根据驱替介质和驱替方式，EOR技术包括化学驱、气驱和热力驱等，如图5-15所示。

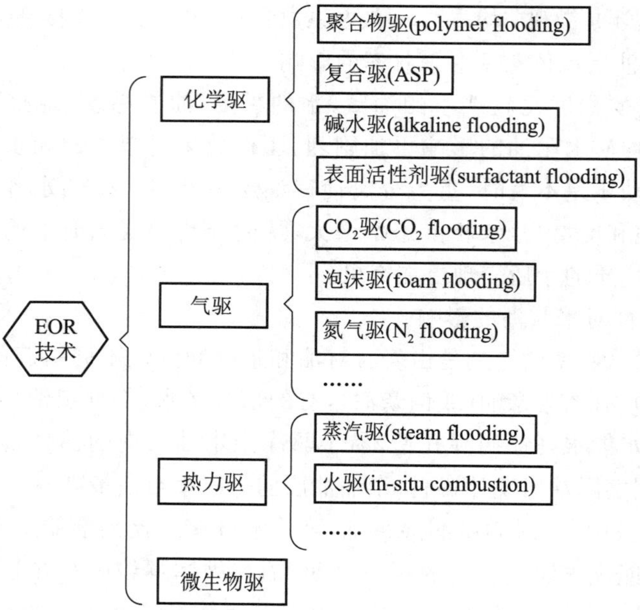

图5-15 EOR技术示意图

(1) 化学驱。

凡是以化学剂作为驱油介质，改善地层流体的流动特性，改善驱油剂、原油、油藏孔隙之间的界面特性，提高原油开采效果与效益的采油方法统称为化学驱(chemical flooding)。常见的化学驱有聚合物驱、表面活性剂驱、碱水驱以及复合驱(如表面活性剂/聚合物二元复合驱、碱/表面活性剂/ 聚合物三元复合驱等)。

(2) 气驱。

凡是以气体作为主要驱油介质的采油方法统称为气驱(gas flooding)。根据注入气体与地层原油的相态特性，气驱可分为气体混相驱与气体非混相驱两大类。常作为驱替介质的气体主要有 CO_2，N_2，轻烃，烟道气等。

(3) 热力驱。

利用热量稀释和蒸发油层中原油的采油方法统称为热力驱或热力采油(thermal recovery)。这是一类稠油油藏提高采收率非常有效的方法。根据油层中热量产生的方式，热力驱可分为热流体法、化学热法和物理热法三大类。热流体法是以在地面加热后的流体(如蒸汽、热水等)作为热载体注入油层；化学热法是通过在油层中发生的化学反应产生热量，如火烧油层、液相氧化等；物理热法是利用电、电磁波等物理场加热油层中原油的采油方法。

在此简单介绍一下稠油开采的主要技术：蒸汽吞吐和蒸汽驱。

① 蒸汽吞吐。

蒸汽吞吐，也称蒸汽激励、循环注蒸汽，是先将一定数量的高温高压湿饱和蒸汽注入油层，接着关井几天，进行焖井，加热油层中的原油，然后开井生产，整个过程在同一口井中进行，如图 5-16 所示。当瞬时采油量降低到一定水平后，进行下一轮注汽采油，如此反复，周期循环，直至增产油量经济无效或转变为其他开采方式为止。

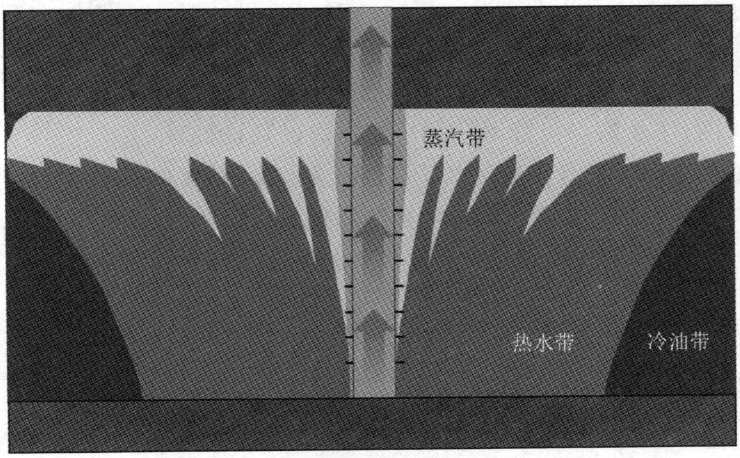

图 5-16　蒸汽吞吐示意图

② 蒸汽驱。

蒸汽驱是按优选的开发系统(开发层系、井网、井距、射孔层段等)，由注入井连续向油层注入高温湿蒸汽，加热并驱替原油由生产井采出的开采方式，如图 5-17 所示。

因为驱油方式改变，相应会增加地面工程建设内容，故蒸汽吞吐与蒸汽驱必须配套建设地面蒸汽发生及注入设施等，两种方式也经常同时使用。

(4) 微生物驱。

微生物驱是利用微生物及其代谢产物作用于油层及油层中的原油，改善原油的流动特性和物理化学特性，提高驱油剂的波及体积和微观驱油效率的采油方法。

除了上述几类方法外，油层深部调剖及作用于油层深部的物理法(如声波、电场等)采油也都属于提高采收率技术的范畴。

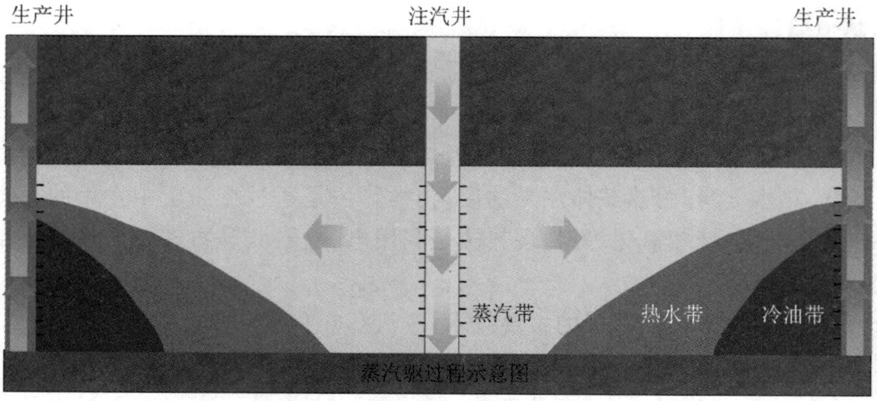

图 5-17　蒸汽驱示意图

第四节　采油工程环境影响及控制

一、采油工程产污环节分析

视频5
采油及储运过程
环境影响及控制

采油生产过程中的主要污染源有油水井点、油气计量站点、油气集输管网、注水站点与管网、锅炉、加热炉以及机械噪声源等，产生的主要污染物有含油污水、压裂液、含酸废液，落地原油、含油污泥，油气集输中的挥发烃类，锅炉和加热炉产生的硫氧化物、氮氧化物、烟尘，机械噪声等。

采油及其辅助工程的主要工艺及配套环节的污染部位及污染类型如图 5-18 所示。

二、采油工程主要污染物特征

1. 油田采出水

油田采出水是采油过程中数量最多、成分比较复杂的废水来源。随着油田开发的进行，采出水中分离出的废水量越来越大。一些老油田的区块目前采出液中含水量最高达到 90%以上。

油田采出水成分复杂，不仅不同地层、不同采油方式得到的油田采出水的性质不同，同一个水处理站不同时间内的废水成分也不同。尽管如此，油田采出水仍具有共同的特性，如都被原油污染，在高温高压的油层中都溶解了地层中的各种盐类和气体，原油集输及加工过程中掺入了各种化学药剂，都含有大量有机物，水中均存在大量细菌等。油田采出水的组成主要分为以下五类：

(1) 悬浮固体。

悬浮固体颗粒直径范围为 1～100 μm，而大于 100 μm 的固体颗粒在处理过程中很容易被沉降下来。此部分杂质主要有：① 泥砂，包括直径 0.05～4 μm 的黏土、直径 4～60 μm 的粉

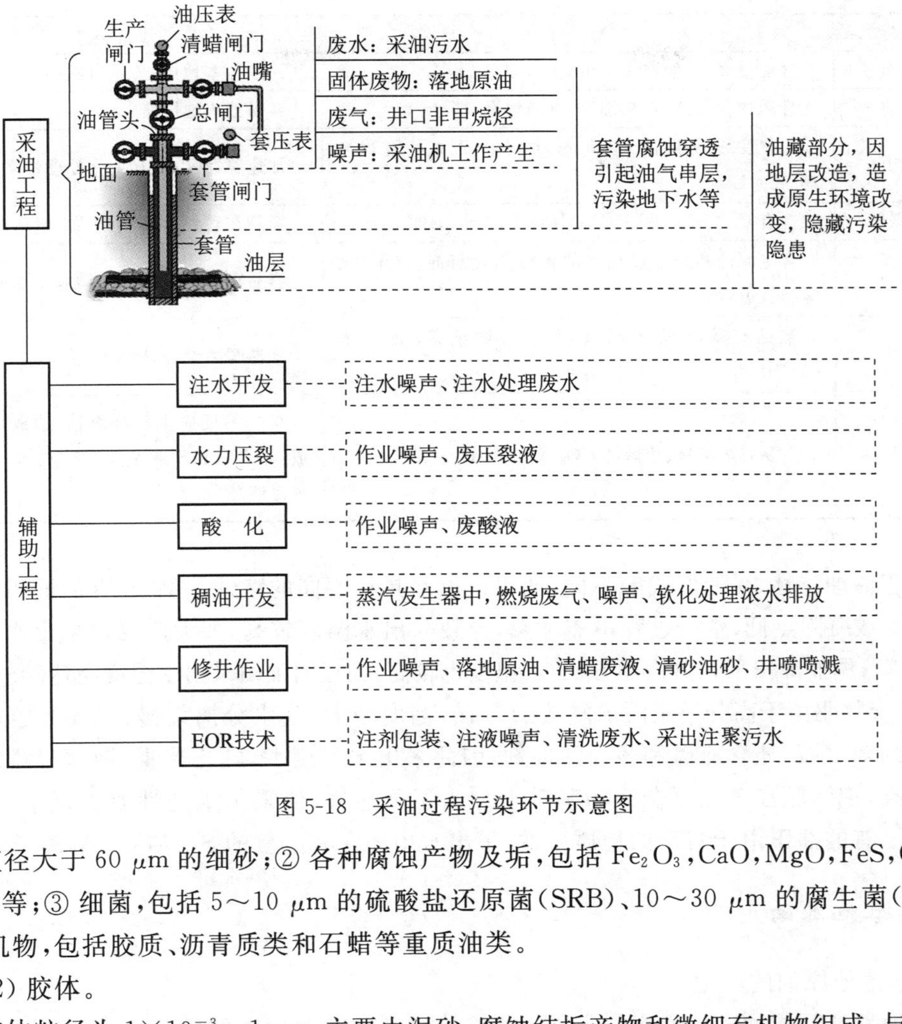

图 5-18　采油过程污染环节示意图

砂和直径大于 60 μm 的细砂；② 各种腐蚀产物及垢，包括 Fe_2O_3，CaO，MgO，FeS，$CaSO_4$，$CaCO_3$ 等；③ 细菌，包括 5～10 μm 的硫酸盐还原菌(SRB)、10～30 μm 的腐生菌(TGB)；④ 有机物，包括胶质、沥青质类和石蜡等重质油类。

(2) 胶体。

胶体粒径为 1×10^{-3}～1 μm，主要由泥砂、腐蚀结垢产物和微细有机物组成，与悬浮固体组成基本相似。

(3) 分散油及浮油。

原水中一般含有 2 000～5 000 mg/L 的原油，其中 90%左右为直径 10～100 μm 的分散油和直径大于 100 μm 的浮油。

(4) 乳化油。

原水中含有 10%左右的直径 1×10^{-3}～10 μm 的乳化油。

(5) 溶解物质。

溶解物质是指在水中处于溶解状态的低分子及离子物质，主要包括：① 溶解在水中的无机盐类，基本上以阳离子和阴离子的形式存在，其粒径都在 1×10^{-3} μm 以下，主要有 Ca^{2+}，Mg^{2+}，Ba^{2+}，K^+，Na^+，Fe^{2+}，Cl^-，HCO_3^-，CO_3^{2-}，SO_4^{2-} 等，此外还有环烷酸类等有机溶解物；② 溶解的气体，有溶解氧、二氧化碳、硫化氢、烃类气体等。

油田采出水特征见表 5-2。

表 5-2 油田采出水特征

指标	特征	危害
含油量	含油量高，一般在 1 000 mg/L 以上	回注堵塞地层，外排造成污染
悬浮物	悬浮物含量高，颗粒细小，沉降缓慢	容易造成地层堵塞
矿化度	矿化度高，一般在 1 000 mg/L 以上，最高可达 14×10^4 mg/L	加速腐蚀，给废水生化处理带来困难
结垢离子	含有 Ca^{2+}，Mg^{2+}，HCO_3^-，CO_3^{2-}，SO_4^{2-}，Ba^{2+} 等	容易在管线、设备中结垢，堵塞地层
有机物	含有原油和采油过程中的各种化学药剂，COD（化学需氧量）高	容易在管线、设备中结垢，外排不达标
微生物	常见有硫酸盐还原菌（SRB）、铁细菌、腐生菌（TGB）等	容易腐蚀设备，堵塞地层
腐蚀性气体	主要有溶解氧、溶解的 CO_2、溶解的 H_2S 等	与铁等反应生成难溶物，造成堵塞，形成"黑水"（FeS 悬浮液）及"红水"（Fe_2O_3 悬浮液）

由于原油特性、采油方式等不同，油田采出水具有不同的特性。例如，有的油田由于原油黏度大或凝固点低，生产过程中需加热，导致采出水温度较高，如大庆油田采出水温度为40～45 ℃；稠油油田采用蒸汽驱，采出水温度也较高，如辽河油田采出水温度高达60～80 ℃。另外，聚合物驱由于高分子聚丙烯酰胺的存在，黏度增大，油水分离缓慢；三元复合驱不仅含有聚丙烯酰胺，还含有碱和表面活性剂，因此采出水黏度大，乳化严重，油水很难靠自然沉降分离；泡沫驱在三元复合驱的基础上加入了天然气，使采出水的性质更复杂，处理难度更大。有的油田由于特殊的地质条件，采出水中还含有大量的 S^{2-} 和 Cl^- 等离子。

2. 落地原油

(1) 落地原油的产生。

落地原油是指油井中生产的未进入集输管线而散落在地面的原油。原油落地的原因很多，其中落地原油量大且经常发生的原因有以下几个方面：

① 油井投产前。自喷油井投产前地面集输管线尚未建成，射孔替喷时原油进入土油池。

② 试油、试采。主要是探井所产原油部分进入土油池。

③ 井下作业。油井作业中，压井替喷，不压井作业的跑、冒油以及起出油管、抽油杆在井场放置或者清洗而散落在井场的原油。

④ 生产过程。在原油生产中由于管理不善造成少量原油漏失落地。

⑤ 生产事故。如发生井喷、集输管线断裂形成的落地原油。

落地原油目前已引起各油田的普遍重视，如有些油田在探区试油、试采时，为了防止原油落地而建设了原油集输小流程，将采出油用罐车运走；有些油田用铁油池代替土油池；有些油田对落地原油进行回收。

(2) 落地原油的危害。

原油落地后往往与水、砂、泥土形成混合物，在露天暴露时，其中的溶解气、轻烃会挥发进入大气，造成大气污染；有时由于土油池失修或大雨造成溢油，原油流入水域造成水体污染；原油渗入土壤会造成土壤污染，如土壤结构恶化、通透性降低，影响到土壤养分的转化和牧草的正常生长，同时也将导致土壤微生物群落的功能发生变化。

3. 采油噪声

（1）采油噪声的产生。

采油噪声主要分为机械噪声和作业噪声。机械噪声源主要是大型机械设备，如大型注水机泵组、通井机、压裂车、泵车、混砂车。作业噪声源主要是井下大型压裂酸化作业中十几种设备同时开动而产生的噪声。

（2）采油噪声的危害。

施工作业中由车辆、机械震动摩擦、撞击和气流扰动所产生的噪声污染易使人听觉疲劳，听力下降，引起头晕、头痛、耳鸣、多梦、失眠、心慌、记忆减退等神经衰弱症，甚至引起心血管系统损害。

4. 作业废液

在油田开发生产过程中会产生大量的洗井、冲砂、磨铣、抽汲、酸化、压裂等油田作业废液。据统计，每口压裂井在常规压裂过程中会产生 50～200 m^3的压裂返排废液，每口酸化井产生废液 100～200 m^3，试油、修井、侧钻、防砂、注灰等措施产生的废液量为 20～80 m^3/井次。其中，试油、侧钻等作业方式产生的废液中污染物浓度较低，其组成分布与采油废水接近，一般输送至联合站或污水站，与采油废水混合后集中处理；而酸化、压裂产生的返排废液中污染物浓度高、成分复杂，油井作业产生的酸化、压裂废液由于无法进干线，若直接外排，会对生态环境和水环境造成污染。因此，对作业废液尤其是酸化、压裂废液的处置必须采取有效措施，做到全部回收处理，不得外排。

三、采油工程环境影响控制措施

1. 油田采出水处理

各油田由于油田地质情况和开发期不同，水质不同，采出水处理工艺也不完全一样。采出水处理总的目的是既要满足注水要求，又要达到外排水的指标，不断提高污水处理率和回注率。

油田采出水处理多采用一级物化处理和二级生物处理相结合的工艺。常用的物化处理方法有重力分离法、浮选法、过滤法、混凝沉淀法、化学处理法、电解法、活性炭吸附法以及精细过滤技术、膜分离技术和吸附-催化氧化技术。目前，国内广泛采用的是“隔油/除油—混凝沉淀/气浮—过滤”处理工艺，再辅以阻垢、缓蚀、杀菌、膜处理等。经物化处理后的采出水虽然含油量大幅度下降，但是 COD 仍然很高，不能达到排放标准，尚需进一步的处理。COD的进一步降低多采用生物处理，其方法有活性污泥法、滴滤法、曝气法或接触氧化法，以及厌氧-好氧相结合的方法。下面简要介绍几种方法。

（1）隔油处理法。

隔油处理法主要用于去除游离态和机械分散态油，靠自然上浮分离。常用的处理构筑物类型有平流式隔油池、平板式隔油池、斜板式隔油池等。平流式隔油池处理原理通常是靠重力作用进行油水分离，合理的水力设计及废水停留时间是影响除油效率的两个重要因素，停留时间越长，除油效果越好。与平流式隔油池相比，平板式隔油池与斜板式隔油池的不同之处在于分离槽中沿水流方向安装平行板或倾斜板，这些隔板可有效地缩短油珠垂直上升距离，使油珠在板下表面聚集成较大的油滴，不仅增加了有效分离面积，而且提升了整流效果。

（2）气浮法。

气浮技术是国内外含油废水处理中广泛使用的一种水处理技术，其原理是在水中通入空气或其他气体产生微细气泡，使水中的一些细小悬浮油珠及固体颗粒附着在气泡上，并随气泡一起上浮到水面形成浮渣，从而完成固、液分离的一种净水方法。

按照气泡产生的方式，气浮可分为加压溶气气浮、叶轮气浮、曝气气浮、引风空气气浮、电解气浮等。气浮技术常作为二级处理技术。

（3）凝聚过滤法。

凝聚过滤法的除油机理是小油珠凝聚和大油珠直接去除两种机理的综合，可以在适当条件下达到良好的出水水质，特别适用于含机械分散态油类废水的处理。但是，不同性质的含油废水处理效果相差很大，特别是对低含油废水，不宜采用单一的凝聚过滤法进行处理。

（4）化学处理法和电解法。

化学处理法主要用于去除乳化油，一般是直接用化学药剂来削弱分散态油珠的稳定性，通常是投加无机混凝剂（常为铝盐和铁盐），然后通过沉降或气浮法将分离的油去除。投加混凝剂后，气浮除油的效率可提高10%～25%，最高可达95%以上。化学处理法的主要优点是成本较低，污染物的去除率较高，但条件控制不好时会产生二次污染，且不能回收水中的有用物质，因此这种方法主要用于传统生化处理方法的预处理或生化处理后的深度处理。

电解法去除乳化油的效果良好，且没有二次污染。电解法主要分为电解气浮法和电解絮凝法。前者利用电解水产生的氧气和氢气形成微气泡进行气浮，由于气泡微小，能够去除较小的油珠和悬浮粒子，废水经处理后可用于回注。后者则采用消耗性电极，外加电压使电极氧化而释放出金属离子，释放出的金属离子的水解产物具有混凝作用，要求被处理的废水有足够的导电性，以使电解池能正常工作，并防止电极钝化。

（5）生物处理法。

采油废水经隔油池和气浮处理后，可采用活性污泥法、好氧生物膜法、氧化塘或厌氧生物处理等生化处理法进行处理。

活性污泥法是以活性污泥为主体，依靠连续循环适应废水环境的微生物来实现废水处理的。循环微生物是一种能够降解有机物的好氧异养型细菌的混合菌群。处理废水的主要构筑物是曝气池，其工艺包括絮凝、连续循环微生物生长以及在有氧情况下微生物与有机废水相接触等过程。活性污泥法是目前国内应用最为广泛的好氧生物处理方法，其优点是投资和运行费用较低，操作管理较为简单，抗冲击能力强，但占地面积大、污泥量大，需要增加污泥处理设施等。

好氧生物膜法包括生物滤池法、生物转盘法、生物氧化塔法等，其主要特征是在设备或构筑物中设置生物聚集的载体。当废水流过载体时，其中的有机物将被微生物细胞表面所吸收，其代谢过程为好氧过程，因此要保证生物膜表面有好氧条件。好氧生物膜法占地面积小，无须剩余污泥处理，污水处理效果好，但操作管理较为严格，受冲击后难以恢复。

氧化塘又称稳定塘，是一种水深较浅，具有围堤和防渗层的废水处理塘。氧化塘中主要含有好氧、厌氧微生物和藻类。好氧微生物和藻类之间存在一种共生关系：藻类以阳光作为能源，以二氧化碳和胺作为食料而合成新细胞，并放出氧气供好氧微生物呼吸，好氧微生物通过水解和氧化作用将有机物转化为二氧化碳和中间产物胺。氧化塘投资少，管理简单，但占地面积大，一般利用现有水塘作为污水的最后一级处理。

厌氧生物处理的主要特点是可以在厌氧反应器中稳定地保持足够量的厌氧微生物菌体，使废水中的有机污染物降解为二氧化碳和甲烷。厌氧生物处理主要包括厌氧活性污泥法、厌氧滤池、上流式厌氧污泥层反应器、厌氧复合床及反应器等。

某油田采出水生物处理工艺流程如图 5-19 所示。

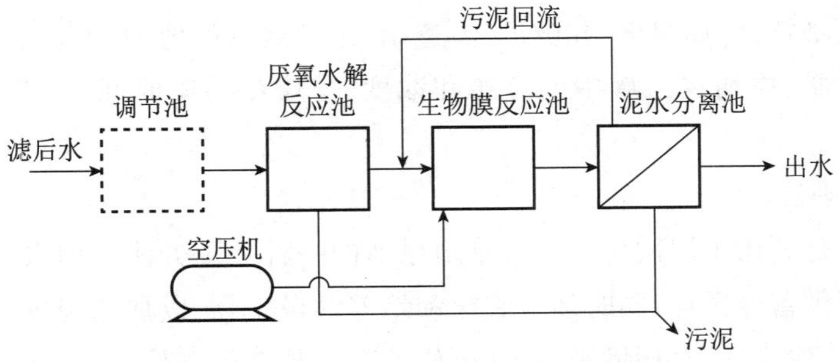

图 5-19　某油田采出水生物处理工艺流程

(6) 萃取法。

萃取法是利用液体中各组分在溶剂(即萃取剂)中溶解度的差异分离液体混合物的方法。根据相似相溶原理，选择一种合适的有机溶剂作萃取剂，再与油田采出水充分混合，发生相间传质后，就可将油从水中萃取到萃取剂中；之后萃取相(油和萃取剂组成的混合物)与萃余相(水相)因密度差而彼此分层，从而净化了含油污水。为了回收油及循环使用萃取剂，还需对萃取剂和油进行蒸馏分离。萃取法的主要优点是除油效率高，可以实现油回收，不产生含油污泥和浮渣等二次污染。萃取法处理采出水工艺流程如图 5-20 所示。

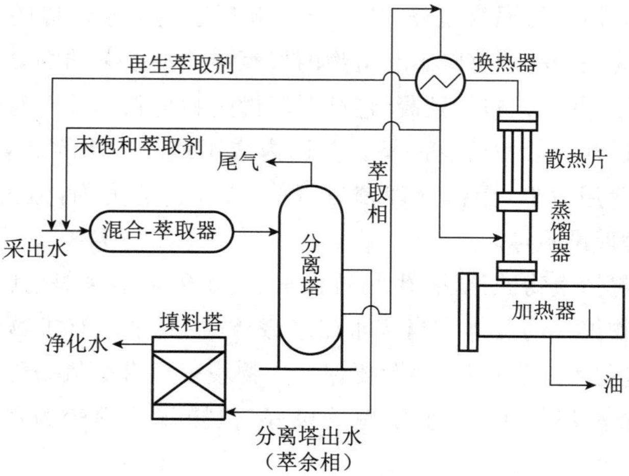

图 5-20　萃取法处理采出水工艺流程图

2. 落地原油控制

落地原油的常规处理措施主要有物理化学方法和微生物处理技术。例如，对落地原油用热碱水溶液清洗-气浮分离的处理方法，可使含稠油 12.5％的含油土壤的油去除率达到 92.5％～93.5％，土壤中残留油含量降至 0.9％～1.0％，该方法能源消耗和碱剂费用很低，且可以回收洗脱出来的原油。原油污染土壤的微生物处理技术由于生产费用低、不产生二次污染而被视为一项具有广阔发展前景的高新技术，但该技术的一个突出缺点是烃类污染物的微生物降解速度缓慢，治理过程延续时间较长。影响微生物处理效果的因素较多，主要有：土壤特性，如温度、孔隙度、渗透率；污染地点的地理、地质和气象条件；原油的种类和化学性质、原油在土壤中的分布和浓度、土壤受污染时间；土著微生物的种类；等等。

（1）原位处理法。

原位处理法是利用土壤微生物降解落地原油的一种处理方法。用水泵或压缩空气保持氧气供应和提供营养循环，同时加入驯化和培养的微生物，以加速降解处理。该方法的优点是方法简单、费用低，对环境影响小（原位处理只是一种自然过程的强化，其最终产物是二氧化碳和脂肪酸，不会造成二次污染），但存在工程强化措施少和处理时间长的缺点。

（2）挖掘堆放处理法。

挖掘堆放处理法是将落地原油从被污染的土壤中挖掘出来，运送到一个经过各种工程准备的地点堆放处理，再将处理后的土壤运回原地。在土壤受污染之初，采用该方法可以有效地限制污染物的扩散和迁移，减少污染物的污染范围，但在运输过程中可能会造成污染物暴露。

（3）反应器处理法。

反应器处理法是将落地原油挖掘起来，与水混合后置于生物反应装置内，再接种微生物进行处理，将处理后的土壤与水分离后运回原地。该方法以水相为处理介质，原油、微生物、溶解氧和营养物的传质速度快，而且各种环境条件便于控制，处理污染物速度快，但该方法工程复杂，处理费用高。

3. 采油废气控制

从油气出井口便采用密闭输送流程，尽可能降低井口油气挥发损失。

4. 采油噪声控制

在作业过程中，从声源、传递途径和接受者三要素控制出发加强声环境保护，如采用均衡操作、减少无效操作、在井场周围建设一定宽度的绿化林带等措施减少或降低噪声。

5. 抽油机井巡回检查在环境保护方面应注意的问题

(1) 检查井口油压、套压、回压是否正常，采油树各闸门、流程管线有无油气渗漏；
(2) 检查盘根盒松紧程度，光杆是否带油；
(3) 听出油声音，有无挂、碰泵声音；
(4) 听抽油机中轴、尾轴、曲柄销、变速箱及各要害部位有无异常声音；
(5) 检查抽油机基础有无振动，有无不稳定噪声产生；
(6) 检查减速箱机油面，看有无渗漏油现象；
(7) 听电动机声音是否正常，有无噪声；
(8) 如果是稠油、掺水流程生产井，还要检查掺水流程有无渗漏等。

6. 新井交接时环境保护检查验收的内容

(1) 有关的环境保护资料收集。这包括环境保护措施计划完成情况、防污染措施实施情况、环境影响评价，以及钻井时的污染事故、存在问题等报告书和环境保护交接书等。

(2) 现场环境保护实施情况。这包括井场周围有无废弃钻井液、落地原油、水等污染物；防污染措施实施情况；泥浆池中污染物是否距地表面 50 cm 以下；临时营地复耕情况，是否遗留有生活、生产垃圾；井筒及油层有无钻井液污染，以及污染情况如何等。

7. 采油过程中环境影响控制举例

(1) 注水管线穿孔时如何处理？

注水管线穿孔跑水时，一开始水流量很大，水温较高，因此要及时组织维修人员立即切断漏点上下游切断阀，选择适当位置开挖储水池，并采取防渗措施防止污染的扩大。用泵抽出水池中的污水，并用罐车拉至污水站进行集中处理，同时找出漏点，采用楔堵的方法止住穿孔，然后进行补焊或更换管线。

（2）油水井表层套管穿孔会产生什么污染？应怎么治理？

油水井表层套管穿孔时，油、气、水会从穿孔处进入地层浅层，污染浅层地下水，天长日久后会对周围的人、畜、作物造成一定的危害。发现油水井表层套管穿孔时，应及时注水泥堵漏、用封隔器卡漏、更换表层套管或进行套管补贴堵漏。

（3）注水井作业前放溢流时有哪些环境保护要求？

注水井长期注水后，会使井底周围地层压力和井筒压力较高。针对注水井的施工作业，要放溢流后才能进行作业；否则压力较高，施工时会发生井喷，或因溢流太大而无法作业。放出的溢流是近期或前阶段的注入水，它含有相当数量的污油、悬浮杂质、溶解离子等污染物，若随地排放，会对周围水体、土壤造成污染。放溢流时，必须放进有防渗措施的水池中，禁止随地排放，并及时回收处理，避免外排污染周围水体、土壤环境。

（4）化学调剖时的污染问题与控制措施。

注水井化学调剖是指为调整注水井的吸水剖面，改善水驱效果而向高渗透吸水层段注入化学堵剂，堵剂在地层中凝固、膨胀后堵塞地层中的孔道，降低地层渗透率，从而迫使注入水进入差层驱油。目前，常用的化学堵剂有复合离子共聚物堵剂、高强度非选择性堵剂、高温抗盐堵剂、高效无机颗粒堵剂、油基超细水泥堵剂等。

化学调剖产生的污染有堵剂污染，搅拌机、电动机和泵产生的噪声污染等。污染控制措施主要有：

① 调兑堵剂要在防渗配液池、罐中进行；

② 连接好管线后先试压，防止管线泄漏；

③ 施工完毕，将剩余堵剂彻底回收。

（5）抽汲井、单拉井应注意的环境保护事项。

抽汲井、单拉井产出的油、气、水应直接、全部进封闭储油罐或罐车。采油树、连接管线、闸阀应无跑、冒、刺、滴、渗、漏。罐车收拉时，应避免油泥、污水散落地面，污染环境，同时还应防止井喷。

（6）使用化学防蜡剂时应注意的环境保护事项。

化学防蜡剂如果散落在油区土壤、水体中，会对土壤、水体环境造成污染。无论是用套管点滴加药，还是在井口用光杆泵加药，都应按有关加药技术操作规程进行。加药前要放空、放净，以免将防蜡剂冲散到地面，造成污染；加药时，注意观察药罐有无渗漏，如果有，则应立即停加；加完后，要在回收处理点放净罐内残存药液，注意不能使化学防蜡剂随处散落。

（7）油井出砂时在环境保护方面会产生什么问题？应怎样处理？

油井出砂时，在环境保护方面会产生三方面的问题：

① 导致采油设备噪声增大，抽油机负荷增加，电动机声音不正常。

② 引发油气泄漏，污染环境，如取样闸阀关不严，油气计量仪表、闸阀等处砂卡，出现油气泄漏故障，污染周围环境。

③ 增多固体污染物，如油砂、含油污泥的产生量增大，化验分析油样中含砂粒，分离器、储油罐、沉降罐中油砂、污泥量增大。

油井出砂时的主要处理措施如下：

① 应进行化学固砂或用机械工具(气砂锚、滤砂管、防砂泵等)防砂；

② 一旦井筒沉砂，砂埋油层，需要对油井进行冲砂作业施工，并将沉砂中的原油回收利用，进行资源化、无害化处理。

思考题

(1) 采油方法主要有哪些？

(2) 自喷采油主要由哪几个步骤组成？

(3) 注水的作用是什么？为什么需要分层注水？

(4) 什么是水力压裂？水力压裂增产的原理是什么？什么是酸化？酸化和压裂能否同时进行？

(5) 什么是热力采油法？热力开采的蒸汽吞吐、蒸汽驱有何不同？

(6) 采油过程中的主要环境问题有哪些？

(7) 采油废水的特点有哪些？采油废水中的污染物种类有哪些？采油废水主要的治理方法有哪些？

第六章

油气集输与环境保护

第一节　油气集输系统的组成

油气集输和储运是指石油和天然气的收集、储存与运输，包括矿场油气集输及处理、油气的长距离运输、各转运站的储存与装卸以及终点分配油库(或者配气站)的营销等。

油气集输是油田建设中的主要生产环节，在油田生产中起着主导作用，使油田生产平稳，保持原油开采及销售之间的平衡，并使原油、天然气、液化石油气和天然汽油等产品的质量合格。采用的油气集输工艺流程、确定的工程建设规模及总体布局将对油田的可靠生产、建设水平和生产效益起着关键性的作用。本节重点介绍油气集输及处理工艺方面的内容。

一、油气集输任务与内容

1. 油气集输的任务

油气集输的任务是把分布在油田各井口处未经处理的石油和天然气的混合物用一定的方法收集起来，经初级的油、气、水三相分离后，分别计量出油井的油、气、水日产量，然后经集油管线合并混输进入集油站(或联合站)。在集油站(或联合站)，经过进一步的油、气、水三相分离和原油脱水净化后，再经加压和加热输送到油库(或外输用户)。

2. 油气集输的主要内容

(1) 分井计量：测出单井产物中原油、天然气、采出水的产量，作为监测油藏开发动态的依据之一。

(2) 集油、集气:将分井计量后的油、气、水混合物汇集并送到油、气、水分离站场,或将含水原油、天然气汇集并分别送到原油脱水及天然气集气站场。

(3) 油、气、水分离:将油、气、水混合物在一定的压力条件下,经几次分离成液体和不同压力等级、不同组分的天然气;将液体分离成含水原油及游离水。必要时分离出固体杂质,以便进一步处理。

(4) 原油脱水:将乳化原油破乳、沉降、分离,使原油含水量符合外送原油标准。

(5) 原油稳定:将原油中的易挥发组分脱出,与原油分离,降低储存温度下原油蒸气压的过程。

(6) 原油储存:将原油储存在常压油罐中,保持原油生产与销售的平衡。

(7) 天然气脱水:脱除天然气中的饱和水,使其在管道输送或冷却处理时不生成水合物,对含 CO_2 及 H_2S 的天然气可减缓对管道及容器的腐蚀。

(8) 轻油回收:脱除天然气中的烃液(液化气、轻油等),使其在管线输送时烃液不被析出,或专门回收天然气中的烃液后再进一步分离成单一或混合组分作为产品。

(9) 烃液储存:将液化气、轻油分别储存在压力容器中,保持烃液生产与销售平衡。

(10) 输油、输气:将原油、天然气、液化石油气、轻油经计量后,用管道配送给用户。

(11) 水处理:油气开采过程中伴生大量的水,一般称为采出水(oilfield produced water)。经初步油、水、气分离后,污水还必须经过进一步处理以满足环境排放或者生产回注的相关要求。

二、油气集输工艺过程

油气集输工艺流程包括对原油、天然气等混合物进行收集、传输、分离、计量、净化、稳定等相关处理,直至生产合格油气产品的全部工艺过程,如图 6-1 所示。

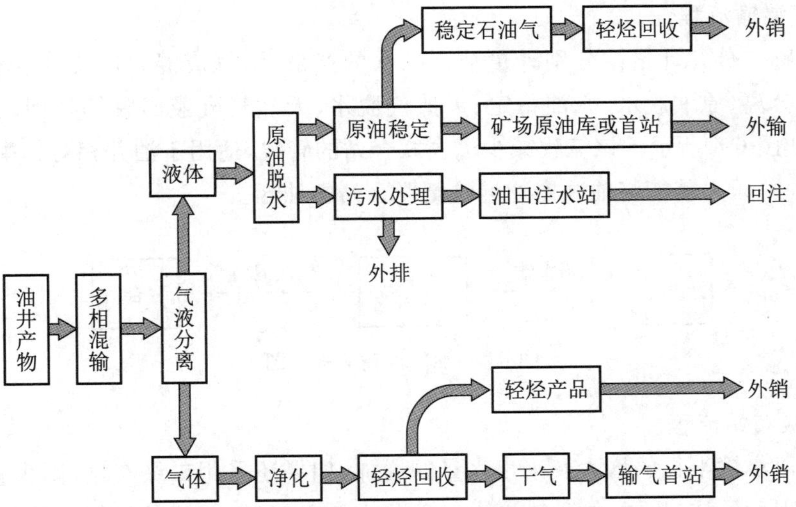

图 6-1 矿场油气集输总体流程框图

1. **集输布站**

根据各区块的实际原油性质、油区范围，采用不同的原油集输布站方式，主要分为三种布站方式：一级半(或一级)布站、二级布站、三级布站。

(1) 一级半(或一级)布站流程。

一级半(或一级)布站的技术流程可看作由“井口－计量站－联合站”的二级布站简化而来，即在各个计量站的位置只设计量阀门(包括几十口井或一个油区)，共用一套计量装置，如图 6-2 所示。该流程多适用于离联合站较近的油井。

图 6-2　一级半(或一级)布站流程框图

(2) 二级布站流程。

① 油气分输流程。

原油经出油管线到分井计量站，经气液分离后，分别对单井油、气和水的产量进行测量，经油气分离器分离后的油气分别输送至联合站，如图 6-3 所示。该流程适用于气油比大、井口压力不高的油田。

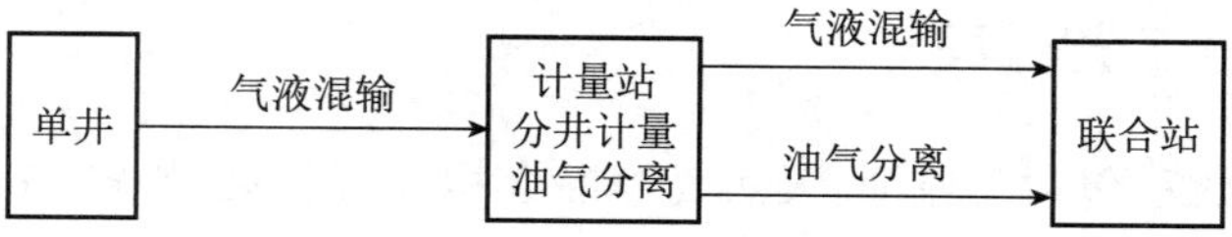

图 6-3　油气分输流程框图

② 油气混输流程。

油井产物在分井计量站分别计量油、气、水的产量后，气液混合经集油管线进入联合站进行油气分离、原油脱水、原油稳定、天然气脱水、天然气凝液回收等处理，得到合格的油气产品，如图 6-4 所示。该流程减少了去联合站的管线，适用于油井相对集中、离联合站不太远、靠油井压力就能将油井产物混输至联合站的油区。

图 6-4　油气混输流程框图

(3) 三级布站流程。

随着油田集输半径的增大及采出水量的增加，如果还采用二级布站，则大量的采出水需要返输处理后回注，投资、管理难度大。部分小油田产量低，油品较好，单独为其建设原油稳定、轻烃回收装置不经济。因此，可在二级布站的基础上增设中间过渡站，即转油站

（用于油气加压、加温、初步沉降分离、脱水沉砂等，将原油及天然气输送到联合站进一步处理），称为三级布站流程，如图 6-5 所示。该流程多用于离联合站较远、靠油井压力不能将油井产物混输至联合站的油区。

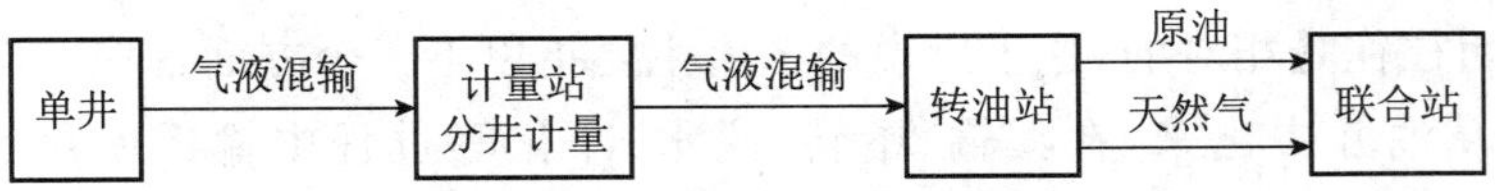

图 6-5　三级布站流程框图

2. 集输工艺流程

油气集输工艺流程根据原油物性、集输半径主要分为单管集输流程、双管集输流程等。

（1）单管集输流程。

单管集输流程主要包括井口加热单管集输流程、井口不加热单管集输流程等。

① 井口加热单管集输流程。

每口井采用单一管线将油气混输集中到计量站内，计量站布置在多口井的适当位置处。单井来的油气先经过水套加热炉加热，然后进计量站分别对油、气进行计量，完成计量后的油气再次混合，经集油管线出站。

② 井口不加热单管集输流程。

相比井口加热单管集输流程，井口不加热单管集输流程取消了井口加热炉及计量站、集输管线上的加热炉，使井口的油气产物靠自身温度保持较好的流动性能，集中到联合站后进行处理。该流程适用于凝点低于集输管线埋深土壤温度时的轻质原油（具有较好的流动性），以及生产气油比大于 30 m^3/t、单井产量较高、井口出油温度较高的中质原油。

（2）双管集输流程。

双管集输流程主要采用集油和掺液两条管线将油井产出的油气从井口输送到油气集中处理站或转油站。根据所掺入的介质不同可分为双管掺稀油流程和双管掺液流程等，掺液的目的是降低原油黏度、润滑管壁，减小摩擦阻力，从而有利于集输。

3. 密闭集输

密闭集输是指原油从油井中出来，经过收集、中转、分离、脱水、原油稳定、暂时储存，一直到外输计量的各个过程都与大气隔绝的集输流程。

根据油田油气集输工艺的密闭程度，可分为开式集输流程、密闭集输流程两种。

（1）开式集输流程：部分过程不与大气隔绝。这种流程运行管理的自动化水平要求不高，参数容易调节，但油气蒸发损耗大，能耗大，而且存在一定的安全和环境隐患，现在已经基本不再采用。

(2) 密闭集输流程:油气集输全密闭流程,主要包括密闭集输、密闭处理、密闭储存及轻油和污油回收。这种流程减少了油气蒸发损耗,降低了能耗,但由于整个系统处于全密闭状态,局部出现参数波动,将会影响整个系统,因此对运行管理的自动化水平有较高的要求。

当然,密闭往往是相对的,这里所说的密闭主要指以下三个方面:

(1) 原油从油井中出来,在集输、中转、脱水、净化等过程中输送所用的都是密闭的管道。

(2) 原油从油井中出来,在净化处理和储存过程中使用的都是耐压容器,即在正常情况下油气是不能与外界相互流通的。

(3) 原油要经过稳定处理,天然气要脱除轻质油和水,并且将轻质油和污水回收。在生产过程中排放的污油、污水、天然气等全部回收处理。

达到以上三方面要求后,就可以说基本实现了密闭集输。

密闭集输流程和开式集输流程相比,具有以下几个方面的优点:

(1) 原油在集输过程中损耗低,产品质量高,可减少对大气的污染;

(2) 结构简单,可减少原油和水的接触时间,提高脱水质量并降低脱水成本;

(3) 可减少加热炉和锅炉的热负荷,提高整个油气集输系统的热效率;

(4) 有利于提高自动化程度,提高管理水平;

(5) 工艺流程简单、紧凑,投资少。

4. 油井计量

油井计量是油田开发生产的重要基础工作,准确计量油井的产量对于掌握油田的生产动态、科学制订和实施油田开发调整方案、检验各种油田开发措施的效果、实现油田生产经营绩效的量化考核具有重要意义。目前,我国各油田采用油井计量的主要目的是测出单井产物中原油、天然气、采出水的产量,为监测油藏开发动态提供依据。油井计量的主要方式如图 6-6 所示。目前油井计量技术已从开发初期油气比高、含水低时采用的玻璃管液位量油发展到两相分离仪表计量、三相分离仪表计量、在线不分离多相流量计量等多种方式,如图 6-7 所示。

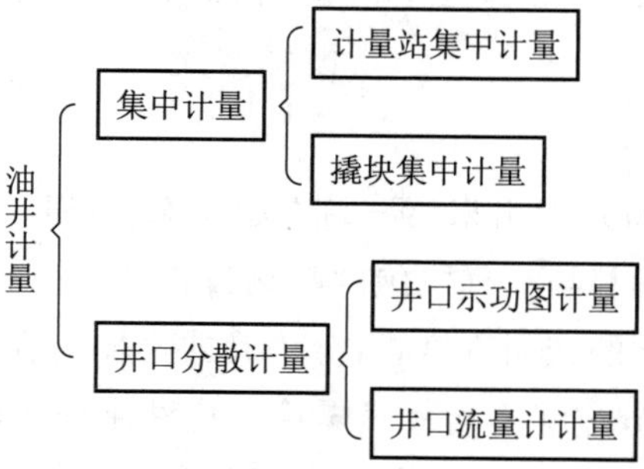

图 6-6 油井计量方式分类示意图

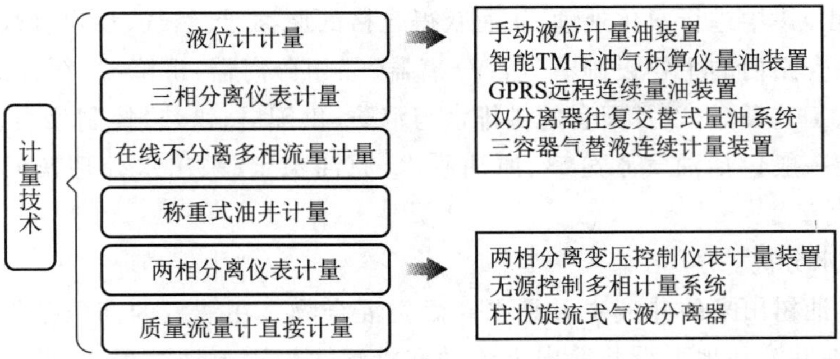

图 6-7 计量技术示意图

5. 计量站

计量站的主要任务是对油井单井产出液(油、气、水)进行计量和传输，主要设施有计量分离器、阀门、流量计、加热器等。距离远的计量站配套有降回压泵，稠油油田计量站还配套有提升泵。

6. 增压站

增压站的主要任务是对各油井或各计量站来液(油、气、水)进行加热、增压输送至转油站或联合站，主要设施有气液分离器、增压泵、加热炉、流量计、工艺阀门及配套系统等。增压站工艺流程如图 6-8 所示。

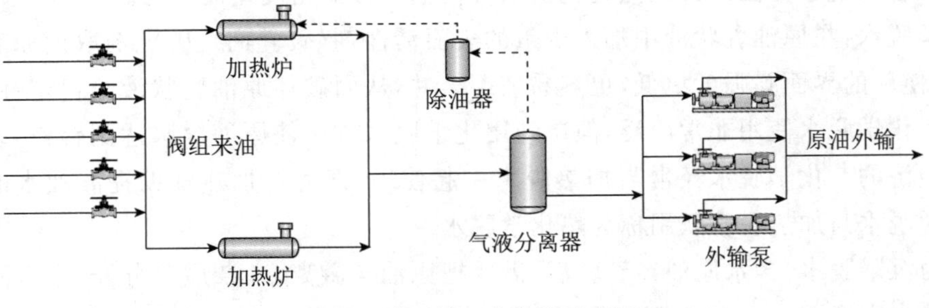

图 6-8 增压站工艺流程示意图

7. 转油站

转油站的主要任务是针对各计量站或串接集输干线来液(油、气、水)进行分离、缓冲、加热、加压输送至集中处理站或联合站，主要设施有气液分离器、缓冲罐、提升泵、加热炉、流量计、工艺阀门，以及配套的供排水与消防、供配电、供热、控制仪表、通信系统等。

8. 联合站

联合站，又称集中处理站，是油田地面集输系统中很重要的组成部分，主要针对油井产物(油、气、水)集中进行净化处理,从而获得合格的原油、天然气、稳定轻烃、液化石油气和回注水。联合站内的主要设施有气液分离器、三相分离器、沉降罐、缓冲罐、加热炉、提升泵、流量计、工艺阀门,以及配套的供排水与消防、供配电、供热、控制仪表、通信系统等。联合站的功能一般包括油气水分离、原油脱水、原油稳定、采出水处理及回注、天然气处理、轻烃回收等。

(1) 油气水分离。

从井口采油树出来的井液主要是水和烃类混合物。在油藏的高压条件下,天然气溶解在原油中,在井液从地下沿井筒向上流动和沿集输管道流动过程中,随着压力的降低,溶解在液相中的气体不断析出,形成气液混合物。为了满足产品计量、处理、储存、运输和使用的需要,必须将它们分开,这就是油气水分离。

油气水在分离器内进行分离。分离器按形状分为卧式和立式两种,按功能分为气液两相分离器和油气水三相分离器两种,按分离方式分为离心式和过滤式两种。

(2) 原油脱水。

原油脱水是指将乳化原油破乳、沉降、分离,使原油含水量符合外送原油标准。

全国各油田绝大部分开发井采用注水开发方式开采石油。从油井产出的油气混合物内含有大量的采出水和泥砂等,世界上所产原油的90%以上需进行脱水。

对原油进行脱水、脱盐、脱除泥砂等机械杂质,使之成为合格商品原油的过程,国内常称原油脱水。原油允许含水量与原油密度有关,密度大、脱水难度高的原油允许含水量略高。

原油脱水常用的方法有化学脱水、重力沉降脱水、电脱水、加热脱水、机械脱水、离心脱水等。各种脱水方法的共同点是创造条件使油水依靠密度差而分层。

化学脱水:在原油乳状液中加入少量的表面活性剂(破乳剂),破乳剂取代原有的油水界面膜,使新的界面膜强度更低,更容易破裂合并,从而破坏原油乳状液的稳定性,加速油水分离。化学脱水使用非常广泛,但单纯用化学脱水方法使原油含水达到合格,多数情况下是不经济的。化学脱水经常与加热脱水一起使用,即通过加热辅助提高油水的分离效果。化学脱水与加热脱水联用称为热化学脱水。

重力沉降脱水:含水原油经破乳后,需要把原油与游离水、杂质等分开,在沉降罐中主要依靠油水密度差产生的下部水层的清洗作用和上部原油中水滴的沉降作用使油水分离,此过程在油田常被称作一段脱水。此过程需要较长的沉降时间,经常与热化学脱水联用,所使用的设施一般称为沉降罐或沉降除油罐。

电脱水:将原油乳状液置于高压直流或交流电场中,电场对水滴的作用削弱了水滴界面膜的强度,促使水滴碰撞,合并成粒径较大的水滴,在原油中沉降分离出来。水滴在电场中有三种聚结方式:电泳聚结、偶极聚结、振荡聚结。为了提升电脱水的效果,现场通常会将电脱水与化学脱水联用,称为电化学脱水。

加热脱水:通过额外加热,提高油水混合物的温度,加速乳状液破乳和油水分离。加热脱水对应的能耗较高,多应用于采出液温度较低或采出液中含有稠油、黏度较高等的情形。

机械脱水：利用聚结介质亲水憎油并提供很大表面积的性质，促使水滴聚结沉降。

离心脱水：利用离心场内离心加速度大于重力加速度，促进水滴沉降和油水分层。

目前，油田多采用二段脱水（热化学脱水及电化学脱水）达到脱水合格。一段脱水到原油含水量30%左右，二段脱水可达到要求的含水量0.5%以下。

(3) 原油稳定。

使净化原油中的溶解天然气组分汽化，与原油分离，较彻底地脱除原油中蒸气压高的溶解天然气组分，降低储存温度下原油蒸气压的过程称为原油稳定。

原油稳定通常是原油矿场加工的最后工序，经稳定后的原油成为合格的商品原油。采用有稳定装置的全密闭流程可使油气蒸发损耗由1.5%～2%降低为0.29%～0.5%。若流程不密闭，则即使原油稳定装置运行良好，油田油气损耗率仍可高达1.3%。

原油稳定的方法：根据蒸馏原理，可采用闪蒸法和分馏法脱除原油中的轻组分使其稳定。另外，多级分离也是一种原油稳定的方法，多级分离实质上是利用若干次减压闪蒸使原油达到一定程度的稳定。

原油稳定方法的选择原则是：在满足商品原油质量要求的前提下，使油气田获得最高经济效益。当原油中 C_1～C_4 的质量分数低于0.5%时，一般不需要进行稳定处理；当原油中 C_1～C_4 的质量分数低于2.5%且无须加热进行原油稳定时，宜采用负压闪蒸；当原油中 C_1～C_4 的质量分数高于2.5%时，可采用正压闪蒸，有废热可利用时也可以采用分馏稳定。

(4) 采出水处理及回注。

采出水是油层中采出的含水原油经过脱水后得到的。对采出水进行处理和回注，一方面可以将其作为油田注水稳定的供水水源，节约清水；另一方面可以减少外排造成的环境污染。

(5) 天然气处理。

天然气处理是指从井口到输气管网的全部过程，一般经过采气管线、井场分离、集气管线、净化处理、轻烃回收、输气管网等过程。伴生气除含有烃类外，一般还含有水蒸气及相当数量的 H_2S 和 CO_2 等酸性气体，因此要对天然气进行净化处理，脱除水蒸气、H_2S 和 CO_2 等有害气体。天然气脱水方法主要有冷冻法、固体吸收法、液体吸收法等。天然气脱硫常用方法有醇氨溶液吸收法和环丁砜脱硫法。

(6) 轻烃回收。

这里的轻烃也称天然气凝液，有时亦称液烃。轻烃回收是指将天然气中相对甲烷或乙烷更重的组分以液态形式回收的过程。回收天然气中的轻烃有两个主要目的：一是控制天然气中烃露点以达到商品天然气质量指标，防止管路中出现气液两相流；二是从天然气中回收的轻烃可作为燃料和化工原料，带来更大的经济效益和社会效益。

轻烃回收主要采用冷凝分离法，即利用原料气中各烃类组分冷凝温度的不同，将原料气冷却到一定温度后将沸点高的烃类冷凝分离出来，并经过轻烃精馏分离成合格产品的方法。该方法的根本特点是需要提供较低温位的冷量使原料气降温，具有工艺流程简单、轻烃回收率高等优点，在轻烃回收技术中处于主流地位。

第二节　石油及其产品运输、储存方式

一、运输方式

目前，油气输送方式主要有管道运输、公路运输、铁路运输、水路运输四种，各有其适用对象及应用场合。

1. 管道运输

（1）油气管道的分类。

按管输介质不同，油气管道可以分为输油管道、输气管道、油气混输管道等，其中输油管道按用途不同又可分为原油管道与成品油管道。按输送距离和经营方式不同，油气管道可分为两大类：一类是输送距离较短的、企业内部经营的管道；一类是输送距离较长的、独立经营的管道，这种管道一般管径大、运输距离长，有各种辅助配套工程。

（2）管道运输的特点。

管道运输是原油和成品油最主要的运输方式，与公路运输、铁路运输、水路运输相比，具有以下优点：① 运量大；② 占地少；③ 安全可靠、连续性强；④ 耗能少、成本低、效益好；⑤ 劳动生产率高；⑥ 运输损耗少，无"三废"排放，有利于生态环境保护。管道运输的不足主要在于不如其他运输方式（如公路运输）灵活。

2. 公路运输

公路运输是采用油罐汽车或桶装货运汽车运输石油及其产品的方式，其中油罐汽车是散装油品的专用工具。最早的油罐汽车是1865年美国发明的，次年便用于原油的运输。这种运输方式由于油罐要根据季节变化进行预热加温处理，所以费用较高。由于汽车运载油品的载量有限，且运输耗能高，既不经济，又不安全可靠，所以一般在输油管网未到的地区或用户才使用此类运输工具，目前主要用于末端的成品油配送运输。

油罐汽车的构造形同普通卡车，但车架上装有扁形油箱，油箱中设有数片隔板用来防止行车振荡。板下方开有小孔，罐身稍向车头倾斜，可以将油箱内的油品全部抽干。油罐汽车自身设有泵和管线，由汽车发动机带动，可以将外面的油料抽入自身油箱，也可以将自身油箱的存油泵出。装载黏度较大的原油的油罐汽车的油箱内还设有蒸汽加热管线，可以在必要时连通供应站的蒸汽源，进行加热，以利于泵油。油罐汽车装载量一般为5～15 t，装卸油品时可利用本身的泵线输送，较为方便，但应重视静电作用，以防火灾。静电避电一般是在车架连接一根铜线垂于地下，与地面中和，使车体不带任何正负电荷。

公路运输具有周转快、机动灵活的特点，适用于短线、小批量产品以及近距离无铁路、无水路运输条件地区的石油运输。

3. 铁路运输

用油罐火车运载油品最早也出现于美国，它一般适用于中远距离的油品运输，成本不到汽车运输的1/10。油罐火车按其装载油品的性质可分为轻油罐车和黏油罐车两类，其构造分为罐体、车架及油罐附件三部分。由于铁路沿线的山洞、桥梁和空气阻力的关系，油罐一律采用卧式，又由于内部应力和耐压的关系，多采用圆筒式。同时，为减少内部的振荡作用，油罐内均设有数片隔板，各隔板底部有孔相通；上端设有安全排气设施和人孔、量油孔等，其容量现在多采用60 m^3 级。

油罐火车装卸油品时需要十分重视静电的作用。虽然火车置于铁轨之上，但铁轨下设有枕木，不能看作良好的导体，因此其本身所带电荷应在油品装卸前中和掉，以免引起意外。其方法是：在装卸油品以前，将油罐与地面用地线接通，使油罐火车所携带的静电荷立即中和。

与公路运输相比，铁路运输经济、降耗、节能，运输量大，但其操作程序要求严格；而与管道运输相比，铁路运输存在装卸环节多、油料耗损大、污染环境、双向占用铁路运力、铁路部门计划限制性强、运输效率低、成本高等缺点。

4. 水路运输

水路运输主要是利用油轮将油品输送到目的地，按航行区域可分为远洋运输、近洋运输、沿海运输和内河运输。水路运输具有运量大、油品损耗少、能耗和成本低、劳动生产率高等特点。最早的水路运输是将油桶或油箱装在船上进行，直到1880年英国李德曼在货船上装载固定油柜，才被看作现代油轮的开始。油轮是石油输入、输出国家的主要输油工具，但也受到限制，因为油轮到达的地区必须有船舶能进出的优良港口、可供停泊的码头和具有卸油及安全设施等条件。早期油轮吨位较小，近代油轮吨位增大，这也是造船技术进步的必然结果，另外还可降低单位吨数的运输费用。油轮的巨型化虽然有利，但引起许多问题，尤其是装卸油港所面临的问题最大，因为一般港口设施受天然环境的影响，很难因油轮的发展而扩大到足以容纳巨型油轮的停靠和装卸，只能通过发展外海装卸设备来弥补这一缺点。

油轮的结构与普通货轮大同小异，但因为油轮是专供运输液态货物且具有可燃性，所以货舱和装卸设施均有不同。在船中央的主油舱两侧设有翼舱，其目的是减少行船中的油料冲溅，使船身平稳；主油舱两侧设有紧密相通的夏季舱，当主油舱油品因过热引起体积膨胀或装载过多时，可将部分油料移往夏季舱，使主油舱保持合适的满溢程度，从而减少航行时主油舱中油料的冲溅。另外，油轮上还设有泵房、油管系统、蒸汽加热管、通气设备和洗舱设备等辅助设施，以保证油轮装载工作的顺利进行。

二、储存方式

1. 油　库

凡是用于接收、储存和发放原油或石油产品的企业和单位都称为油库。它是协调原油生产、原油加工、成品油供应及运输的纽带，对于促进国民经济发展、保障人民生活、确保国防安全都有特别重要的意义。

油库的功能包括：油田用于积聚和中转原油；油料销售部门用于供应消费流通领域；企业用于保证生产；储备部门用于战略或市场储备。

(1) 油库的分类。

① 按油库的管理体制和经营性质分类。

可分为独立油库和企业附属油库两大类(图 6-9)，其中独立油库是指专门从事接收、储存和发放油料的独立经营的企业和单位。企业附属油库是工业、交通或其他企业为满足本部门的需要而设置的油库。

- 油库
  - 独立油库
    - 民用(商业)油库
      - 储备油库
      - 中转油库
      - 分配(零售)油库
    - 军用油库
      - 储备油库
      - 供应油库
      - 野战油库
  - 企业附属油库
    - 油田原油库
    - 炼油厂(石油化工厂)原油、半成品或成品油库
    - 机场及港口油库
    - 农机站油库
    - 其他工业企业(如发电厂、钢铁厂、机务段)附属油库

图 6-9　油库分类示意图

② 按主要储油方式分类。

可分为地面(或称地上)油库、隐蔽油库、山洞油库、水封洞库等。

地面油库的储油罐和其他设施均设置在地面上，与其他类型的油库相比，建设投资少、周期短，是中转、分配、企业附属油库的主要建库形式，也是目前数量最多的油库。

隐蔽油库是将储油罐部分或全部埋于地下，上面覆土作为伪装，在空中和库外均不能直接看到储油设施。山洞油库则是将储油罐建在人工开挖或自然的山洞内。隐蔽油库和山洞油库由于储油罐上有覆土或在山洞内，储存油料温度几乎不受大气温度变化的影响，油料呼吸蒸发损耗少，对环境污染小。与地面油库相比，它们投资大，建设周期长，操作灵活性差，对

库内通风要求高。隐蔽油库和山洞油库多用于储备油库或军用油库。某些机场油库、港口油库和内燃机务段油库也采用这种方式,其目的是确保非常时期油料的供应。

水封洞库是将储油罐建在地下水位稳定的岩体内,以人工洞直接作为储油罐用。水封洞库以山洞直接储存油料,省钢材,建设费用低于山洞油库,且隐蔽性好,防护能力强,呼吸损耗少,对环境污染小。但它需要特定的地质条件,技术要求高,目前只在沿海地区有少量水封洞库。

另外,油库还可以按照运输方式分为水运油库、陆运油库和水陆联运油库,按照经营油品类型分为原油库、润滑油库、成品油库等。

2. 石油及石油产品的常用储油罐

从前面的地面油库组成来看,原油和成品油主要储存在各种储油罐中。储油罐是油田联合站和石油加工企业储存各类油品最常用的设备。常用的储油罐有以下类型:

(1) 立式储油罐。

立式储油罐指立式圆柱形钢制焊接储油罐,是一种应用范围最广的储油罐,它的承压能力很低,属于常压储油罐。目前应用广泛的立式储油罐主要有拱顶罐、外浮顶罐、内浮顶罐。这三种储油罐的罐基础、罐底和罐壁大体相同,区别主要在于罐顶及其附件。

① 拱顶罐。

拱顶罐指罐顶为球冠状、罐体为圆柱形的一种钢制容器,主要用于储存低蒸气压油料。拱顶罐制造简单、造价低廉,所以在国内外许多行业应用广泛,常用的容积为 1 000～10 000 m^3,较大的容积可达到 30 000 m^3。

拱顶罐罐底由钢板拼装而成,罐底中部的钢板为中幅板,周边的钢板为边缘板。边缘板可采用条形板,也可采用弓形板。一般情况下,储油罐内径<16.5 m 时,宜采用条形边缘板;储油罐内径≥16.5 m 时,宜采用弓形边缘板。

拱顶罐罐壁由多圈钢板组对焊接而成,分为套筒式和直线式。套筒式罐壁板环向焊缝采用搭接形式,纵向焊缝采用对接形式,拱顶罐多采用此形式,优点是便于各圈壁板组对,采用倒装法施工比较安全。直线式罐壁板环向焊缝采用对接形式,优点是罐壁整体自上而下直径相同,特别适用于内浮顶罐,但组对安装要求较高、难度较大。

拱顶罐罐顶由多块扇形板组对焊接而成,罐顶内侧采用扁钢制成加强筋,各个扇形板之间采用搭接焊缝,整个罐顶与罐壁板上部的角钢圈(或称锁口)焊接成一体。

② 外浮顶罐。

外浮顶罐是一种敞口容器,严格来说,它没有顶。所谓浮顶,实质上是一个覆盖在油面上,可以随油面上下浮动的浮盘及其周边密封装置的组合体。外浮顶随着储液水平上升或下降。相对于无浮顶的固定顶罐来说,外浮顶罐没有蒸发的空间。原则上,这就消除了“大呼吸损失”。

外浮顶罐壳体与外浮顶浮盘之间存在 100～500 mm 的间隙以保证运行过程中不会卡

盘，同时使用边缘密封系统以减少边缘蒸发。

多数情况下，在外浮顶上设有中央排水系统以保证雨雪天积水可以顺利排出，避免沉盘事故。

我国自1985年首次从日本引进100 000 m^3外浮顶罐以来，大型外浮顶罐的建造步伐逐年加快，尤其是进入21世纪以来，我国大型外浮顶罐的数量和单罐容积明显增加，目前我国最大的地上外浮顶罐容积已达到150 000 m^3。

③ 内浮顶罐。

内浮顶罐是装有浮盘的拱顶罐，它兼有拱顶罐防雨、防尘和外浮顶罐降低蒸发损耗的优点，因而在炼油厂中多用于储存航空汽油、车用汽油、溶剂油等品质要求较高的易挥发油品。

在结构上，它不同于拱顶罐的特点是在罐壁顶部开设了若干罐壁通气孔。这是为了保证浮盘上部空间有一定的换气次数，以防油气聚积到爆炸下限以上而设置的。罐壁通气孔等间距地设置在罐壁顶圈上，且相邻通气孔的间距不大于10 m，总数不得少于4个。罐壁通气孔的开孔总面积按每米油罐直径不少于0.06 m^2确定。罐壁开孔为长方形，距罐顶包边角钢约700 mm，开孔处设有罩板防雨。

在结构上，它不同于外浮顶罐的特点是：因为有拱顶，所以一般不需要设置抗风圈和加强圈。为了适应原拱顶罐改装成内浮顶罐的要求，内浮顶罐浮盘常采用组装式铝合金浮盘。

(2) 卧式储油罐。

卧式储油罐简称卧式罐，呈圆柱形，其特点是容积小，一般小于400 m^3，但实际应用中一般不超过120 m^3，常用容积是50 m^3或更小；承压能力可以在很宽范围内变化，低者仅为0.01 MPa，高者可达4 MPa，适宜在各种工艺条件下工作；便于工厂成批制造，生产效率高，制造成本较低；便于运输、搬迁，机动性强；可中、低压密闭储存，减少蒸发损失。因此，卧式罐在炼油厂中广泛用于储存液化气、丙烯等低沸点产品和化工原料，以及用作生产过程中的工艺罐。它的优点是构造简单，便于移动及容易架高，能利用其位能自流灌注油桶、油罐火车和油罐汽车。但卧式罐单位容积的钢材耗量较大，储存一定数量油品时所需的罐数量多，占地面积大，因而在炼油厂中不宜用作大宗油品的储罐，一般用作品牌多而产量少的油品储罐。

(3) 球罐。

球罐为大容积、承压的球形储存容器，广泛应用于石油、化工、冶金等行业中，它可以用作液化石油气、液化天然气、液氨及其他介质的储存容器，也可用作压缩气体(空气、氧气、氮气、氢气、城市煤气)的储罐。

球罐与立式圆柱形储罐相比，在相同容积和相同压力下，球罐的表面积最小，故所需钢材面积小；在相同直径情况下，球罐壁内应力最小，而且均匀，其承载能力比圆柱形储罐大一倍，故球罐的板厚只需相应圆柱形储罐壁板厚度的一半。

由上述特点可知，采用球罐，可大幅度减少钢材的消耗，一般可节省钢材30%～45%。

此外，球罐占地面积较小，基础工程量小，可节省土地面积，密封性能好，所储油料的蒸发损耗少。

我国制造球罐始于20世纪60年代初，随着国民经济的高速发展和改革开放的需要，球罐的制造技术得到了飞速发展。目前国内可独立制造不同规格和用途的球罐，其最大容积已超过10 000 m^3，最大压力超过3 MPa，最低设计温度在−30 ℃以下。

球罐的形状有圆球形和椭球形两种，绝大多数为单层球壳。低温低压下储存液化气体时则采用双重球壳，两层球壳间填以绝热材料。应用最广泛的为单层圆球形球罐。球壳由多块压制成球面的球瓣以橘瓣式分瓣法、足球式分瓣法或足球橘瓣混合式分瓣法组焊而成。球罐的支撑结构最常见的为赤道正切式，其次为对称式、裙座式、半埋地式和盆式。椭球形球罐通常用于常温下储存饱和蒸气压比大气压稍高、挥发性强的液态烃（如汽油等），操作压力为0.12～0.3 MPa，容积一般在500～6 000 m^3范围内。更大容积时，应采用复式椭球形球罐。

储油罐在建造时，除了罐主体以外，还应带有通风设施、量油口、液面指示设施、油温测量设施、油料加热设施、放水管、人孔等附件。

第三节　油气集输过程环境影响及控制

一、油气集输污染物产生与治理

油气集输过程中的产污环节主要是联合站运行过程中产生的废水、废气和工业固体废物，以及石油、中间产品和石油产品在储存过程中产生的挥发性有机物（VOCs）排放等，如图6-10所示。

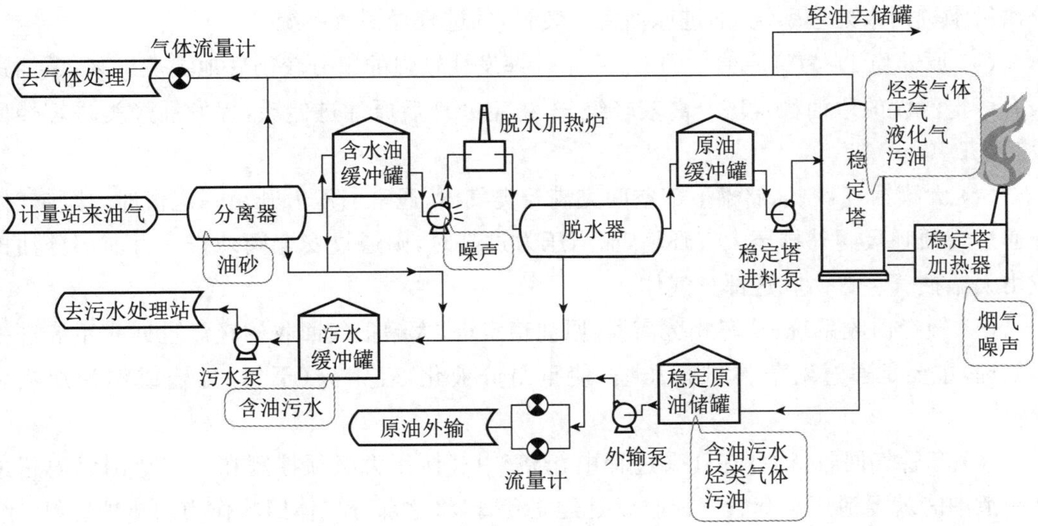

图6-10　联合站密闭集输流程及污染物产生节点

1. 废水治理

主要废水污染源是原油脱水脱出的含油污水，油气分离器及分离罐排出的含砂、含油污水，原油稳定过程中三相分离器及真空罐和冷凝液储罐排水，计量站、联合站、脱水站、油水泵区、油罐区、装卸油站台、原油稳定和轻烃回收及集输流程管线、设备和地面冲洗等排放的含油、含有机溶剂污水。这些污水中主要含有石油类、破乳剂、SS(总悬浮物)和其他一些表面活性剂等。

油气集输和储运产生的大量污水中含有一定量的原油和其他有害成分，若不及时处理、利用而任意排放，则不但给人们的生产和生活带来危害，也浪费了大量的资源。目前，这部分含油污水经净化处理后，一般用于油田注水，这样大大提高了水的利用效率，既减轻了污水对周围环境的影响，又在一定程度上保护了地下水资源，达到环境保护的目的；同时，可回收一定量的原油，既可节约资源，又可获得一定的经济效益。用于回注的废水处理方式与第五章第四节介绍的采油废水处理过程相似。

2. 废气治理

联合站和油气集输过程中的废气源类型多样，其中最重要的是采油(气)、油气集输过程中挥发的烃类和天然气净化厂尾气，这些废气的排放具有石油天然气开发行业的特点，处理设施比较完备，而烃类气体一般采用密闭集输、原油稳定、轻烃回收的方法处理。

为了回收资源、保护环境，减少烃类气体排放的主要工艺技术措施有：

(1) 将原开式流程改为密闭流程：采用有自吸能力输送混气原油的泵(如螺杆泵)，以使分离器中的原油可直接进泵，不需要在常压罐中进行脱气。

(2) 密闭油、水、气分离：输送或集油站的原油采用三相分离器进行油、水、气的分离，分离后水进污水处理系统，油进原油稳定装置，气进轻烃回收系统。

(3) 原油稳定：为将原油中的 $C_1 \sim C_4$ 等挥发性较强的组分较彻底地提炼出来，原油进入有一定温度的原油稳定塔分离较轻组分，稳定处理后原油进储罐，挥发性烃类进轻烃回收系统。

(4) 大罐抽气：原油储罐上部空间充满烃类气体，通常当压力升至一定值时，这些气体会通过罐顶呼吸阀外排至大气环境，而当压力过高时，则通过安全阀外排。目前部分油田应用大罐抽气装置回收这部分气体。

(5) 轻烃回收系统：从三相分离器、原油稳定塔、大罐抽气回收的轻烃进回收系统进一步处理，主要是通过对气体进行压缩，使重组分液化，轻组分(干气)外输或作为加热炉燃料。

(6) 套管气回收：油井在开采过程中，套管中气体压力必须控制在一定范围以内超过这一范围时就要泄压。套管气回收就是建立套管，将这部分气体回收作为加热炉燃料。

采用密闭流程、轻烃回收工艺处理后，原油损耗率可降至 0.7%以下，经济效益显著。

3. 油泥、油砂固体废物治理

来自中转站、联合站、污水处理站的储油罐、沉降罐、污水罐、隔油池的底泥，含油污水处理设施、轻烃加工装置、天然气净化装置等清除出来的油泥、油砂的主要成分是油、泥砂和水，含水量可高达99%以上，且充分乳化，难以沉降。随着油田进入"三高"(高含水、高采出程度、高采油速度)开采期，采出液量成倍增加，油泥、油砂的产生量激增，开发油泥、油砂无害化处理、处置措施已变得非常紧迫。目前油泥、油砂常用的处理方式主要有掺烧焚烧法、分离法、生物降解法、回注法、掩埋法、堆放法等，其中比较成熟的治理工艺为掺烧焚烧法、分离法。

(1) 掺烧焚烧法。

掺烧焚烧法是将油泥、油砂通过专用特种焚烧炉，根据来砂情况的不同，在炉内实现油泥、油砂独立流化燃烧或水煤浆(煤)掺烧，在回收利用油泥砂中石油类物质热量的同时实现对油泥、油砂的无害化、减量化处理。此方法实现了油泥、油砂综合利用的目的，但存在建设投资大、运行成本高等制约因素。

(2) 分离法。

分离法又称洗砂法，是将油泥、油砂收集至集砂池，并向集砂池内冲水搅拌，将砂水混合液由洗砂泵提升至洗砂器进行清洗，清洗后的砂子进入沉砂斗进行沉降脱水，溢流液体流回集砂池。沉砂斗内的砂定期装车外运，而溢流液体经污水泵进回液。当洗砂器砂包中的砂积累到指定位置时，由电动排砂阀自动排放；污油池安装高低液位检测设备，污水泵自动起停；沉砂斗安装砂位检测设备，当砂积累到指定位置时自动报警。经洗砂、清砂后的砂子可以同步综合利用，可被制成花砖等建材。采用此种处理方式，可实现油泥、油砂的无害化处理，并有效提高资源的综合利用率。

4. 噪声治理

主要噪声源是计量站、联合站、压气站等开启的泵机、电动机、压缩机等所产生的机械噪声和加热炉、蒸汽锅炉火嘴的燃烧噪声。

噪声治理一方面要选用低噪声设备，并做好减振措施，从源头降低噪声级；另一方面通过合理布局，加装隔声装置，通过隔声、距离衰减来消减噪声级，尽量减少噪声对站内职工和周边环境的影响。

二、油气集输过程污染控制

1. 长输管道输送过程环境影响分析与保护

(1) 环境影响源分析。

长输管道的环境影响主要在建设期，对其建设路由及周边的生态环境可能带来环境影响。当长输管道建设完成并投入使用后，正常情况下对环境影响很小。

(2) 环境保护措施。

在各种油品的运输过程中，会有各种各样的环境影响，而且油品运输的方式不同，涉及的环境影响和保护措施也不相同。就管道运输而言，特别是长距离管道，合理的路由选择是做好管道工程环保工作的基础所在。

路由选择是管道输油的第一道程序，应在满足国家法律法规和项目要求的前提下，根据沿线城市、工矿企业、电力、交通、水利的建设现状与发展规划，并结合沿途地区地形地貌、水文地质等自然条件，以及建成后巡检、使用维护是否便利等多方面因素综合论证确定管线路由，应尽量避开水源地、自然保护区、生态脆弱区等敏感地带。

在管道施工中，管沟开挖过程中的削坡、挖方、填方，弃土、弃渣堆放等会造成植被的破坏和地表土损坏，破坏土壤的原有结构，造成土壤板结、土壤沙化、贫瘠化、干旱化等土壤退化现象。管道工程的线型结构特点会导致沿线各类景观生态系统的破碎化和割裂化。

因此，要增强工程技术措施，加强水土保持生态恢复工作，如表土、植被的有效恢复等。

以下为典型地带的生态防护措施：

① 农田复耕。

管线所经之地，除场站外，基本上都是临时租用土地，管道下沟后按设计要求进行回填，对田埂、水渠进行恢复，经过验收，实现复耕。

② 施工道路。

在平原区，交通条件较好，施工道路一般都不用保留，而且在修建施工道路时不存在开挖和弃渣，只是施工临时占用，施工结束后进行复耕。对于需保留的伴行路要进行整治和绿化。

③ 荒地绿化和迹地恢复。

主要采取种草、移植草皮和植树的方案进行绿化，施工迹地必须清除剩余建筑材料，翻松迹地，种草、植树。

对于长输管道的正常运行期，重点是要做好日常维护与检测，预防油品泄漏、火灾爆炸等突发性环境事件的发生。

2. 车辆船舶运输环境影响分析与保护

(1) 环境影响源分析。

就车辆船舶运输而言，环境污染源主要是装卸过程中烃类的无组织挥发，特别是轻质油品的装卸过程。

(2) 环境保护措施。

可采用密闭装车和设置油气回收装置，对挥发的烃类进行回收利用。密闭装车有使用密闭加油鹤管和罐底装车两种类型。油气回收是在油品罐装集中的地点设置油气回收装置，将挥发的油气恢复成液态，重新送入储罐的过程，具体方法包括吸附法、吸收法、冷凝法以及各种方法的组合技术等。

吸附法是利用活性炭、硅胶或活性纤维等吸附剂对挥发的油气进行吸附，油气组分吸附在吸附剂表面，然后经过减压（真空）脱附或蒸汽脱附，富集的油气用真空泵抽吸到油罐或用其他方法液化回收的方法。

吸收法是根据混合油气中各组分在吸收剂中的溶解度不同来实现油气和空气分离的，一般采用油气与从吸收塔顶淋喷的吸收剂进行逆流接触，吸收剂对烃类组分进行选择性吸收。

冷凝法是利用烃类物质在不同温度下的蒸气压差异，通过降温使油气中一些烃类的蒸气压达到过饱和状态，过饱和蒸气冷凝成液态而回收油气的方法。

3. 储存过程环境影响分析与保护

(1) 环境影响源分析。

废气：储罐储存区产生工艺废气排放是不可避免的。主要产生过程是罐区的“大小呼吸”损耗。储罐“小呼吸”损耗是指因环境温差变化而使油品蒸发损耗。储罐中静止储存的油品在白天受太阳热辐射使油温升高，引起上部空间气体膨胀和油面蒸发加剧，罐内压力随之升高，当压力达到呼吸阀允许值时，油蒸气就逸出罐外造成损耗。储罐“大呼吸”损耗是由油罐进行收发作业所造成的。当油罐进油时，由于罐内液体体积增加，罐内气体压力增加，当压力增至呼吸阀压力极限时，呼吸阀自动开启排气。

不同类型的油罐“大小呼吸”损耗差别较大，为减少油气损耗，节约资源，保护环境，一定要选择损耗小的油罐储存油品。具体排放量可根据油罐类型、周转次数等因素并参考生态环境部推荐的《石化行业 VOCs 污染源排查工作指南》及《石化企业泄漏检测与修复工作指南》进行计算。

对于油库区油罐，时间长了则需要清罐作业，会产生一定的含油废水及油泥、油砂。产生量根据作业方式不同会有不同。在大型油库区，现在比较先进的作业方式能够控制产生很少的废油，或基本不产生不受控的废油、废水污染。另外，外浮顶的原油罐上部初期雨水会含有一定的油类，需要收集处理。油罐区平常基本不产生废水。

(2) 环境保护措施。

控制储罐废气排放的措施主要包括以下几个方面：

(1) 在储罐选择上：

① 储存真实蒸气压≥76.6 kPa 的挥发性有机液体时应采用压力储罐。

② 储存真实蒸气压≥5.2 kPa 但<27.6 kPa 的设计容积≥150 m^3的挥发性有机液体储罐，以及储存真实蒸气压≥27.6 kPa 但<76.6 kPa 的设计容积≥75 m^3的挥发性有机液体储罐应符合下列规定之一：

a. 采用内浮顶罐，内浮顶罐的浮盘与罐壁之间应采用液体镶嵌式、机械式鞋形、双封式等高效密封方式。

b. 采用外浮顶罐，外浮顶罐的浮盘与罐壁之间应采用双封式密封，且初级密封采用液体镶嵌式、机械式鞋形等高效密封方式。

c.采用固定顶罐，应安装密闭排气系统至有机废气回收或处理装置，其大气污染物排放应符合相关标准的要求。

③ 浮顶罐浮盘上的开口、缝隙密封设施，以及浮盘与罐壁之间的密封设施在工作状态下应密闭。若检测到密封设施不能密闭，在不关闭工艺单元的条件下，在 15 d 内进行维修技术上不可行，则可以延迟维修，但不应晚于最近一个停工期。

(2) 加强罐区管理，定期进行维护检修，确保罐体无腐蚀、无渗漏、阀门控制灵活、罐顶密封性好等。

思考题

(1) 油气集输的基本任务是什么？

(2) 油、气、水初步分离的原理是什么？

(3) 原油稳定的目的是什么？天然气处理的目的是什么？

(4) 石油及其产品的主要运输方式有哪些？

(5) 油气集输过程中有哪些污染源？相应的治理措施有哪些？

第七章

石油加工与环境保护

第一节 石油加工的发展

石油必须经过一系列的加工过程，才能转化成为具有多种用途、日常生活中必需的各类产品。将石油加工为汽油、煤油、柴油、润滑油、石蜡、沥青、石油焦等各种石油产品和化工原料的方法和过程称为石油炼制或石油加工。

一、石油加工发展简史

石油炼制工业的建立大约可追溯到19世纪末。1823年，俄国杜比宁兄弟建立了世界上第一座釜式蒸馏炼油厂。至19世纪末，在全世界范围内建立了多个炼油厂或炼油装置，大都采用釜式间歇或连续蒸馏，生产的产品主要是照明用的煤油产品。随着汽车发动机问世，汽油、柴油很快取代灯用煤油的地位，成为主要的石油产品，但仅仅通过原油蒸馏的方法生产汽油等产品已远远不能满足市场需要，于是开始出现了把大分子烃类裂化成小分子烃类的试验。1913年，美国伯顿液相裂化工艺首先实现了工业化，通过热裂解获得更多的汽油；1930年，美国建成延迟焦化装置，将重质油生产成轻质油品和石油焦。20世纪30年代末和40年代初，为了增产汽油和提高辛烷值，炼油业由热加工转向催化加工。法国胡德利发明了固定床催化裂化工艺，并于1936年实现了工业化，之后又相继出现了流化床催化裂化（1942年）和移动床催化裂化装置（1943年），掀起了催化裂化装置的建设高潮。到了20世纪五六十年代，为了获得质量更好、辛烷值更好的汽油产品，出现了催化重整工艺技术。催化重整装置副产大量氢气，同时促进了加氢技术的发展，使汽油、柴油、润滑油加氢精制装置以及加氢裂化装置相继建成投产。

中国的炼油工业起步较迟，虽然在1907年就建立了陕西石油官矿局炼油房，率先使用单独釜生产灯用煤油，但直到1949年，全国仅有几个小规模的炼油厂。新中国成立后，1958年建立了我国第一座现代化的处理量为100×10^4 t/a的炼油厂——兰州炼油化工总厂。伴随着我国各大油田的不断发现和世界炼油技术的不断发展，我国的炼油企业逐渐建立，炼油技术也逐步提高。1965 年，我国自行设计制造的第一套流化催化裂化装置和第一套催化重整装置分别在抚顺石油二厂和在大庆炼油厂建成。1979 年，茂名石化引进的加氢裂化装置投产。2008 年，我国第一个单套装置加工能力 1 000×10^4 t/a 的青岛大炼油工程顺利投产运行。

为了顺应不断发展的时代要求，石油加工规模不断加大、操作条件不断优化、高效节能设备不断涌现、加工深度不断加深。近年来，碳达峰、碳中和已成为世界各国经济社会发展的重要目标，使得石油加工过程加快向低碳转型。

二、石油加工的构成

石油加工指的是从原油中提炼出各种燃料（汽油、煤油、柴油）、润滑油、石油焦及其他产品，或为后续其他产品提供基本原料的过程。若按照阶段来划分，则石油加工主要可以分为一次加工、二次加工和三次加工过程。

一次加工指的是原油蒸馏，通过蒸馏过程，将原油分割成具有不同沸点范围的馏分，一般认为属于物理变化过程。

二次加工是对一次加工所得的产物进一步利用热、催化、裂解、精制等手段进行再加工，从而得到具有商品价值的汽油、煤油、柴油、液化石油气（LPG）、轻石脑油、石油焦等产品的过程，一般认为属于化学变化过程。

三次加工则是利用一次或二次加工得到部分产品，如轻石脑油、液化石油气等制取基本有机化工原料的过程；“三烯”（乙烯、丙烯、丁二烯）的制备，以及在“三烯”制备基础上延伸的产业链，包括聚乙烯、聚丙烯、合成橡胶、乙二醇、环氧乙烷、双酚 A、合成纤维等石化产品的生产过程。

本章重点介绍一次和二次加工过程。

第二节　原油一次加工过程

原油主要是由不同沸点、大大小小的烃类物质组成的混合物。原油本身没有固定的沸点，一般沸点范围可以从常温至 800 ℃。当原油被加热时，不同烃类根据沸点高低不同被依次蒸发出来，从而得到一系列具有不同沸点范围的产物，这就是原油蒸馏的基本原理，这些产物被称为馏分。

原油蒸馏是实现原油到产品的第一步，几乎所有石油加工企业的第一个加工环节都是原油蒸馏，完成这一过程的装置被称为常减压蒸馏装置。在常减压蒸馏装置中，经过常压蒸馏、减压蒸馏，将原油分割成直馏汽油、直馏柴油、蜡油、渣油等下游催化裂化、延迟焦化、催化重整等二次加工装置的原料，这一过程被称为一次加工过程，也被称为原油的初次加工过程或“龙头”。常减压蒸馏装置的原油加工处理量即原油的一次加工能力，代表了企业的原油加工规模。

一、常减压蒸馏工艺

常减压蒸馏工艺过程主要由原油脱水脱盐、常压蒸馏、减压蒸馏三部分组成。

1. 原油脱盐脱水

原油在采油厂联合站虽然已进行了初步脱盐脱水，但进入炼油厂的原油仍含有少量的盐和水分，盐类除小部分呈结晶状悬浮在原油中外，大部分溶于水中。水分大都以微粒状分散在油中，形成较稳定的油包水型乳状液，不仅不能满足石油加工的要求，也会对加工过程、设备及产品质量等产生显著影响，主要表现在：

(1) 增加加工设备(如机泵、蒸馏塔、加热炉、冷换设备等)的负荷，增加动力、热能和冷却水等的消耗。

(2) 影响原油蒸馏的平稳操作。含水过多的原油在水加热汽化后体积会急剧增加，造成蒸馏塔内压降增加，气速过大，导致操作过程波动，严重时还会引起塔内超压和冲塔等操作事故；原油中的盐类在换热器和加热炉管壁上形成结垢，降低传热效率，增大流动阻力，严重时导致管路堵塞，造成事故。

(3) 腐蚀设备，缩短开工周期。$CaCl_2$ 和 $MgCl_2$ 能水解生成具有强腐蚀性的 HCl，特别是在低温设备部分存在水分时，可形成盐酸，腐蚀更为严重；在加工含硫特别是高硫原油时，会产生硫化氢而腐蚀设备，其生成的硫化亚铁附于金属表面形成一层保护膜，保护下层金属不再被腐蚀，但是如果同时存在 HCl，其会与硫化亚铁反应，破坏保护膜，从而极大地加剧设备的腐蚀。

(4) 影响二次加工过程。盐类中的金属进入重馏分油或渣油中，会毒害催化剂，影响二次加工原料的质量及产品的质量。例如，石油焦的灰分增多、沥青的延度降低等。因此，在进入炼油厂以后，必须将其带来的盐和水分进一步清除，使它们的含量控制在一定范围内(随着重油深加工技术的发展，对原油脱水脱盐后含盐量提出了更高要求。目前一般要求脱盐脱水后原油的含盐量不大于 3 mg/L，含水量不大于 0.2%，脱盐排水的含油量不大于 200 mg/L。有些企业还要求常压蒸馏部分塔顶冷凝水中氯离子的含量小于 20 mg/L)，才能进行后续加工。

电脱盐罐是原油脱盐脱水的重要设备，一般选用卧式罐，直径为 3～4 m，长度为 20～30 m，大直径的电脱盐罐对干扰的敏感性小，操作较稳定，有利于脱盐脱水。原油的脱盐脱水在电脱盐罐中进行，原油二级脱盐脱水流程如图 7-1 所示。

原油自油罐抽出与破乳剂、洗涤水按比例混合，经换热使原油达到一定温度，送入一级电脱盐罐进行第一次脱盐脱水。在一级电脱盐罐内，在破乳剂和高压电场的共同作用下，乳化液被破坏，小水滴聚结成大水滴，通过沉降分离，排出污水(主要是溶解在其中的盐，还有少量的油)。一级电脱盐罐的脱盐率为 90%～95%。第一次脱盐脱水后原油再与破乳剂及洗涤水混合后送入二级电脱盐罐进行第二次脱盐脱水。通常二级电脱盐罐排水含盐量不高，可将它回注到一级混合阀前，这样既可节省用水，又可减少含盐污水的排出量。

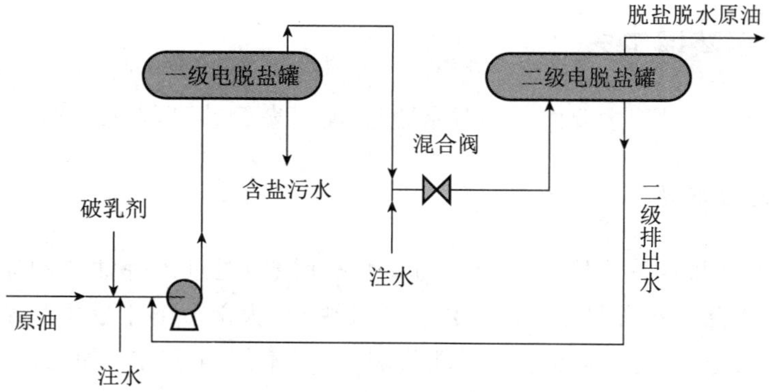

图 7-1　原油二级脱盐脱水流程示意图

2. 原油蒸馏

原油蒸馏是根据组成石油的各种烃类化合物沸点的不同，利用换热器、加热炉和蒸馏塔等设备，把原油加热后在蒸馏塔中进行多次部分汽化和部分冷凝，使气液两相进行反复充分的物质交换和热交换，从而达到将原油分离成不同沸程的汽油、煤油、柴油、润滑油馏分或各种二次加工原料及渣油的加工过程。现代化的原油蒸馏装置一般同时采用常压蒸馏和减压蒸馏，故称为常减压蒸馏。

在常压下进行的蒸馏称为常压蒸馏。原油在常压蒸馏的条件下，只能够得到各种轻质馏分，而各种高沸点馏分，如裂化原料和润滑油馏分等都存在于常压塔底重油之中。要想从重油中分出这些馏分，在常压条件下必须将重油加热到较高温度。但是，由于这些馏分中所含的大分子烃类在 450 ℃左右就可发生较严重的热裂解反应，生成较多的烯烃使馏出油品变质，同时伴随有缩合反应生成焦炭，影响正常生产，因此，要把那些沸点较高的烃类分馏出来，需要采取减压蒸馏的方法。减压蒸馏一般是在温度控制在 420 ℃以下、压力低于 100 kPa 的负压状态下进行的蒸馏过程，可以把沸程为 400～550 ℃的馏分蒸馏出来。这部分馏分常用于制造各种各样润滑油的原料。原油中有的馏分沸点很高，即使在减压蒸馏塔抽成高度真空的条件下，仍会有许多重组分不能汽化，成为减压塔底产物馏出，称为减压渣油，可以进一步加工制取高黏度润滑油、沥青或作为焦化原料等。

二、常减压蒸馏装置污染源分析

1. 废　水

(1) 电脱盐废水。

原油电脱盐过程产生的废水主要由原油自身携带水和为了溶解原油中无机盐类的注入水组成。由于电脱盐废水与原油直接接触，混入的污染物较多，会导致废水中的石油类含量和 COD 较高。

(2) 塔顶油水分离器含硫废水。

常压塔顶、减压塔顶产物经冷凝后分别进入各自的油水分离器，油水分离后排水。这部分水由塔底注汽、汽提塔蒸汽、塔顶注水、注缓蚀剂含水等组成。由于油水分离器排水与油品直接接触，其中硫化物含量、COD 均较高。

(3) 机泵冷却水。

机泵冷却水是常减压蒸馏装置的含油废水，主要由冷却泵体用水和泵端面密封冷却水两部分组成。

2. 废　气

(1) 加热炉烟气。

原油进入常压塔之前和常压渣油进入减压塔之前，通常使用加热炉将其加热至指定温度。加热炉所用燃料燃烧会产生加热炉烟气，排放的污染物与加热炉工艺条件和使用的燃料种类密切相关。

(2) 无组织排放废气。

无组织排放废气主要是从常减压蒸馏装置使用的阀门、法兰、管件、密封等部位泄漏的有机气体。

常减压蒸馏装置污染源工艺流程如图 7-2 所示。

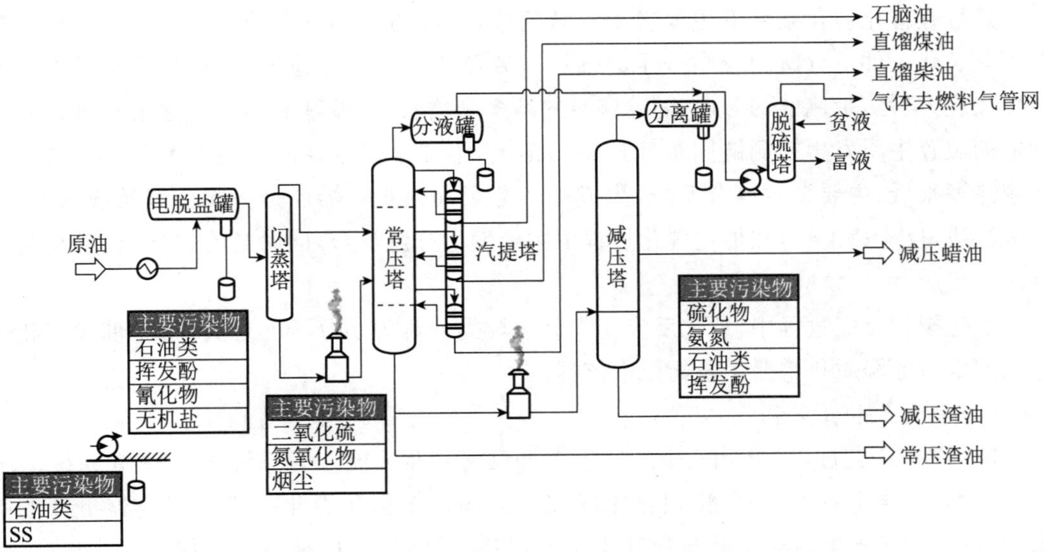

图 7-2　常减压蒸馏装置污染源工艺流程示意图

第三节　典型二次加工过程

石油加工的根本目的是提高原油的加工深度，得到更多的轻质油产品，增加产品的品种，提高产品的质量。而原油经过一次加工（常减压蒸馏）后只能得到10%～40%的汽油、煤油及柴油等轻质产品，其余的是重质馏分和残渣油，而且这些轻质油品的质量也不高，如直馏汽油的辛烷值一般只有40～60，达不到商业产品的要求。

原油的二次加工过程是对原油一次加工所得的各种产物利用催化和热加工等方法进行再次加工，得到价值更高、质量更好的各类产品的过程。

一、催化裂化

催化裂化是在催化剂作用和500 ℃左右温度下，使重质馏分油进行裂化反应，转化成气体、汽油、柴油等轻质油品的过程。

催化裂化的原料一般是减压馏分油（减压蜡油）和焦化馏分油等。催化裂化技术和催化剂的不断发展使原料来源进一步扩大，某些原油的部分或全部渣油也可作为催化裂化的原料。

根据原料、催化剂和操作条件的不同，催化裂化各产品的产率、组成和性质略有不同。一般气体产率为10%～20%，汽油产率为30%～50%，柴油产率不超过40%，焦炭产率为5%～7%，掺炼渣油时焦炭产率会更高些。

1. 反应原理与工艺

（1）催化裂化反应原理。

烷烃在催化裂化条件下主要发生分解反应，分解为较小分子的烯烃和烷烃。环烷烃在催化裂化条件下分解为较小分子的烯烃。芳烃的苯环十分稳定，在催化裂化条件下不发生反应，但是，带侧链的芳烃，随着侧链的增多和增长，脱烷基和断链的速度增加。它们断链的位置主要发生在侧链同苯环连接的键上，生成单环芳烃和烯烃。多环芳烃的裂化反应速度很低，主要发生缩合反应，生成稠环芳烃和焦炭。烯烃是一次分解反应的产物，其很活泼，反应速度快，在催化裂化过程中主要发生分解反应，同时还有异构化、芳构化和氢转移反应。

催化裂化反应过程中，裂化反应使大分子烃类分解为小分子的烃类，这是催化裂化工艺成为重质油轻质化重要手段的根本依据。

（2）催化裂化工艺概述

催化裂化工艺过程一般由三个部分组成，即反应-再生系统、分馏系统、吸收-稳定系统。

① 反应-再生系统：将催化裂化原料加热后输送至催化裂化提升管反应器下部的喷嘴，原料油蒸气雾化并喷入提升管反应器内，与高温催化剂接触并进行催化裂化反应，将重质油品转化为轻质油品。反应产物经旋风分离器分离出夹带的催化剂后送分馏塔进行下一步处理。反应后失活的积炭催化剂也被称为待生催化剂，由沉降器落入下面的汽提段，经汽提后通过待生斜管进入再生器进行烧焦再生，再生后的催化裂化催化剂返回提升管反应器循环使用。

② 分馏系统：由反应器来的油气反应产物由分馏塔底部进入，经底部的脱过热段后在

分馏段利用反应油气沸点不同，分割成塔顶富气及汽油，侧线轻柴油、重柴油和回炼油等中间产品以及塔底产品催化油浆。

③ 吸收-稳定系统：包括吸收塔、解吸塔、再吸收塔、稳定塔以及相应的冷换设备。

由分馏系统油气分离器出来的富气经气体压缩机升压后，冷却并分出凝缩油，压缩富气进入吸收塔底部，粗汽油和稳定汽油作为吸收剂由塔顶进入，吸收了 C_3 和 C_4（及部分 C_2）组分的富吸收油由塔底抽出经冷却后送至解吸塔顶部。吸收塔设有一个中段回流以维持塔内较低的温度。吸收塔顶出来的贫气中尚夹带少量汽油，经再吸收塔用轻柴油回收其中的汽油组分后成为干气送燃料气管网，吸收了汽油的轻柴油由再吸收塔底抽出并返回分馏塔。

富吸收油中含有的 C_2 组分不利于稳定塔的操作，解吸塔的作用是将富吸收油中的 C_2 组分解吸出来。从压缩富气中分出的凝缩油（C_3，C_4 和轻汽油组分）和富吸收油由顶部进入解吸塔。由于解吸是吸热过程，解吸塔操作温度比吸收塔高，塔底有再沸器供热。塔顶出来的解吸气中除含有 C_2 组分外，还有相当数量的 C_3 和 C_4 组分，经冷凝冷却后进入中间罐，重新平衡后气相混入压缩富气进吸收塔，液相混入凝缩油进解吸塔。解吸塔底部为脱乙烷汽油，该汽油中的 C_2 含量应严格控制，否则会影响稳定塔顶冷凝冷却器的工作效率，并且会由于需要排出不凝气而损失 C_3 和 C_4 组分。

稳定塔实际上是一个精馏塔，操作压力为 1.0～1.5 MPa。脱乙烷汽油由塔中部进入，塔底产品是蒸气压合格的稳定汽油，塔顶产品是液化气。为了控制稳定塔的操作压力，有时需要排出部分不凝气（气态烃），主要是 C_2 组分，还夹带有 C_3 和 C_4 组分。

液化气（C_3 和 C_4 组分）是重要的化工原料和民用燃料，提高液化气的回收率是催化裂化装置的重要任务。从国内生产装置的经验来看，提高 C_3 回收率的关键在于提高吸收效率，减少干气中的 C_3 含量，提高 C_4 回收率的关键在于提高稳定深度，减少汽油中的 C_4 含量。

除以上三大系统外，现代催化裂化装置（尤其是大型装置）大都设有烟气能量回收系统，其目的是最大限度地回收能量、降低能耗。常采用的手段有利用烟气轮机将高速烟气的动能转化为机械能；利用一氧化碳锅炉（对非完全再生装置）使烟气中 CO 燃烧以回收其化学能；利用余热锅炉（对完全再生装置）回收烟气的显热，用以产生蒸汽。采用这些措施后，全装置的能耗可大大降低。

2. 催化裂化装置污染源分析

(1) 废水。

① 含硫废水：主要指来自分馏塔、稳定塔顶分离器和回流罐分出的废水，由来自反应器、分馏塔、汽提塔供给的提升蒸汽、汽提蒸汽、防焦蒸汽等组成。这些废水由于与油气直接接触，里面含有硫化氢、氨、酚类等污染物质，是催化裂化装置的主要工艺废水。

② 余热锅炉汽包排放的污水：催化裂化装置能量回收过程主要依靠余热锅炉完成，余热锅炉需要消耗大量的除氧水，为了防止结垢，通常向其中加入相应药剂，在汽包中进行排污。汽包中对水的 pH 要求通常为 8.5～9.5，因此 pH 是汽包排污的主要废水指标。

③ 机泵冷却水：催化裂化装置含油废水，主要来自原料泵、油浆泵、回流泵端面冷却水等。由于催化裂化装置机泵较多且多为热油泵，很难采用无泄漏的磁力泵和屏蔽泵，因此冷却水中含油较多。

（2）废气。

① 催化再生烟气：主要来自再生单元燃烧待生催化剂上积炭过程中产生的烟气，可经四级或三级旋风分离器回收催化剂颗粒，再经余热锅炉回收能量，最后经烟气脱硫脱硝后排入大气，其主要污染物为 SO_2，NO_x 及烟尘等。

② 无组织排放废气：从催化裂化装置使用的阀门、法兰、管件、密封、压缩机等部位泄漏的有机气体。

（3）工业固体废物。

工业固体废物主要为装置排放的废催化裂化催化剂粉末。

催化裂化装置污染源工艺流程如图 7-3 所示。

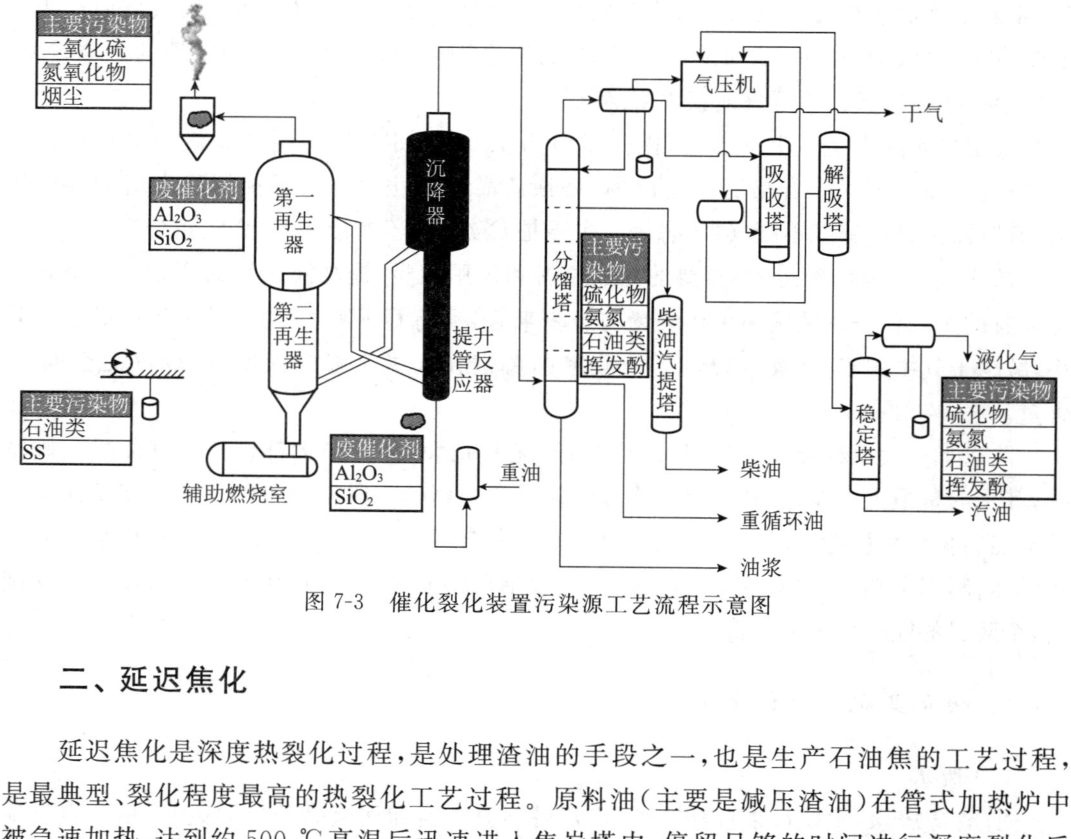

图 7-3 催化裂化装置污染源工艺流程示意图

二、延迟焦化

延迟焦化是深度热裂化过程，是处理渣油的手段之一，也是生产石油焦的工艺过程，是最典型、裂化程度最高的热裂化工艺过程。原料油（主要是减压渣油）在管式加热炉中被急速加热，达到约 500 ℃高温后迅速进入焦炭塔内，停留足够的时间进行深度裂化反应，使原料的生焦过程不在炉管内而延迟到塔内进行，这样可避免炉管内结焦，延长运转周期。

通过延迟焦化装置将重质油馏分经深度热裂化，一部分转化为焦化气体、汽油、柴油和蜡油，另一部分经热缩合反应生成工业上大量需求的石油焦。也正是由于这个原因，在现代石油加工过程中，当有些热加工过程逐渐被催化过程所代替时，延迟焦化过程仍然占有相当重要的地位。另外，焦化工艺过程简单，对设备要求不是很高，焦化技术不断改进，也是促进其继续发展的原因之一。

1. 反应原理与工艺

（1）延迟焦化反应原理。

① 烷烃：烷烃的热反应主要表现为 C—C 键和 C—H 键的断裂，随着反应深度的加深，产物中小分子烷烃含量增加，正构烷烃含量增加，异构烷烃含量减少，烯烃含量增加。

② 芳烃：带有侧链的芳烃先断侧链，断裂难易与侧链长短有关，侧链越长，越易断裂；侧链断开后的芳烃在一般条件下其芳环不会进一步断裂，热稳定性好，但是会与烯烃发生缩合反应，生成多环的稠环芳烃，直至生成焦炭。

③ 环烷烃：环烷烃的热稳定性介于烷烃和芳烃之间，它在高温条件下既可发生裂解反应，又可发生脱氢反应。裂解反应中，环烷烃一般先断侧链，侧链越长，越易断裂；多环开环易于单环开环，开环将生成烯烃及二烯烃。在环烷烃的脱氢反应中，也是多环易于单环，单环环烷烃脱氢必须在 600 ℃以上才能进行，而双环环烷烃脱氢在 500 ℃左右即可发生，生成环烯烃，进一步脱氢可生成芳烃。

烯烃：减压渣油馏分中几乎不含有烯烃，但是在延迟焦化热裂解反应作用下，反应产物中会生成大量的烯烃。在高温条件下，烯烃的热反应也包括裂解和缩合反应，两种反应交叉进行。

总体来说，延迟焦化装置原料油中的烃类在高温条件下发生的裂解反应和缩合反应呈现动态交替进行，裂解反应使得产物中烃类分子越来越小，而缩合反应生成分子越来越大的稠环芳烃，最终生成焦炭。

（2）延迟焦化工艺概述。

延迟焦化装置的生产工艺主要由焦化和除焦两部分组成。

焦化为连续式操作，除焦为交替间断式操作，通常装置设有两个或四个焦炭塔。在操作时，由于焦化的原料非常容易结焦，所以在通过加热炉时必须快速升温，在炉管内快速通过，否则就会在炉管中结焦而堵塞炉管。因此，可利用加热炉迅速将原料油加热到 480～500 ℃并快速通过炉管，进入焦炭塔中，加热后的油品推迟到焦炭塔中完成结焦过程。反应生成的油气馏分从焦炭塔塔顶引出后，进一步分馏出焦化气体、焦化汽油、焦化柴油、焦化蜡油的产品物流，气体经压缩后，与粗汽油一起送去吸收-稳定系统，经分离得到干气、液化气和稳定汽油。焦化汽油和焦化柴油中不饱和烃含量高，而且含硫、含氮等非烃类化合物的含量也高，因此它们的安定性很差，必须经过加氢等精制过程后才能作为发动机燃料的调和组分。焦化蜡油主要作为加氢裂化或催化裂化的原料，有时也可用于调和燃料油。当生成的焦炭在焦炭塔中结焦高度达到塔高的 2/3 左右时，切换到另外一个焦炭塔中继续焦化成焦。

焦炭塔采用间歇式操作，至少要有两个塔切换使用，以保证装置连续操作。每个塔的切换周期包括生焦、除焦及各辅助操作过程所需的全部时间。对于两炉四塔的焦化装置，一个周期约为 48 h，其中生焦过程约占一半，生焦时间的长短取决于原料性质以及对焦炭质量的要求。

2. 延迟焦化装置污染源分析

（1）废水。

① 含硫废水：主要来自分馏塔、气液分离罐的排水，由加热炉注水、注汽、汽封、汽提塔蒸汽等部分组成。这部分水与油气直接接触，其中硫化物、石油类等污染物浓度较高。

② 机泵冷却水：主要来自压缩机冷却水，原料泵、加热炉辐射进料泵、柴油泵冷却水等。这部分由于在轴封处与渗漏的油品直接接触，形成带油的含油废水。

（2）废气。

① 加热炉烟气：主要来自延迟焦化加热炉燃料燃烧产生的烟气，经烟气余热回收系统后进入烟筒排入大气，主要污染物为 SO_2，NO_x 及烟尘。

② 无组织排放废气：从延迟焦化装置使用的阀门、法兰、管件、密封、压缩机等部位泄漏的有机气体。

延迟焦化装置污染源工艺流程如图 7-4 所示。

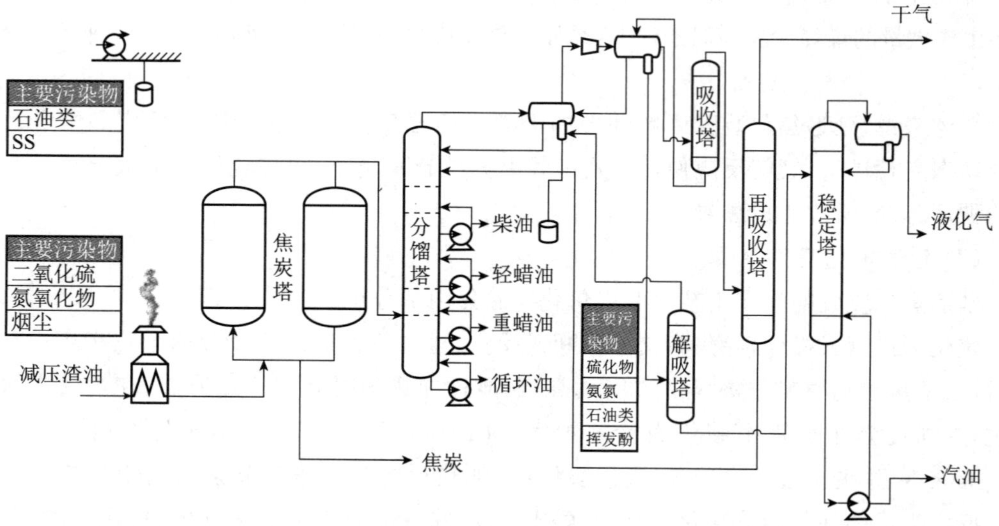

图 7-4　延迟焦化装置污染源工艺流程示意图

三、加氢裂化

加氢裂化实质上是加氢和催化裂化两种反应的有机结合，即在催化裂化时引入高压氢蒸气，原料油在催化剂和氢气存在下进行催化加工、生产各种轻质油品的工艺过程。在催化裂化反应中会生成性质活泼的不饱和烃，容易进一步生成积炭，使催化剂活性、产品收率降低。加氢的作用在于使不饱和烃饱和，避免生成积炭的机会，而且可将油品中的含氮、含氧、含硫有机化合物杂质从原料中除去。所以，加氢裂化可将低质量的原料油转化成优质的轻质油。

加氢裂化工艺具有原料适应性强、产品质量好、液体收率高、产品灵活性大等优点，不仅可以生产多种优质的轻质石油产品，而且加氢裂化尾油是优质润滑油料和裂解制烯烃的原料。加氢裂化也存在一定的不足，如过程要求在较高的压力和温度下进行，导致设备投资费用大，过程中要消耗氢使得操作费用较高，这些都阻碍了加氢裂化工艺的广泛应用和快速发展。尽管如此，原油深度加工和资源合理利用要求的提高、轻质油品需求量的增大和质量要求的提高等都将促使加氢裂化工艺在石油加工中发挥更重要的作用。

1. 反应原理与工艺

(1) 加氢裂化反应原理。

烷烃：烷烃在加氢裂化过程中主要进行裂化、异构化和少量的环化反应。长链烷烃加氢裂化生成一个烯烃分子和一个短链烷烃分子，烯烃进一步加氢变成相应烷烃，烷烃也可以异构化变成异构烷烃。

烯烃：裂化生成的烯烃首先进行异构化，随之发生加氢反应生成异构烷烃。

环烷烃：单环环烷烃在加氢裂化过程中发生异构化、断环、脱烷基链反应，以及不明显的脱氢反应。双环环烷烃在加氢裂化时，首先一个环断开并进行异构化，生成环戊烷衍生物，反应继续进行，第二个环也发生断裂。多元环在加氢裂化反应中环数逐渐减少，即首先第一个环加氢饱和后再开环，其次第二个环加氢饱和后再开环，直到最后剩下单环。

芳烃：在加氢裂化条件下芳环加氢饱和而成为环烷烃。

加氢裂化的主要反应中，加氢反应是强放热反应，而裂化反应是吸热反应，二者部分抵消，最终加氢裂化反应的总热效表现为放热反应。

(2) 加氢裂化工艺概述。

加氢裂化工艺流程根据原料性质、目的产品要求不同，可分为高压一段一次流程、高压一段串联全循环流程、高压二段全循环流程及中压一次通过流程四种，可依据加工实际进行选择设计。

以一段加氢裂化工艺流程为例，其主要由反应过程、分馏过程和气体脱硫过程三部分组成。

反应过程是在较高的温度和压力下，在催化剂和加氢共同作用下进行裂化和异构化的过程，该过程不仅将原料油中的硫、氮、氧等杂原子去除，而且使大分子的烃类物质发生裂化、异构化反应和烯烃饱和。

分馏过程是将反应后生成的油气利用沸点高低不同分馏得到不同的产品。

气体脱硫过程是通过设置冷低分气(富氢气体)脱硫塔，自冷低压分离器来的富氢气体与柴油加氢精制装置来的低分气一起经脱硫塔脱硫后，送至 PSA(变压吸附)装置进行氢提浓，最后进入全厂氢气管网。

2. 加氢裂化装置污染源分析

(1) 废水。

① 含硫废水:主要来自冷低分离罐及汽提塔顶回流罐排出的酸性水。加氢裂化反应过程中由于氢气的引入,会产生硫化氢和氨,进一步可能生成硫氢化铵。为了防止硫氢化铵在冷却过程中结晶析出而堵塞工艺管线和设备,通常需要在特定部位注入软化水冲洗溶解易结晶析出物,因此导致废水中硫、氨含量较高。

② 含油废水:主要来自原料缓冲罐切水、工艺管线导凝排液、柴油脱水聚集器排水、少量机泵冷却水等。

(2) 废气。

① 加热炉烟气:主要为加热炉燃料燃烧产生的烟气,其中污染物主要为 SO_2,NO_x及烟尘等。

② 无组织排放烟气:从加氢裂化装置使用的阀门、法兰、管件、密封等部位泄漏的有机气体。

(3) 工业固体废物。

工业固体废物主要是反应器排放的废加氢裂化催化剂、废瓷球等。

加氢裂化装置污染源工艺流程如图 7-5 所示。

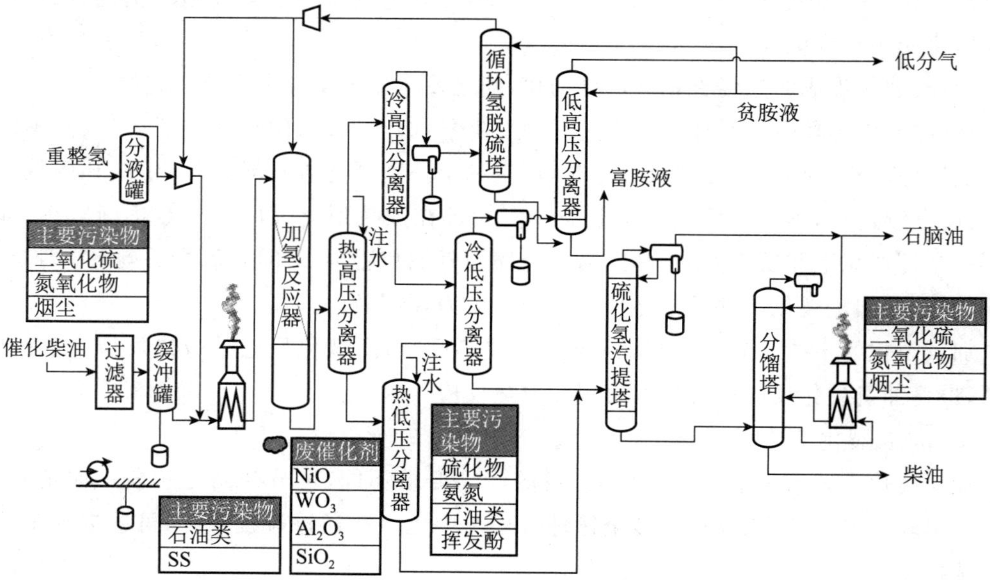

图 7-5　加氢裂化装置污染源工艺流程示意图

四、加氢精制

清除加工过程中的有害物质,以便提高产品质量的过程,在石油加工中称为精制。加氢精制是指在较高的氢压和催化剂的作用下去除油品(包括重整原料、汽油、煤油、柴油、各种中间馏分油等)中的含硫、含氮、含氧等非烃类化合物及金属杂质,从而达到精制油品、改善油品使用性能的目的的过程。

加氢精制由于还具有处理原料范围广、产品质量好、液体收率高等优点,已成为炼油厂中广泛采用的加工过程，也正在取代其他类型的油品精制方法。

1. 反应原理与工艺

(1) 加氢精制反应原理。

① 含硫、含氮、含氧化合物与氢气发生氢解反应，分别生成硫化氢、氨和水，而从油品中除去。

② 不安定的烯烃与氢气反应，生成安定的烷烃；芳烃加氢成为环烷烃。

(2) 加氢精制工艺概述。

加氢精制与加氢裂化相比，不同之处在于加氢精制反应深度浅、操作条件缓和、用氢少，没有或很少有裂化反应，所用的催化剂也不同。

加氢精制根据处理的原料不同，可分为汽油加氢精制、柴油加氢精制和润滑油加氢精制等。尽管原料和加工目的不同，但其反应原理相同，一般都使用固定床绝热反应器，因此，各种石油馏分加氢精制的原理工艺流程原则上相似。

加氢精制工艺流程主要包括反应系统、循环氢系统和分馏系统三部分，下面以柴油加氢精制为例进行介绍。

反应系统：原料油先经原料油脱水罐、自动反冲洗过滤器后进入原料油缓冲罐，与混合氢混合换热升温后以气液混合状态进入反应加热炉，加热到一定温度后进入加氢精制反应器。反应器内的催化剂一般是分层填装的，以利于层间注冷氢来控制反应温度，原料油和循环氢在通过每段催化剂床时进行加氢反应。反应产物进入高压分离器进行油、气、水三相分离。

循环氢系统：加氢过程中进入反应器的氢气量远大于化学反应所需要的量，为了提高氢气的利用率和降低装置操作成本，过剩的氢气必须经分离后循环使用。为了保证循环氢的纯度，避免硫化氢在系统中积累，由高压分离器分出的循环氢需经乙醇胺吸收以除去其中的硫化氢，再经储罐及压缩机升压至反应压力后，大部分(约 70%)送去与原料油混合，其余部分不经加热直接送入反应器作冷氢，在装置中循环使用。反应系统的高分气经循环氢脱硫塔、循环氢压缩机入口分液罐分液后进入循环氢压缩机。循环氢部分作为急冷氢进入反应器，部分与新氢混合。高压分离器油相进低压分离器，低压分离器气体至加氢裂化装置统一处理，低分油送至分馏部分。

分馏系统：低分油与硫化氢汽提塔顶回流罐液相混合进硫化氢汽提塔，塔顶油气进入塔顶回流罐进行油、气、水三相分离。汽提塔顶气至轻烃回收装置处理，油相与汽提塔进料混合，塔底油送至分馏塔。分馏塔顶油气在塔顶回流罐进行油、水分离，塔底油部分经重沸炉加热后返回分馏塔，其他塔底油作为精制柴油经换热冷却后出装置。

2. 加氢精制装置污染源分析

(1) 废水。

① 含硫废水：主要来自冷高、冷低分离罐以及汽提塔顶回流罐排出的酸性水。

② 含油废水：主要来自原料罐切水、工艺管线导凝排液和机泵冷却水等。

(2) 废气。

① 加热炉烟气：主要为加热炉燃料燃烧产生的烟气，其中污染物主要为 SO_2，NO_x 及烟尘。

② 无组织排放废气：从加氢精制装置使用的阀门、法兰、管件、密封等部位泄漏的有机气体。

(3) 工业固体废物。

工业固体废物主要是反应器排放的废催化剂、废保护剂、废瓷球等。

柴油加氢精制装置污染源工艺流程如图 7-6 所示。

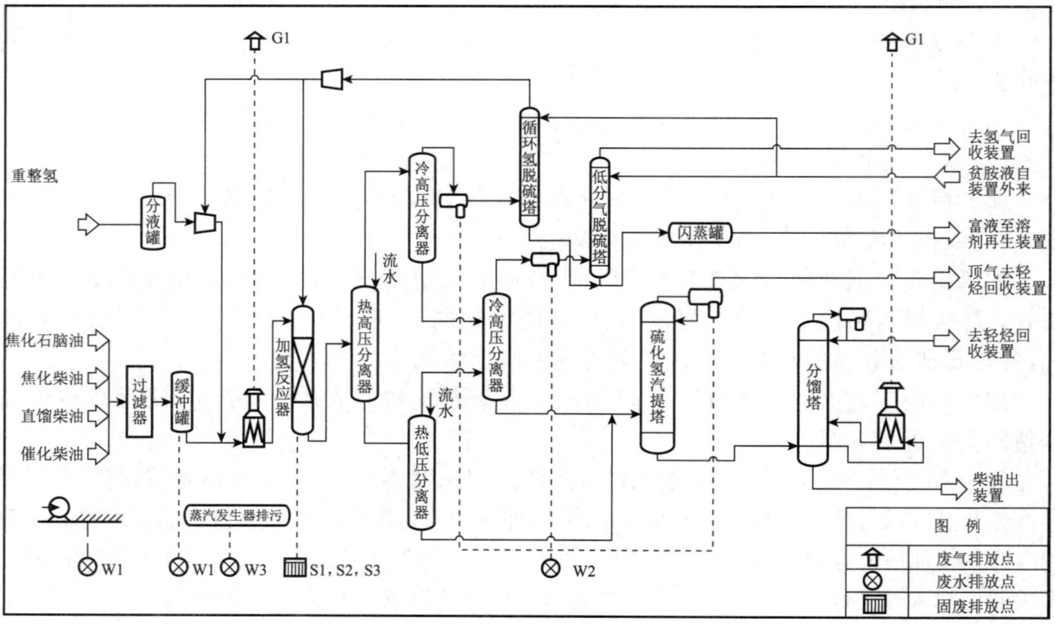

图 7-6　柴油加氢精制装置污染源工艺流程示意图

五、催化重整

催化重整是指以一、二次加工中的轻质馏分(如直馏汽油，石脑油，脱除烯烃及含硫、含氮等非烃化合物后的二次加工汽油等)为原料，在催化剂条件下，正构烷烃和环烷烃进行芳构化、异构化和脱氢反应，重新整合分子结构，转化为芳烃和异构烷烃，得到高辛烷值汽油和芳烃产品(苯、甲苯和二甲苯等)的过程。采用铂催化剂的重整过程称为铂重整，采用铂铼催化剂的重整过程称为铂铼重整。重整汽油的研究法辛烷值一般在 90 以上，而且烯烃含量低、安定性好，不加铅即可作车用汽油，同时是良好的航空汽油基础组分。在重整生成油中，苯、甲苯、二甲苯及较大分子的芳烃含量很高，它们是现代石油化工中三大合成产品(合成纤维、合成塑料和合成橡胶)的基本原料，此外还是医药、洗涤剂、溶剂、涂料等工业的基础原料。在重整反应过程中，还能生产重要的副产品——纯度很高的氢气，一般每吨原料油可产氢气 20～30 kg(150～300 m^3)。大量的氢气可直接用于加氢精制、加氢裂化。随着汽油辛烷值要求的不断提高，催化重整在炼油工业和石油化工中的地位不断提高，目前主要采用连续重整的方式。

1. 反应原理与工艺

(1) 催化重整反应原理。

芳构化、脱氢反应：

$$正构烷烃\xrightarrow{脱氢}环烷烃+H_2\xrightarrow{脱氢}芳烃+H_2$$

异构化反应：

$$正构烷烃\xrightarrow{异构化}异构烷烃$$

(2) 催化重整工艺概述。

催化重整工艺通常由原料预处理、重整单元(连续重整)、芳烃抽提与分离、催化剂再生等部分组成。

① 原料预处理：将重整原料分割成满足重整单元要求的馏分，同时脱除对重整催化剂有害的金属和非金属元素，如砷、铅、铜、氯、氮等。原料预处理包括预分馏、预脱砷和预加氢。

预分馏：需要根据生产工艺目的的不同选择适宜的馏分，一般不应含有 C_5 以下的轻烃。在生产高辛烷值汽油时，一般用 80～180 ℃的馏分。

预脱砷：砷能与重整催化剂结合生成化合物使催化剂永久失活，因此要求进入重整反应器的原料油中砷的含量不大于 1 μg/kg。由分馏塔塔底出来的原料与从重整部分来的富氢气体混合经加热至 320～370 ℃后进入预脱砷反应器中进行反应，使原料中砷的含量降到 100 μg/kg 以下，经预加氢精制后即可达到允许的砷含量以下。

预加氢：预加氢的目的是脱除原料油中的杂质，其原理是在催化剂和氢气的作用下，原料油中的含硫、含氮和含氧等杂质化合物分别生成 H_2S，NH_3 和 H_2O。烯烃加氢可生成饱和烃，能够减少催化剂积炭。砷、铅等重金属化合物在预加氢条件下进行分解，并被催化剂吸附除去。

预加氢反应器与预脱砷反应器是串联在一起的，预加氢反应生成物经换热(与原料油)冷却后进入高压分离器，分离出的富氢气体可以用于加氢精制装置，分离出的液体油中溶有少量的 H_2O，NH_3 和 H_2S 等，需要除去。因此，将它送到精馏脱水塔，除去溶解气体后的油由脱水塔底部抽出，通过装有氧化锌脱硫剂的脱硫器进一步脱去残余的硫后，可以作为重整单元的进料。双、多金属重整催化剂一般要求进料中的硫含量＜0.5 μg/g。

② 重整单元：在重整催化剂作用下，进料中的烷烃、环烷烃组分脱氢，发生异构化反应生成芳烃。

连续重整即催化剂连续再生的重整工艺，采用移动床反应器，设有催化剂循环及连续再生系统。催化剂在反应器和再生器之间循环移动，反应后积炭的催化剂在再生器内连续再生，然后送回反应器进行反应。由于催化剂连续进行再生，可以充分发挥和保持催化剂的活性，操作期长，反应苛刻度高，能在较低的反应压力和较小的氢油比下操作，增加重整生成油的辛烷值和芳烃产率。连续重整装置的催化剂循环一次需 3～7 d。

③ 芳烃抽提与分离：通常利用化学溶剂(如二乙二醇醚、三乙二醇醚等)对芳烃及其他烃类溶解度的不同，将芳烃组分抽提出来，从而使芳烃和非芳烃类物质分离，分类出的芳烃进一步通过精馏过程得到合格的产品。

④ 催化剂再生：失活催化剂在再生器中自上而下经烧焦、氧氯化、干燥、冷却后由氢气提升至反应器顶部的还原区，将催化剂中由于烧焦而成为氧化态的金属还原为还原态，使催化剂恢复其高活性，进入反应器循环使用。

2. 催化重整装置污染源分析

（1）废水。

① 含硫废水：主要来自原料预处理部分油水分离器。由于原料油中含硫、含氮等杂质化合物经预加氢后的含硫废水会生成铵盐，为了防止铵盐结晶析出堵塞设备，在预加氢进出换热器前通常增加注水点进行注水，注入的水在油水分离器中进行分离，水中含有硫化物、氯化物等污染物质。

② 含油废水：主要来自脱戊烷塔回流罐、重整油分馏塔回流罐、抽余液缓冲罐、成品塔、脱庚烷塔塔顶回流罐排放的废水，以及机泵冷却水。

③ 含碱废水：重整催化剂再生中会产生含氯酸性气体，为保证再生气循环使用且不会对再生器造成腐蚀，向其中注入水和 NaOH 溶液中和酸性气，产生的该股废水为含碱废水。

（2）废气。

① 加热炉烟气：主要为加热炉燃料燃烧产生的烟气，其中污染物主要为 SO_2，NO_x 及烟尘。

② 催化剂再生废气：重整催化剂采用连续烧焦时产生的含氯酸性气体，可采用碱液循环系统对其进行中和。再生烧焦过程需要补充空气，燃烧后排入大气，污染物主要为粉尘、Cl_2 和 HCl。

③ 无组织排放废气：一方面为从催化重整装置使用的阀门、法兰、管件、密封等部位泄漏的有机气体；另一方面为装置内溶剂罐和中间产品罐产生的无组织废气。

④ 工业固体废物。

工业固体废物主要是预加氢反应器产生的废催化剂、重整反应器产生的重整废催化剂、氢气脱氯罐产生的废脱氯剂、空气干燥器产生的废干燥剂等。

催化重整装置污染源工艺流程如图 7-7 所示，包括原料油预处理、连续重整、芳烃抽提与分离、催化剂再生四部分。

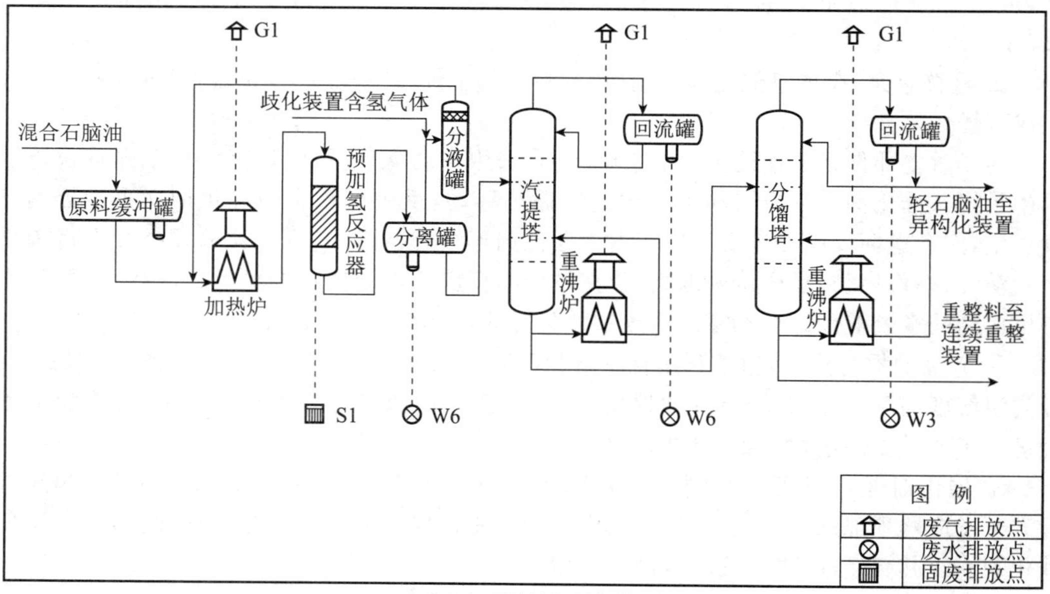

（a）石脑油加氢部分

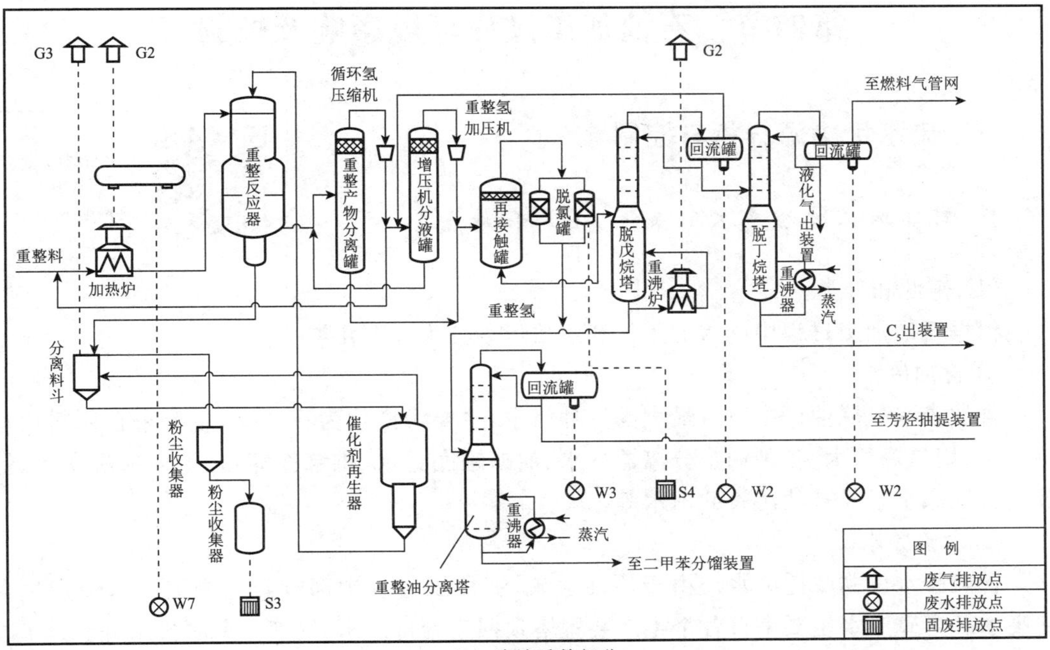

（b）连续重整部分

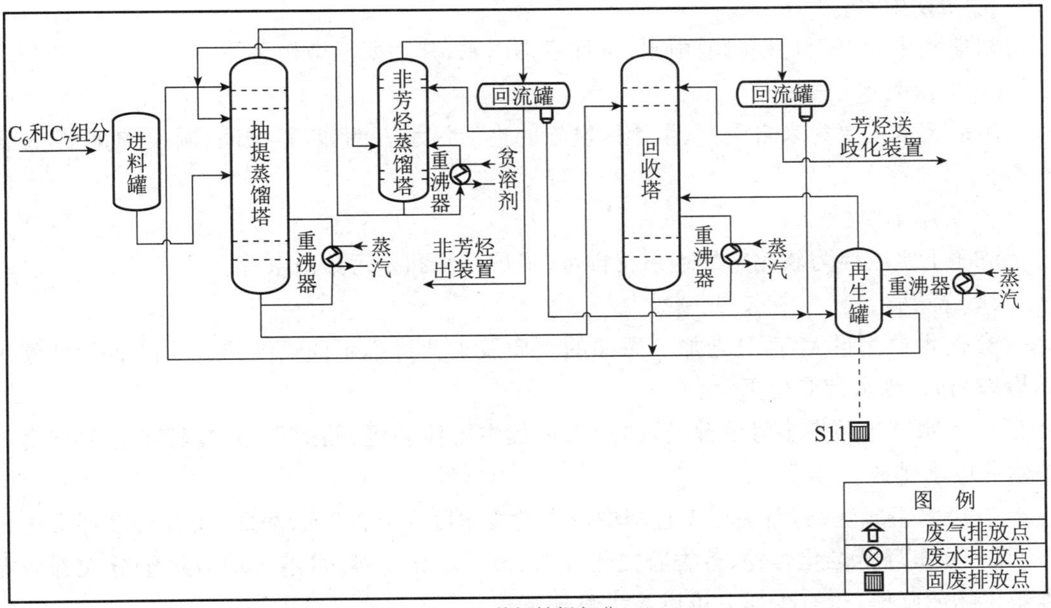

（c）芳烃抽提部分

图 7-7 催化重整装置污染源工艺流程示意图

第四节　石油加工过程环境影响及控制

一、废水污染源分析与控制

视频6
石油加工
环境影响及控制

1. 石油加工过程废水的来源、分类和特点

（1）来源和分类。

根据石油加工过程中废水的来源和水质可划分为以下几类：

① 含油废水。

含油废水是炼油厂中数量最大的一种污水，主要污染物为石油类，主要来自原料缓冲罐切水、烧焦罐切水、各种油水分离器排水、油罐罐底排水、机泵冷却水、地面冲洗所水、炼油设备洗涤水以及被油污染的雨水等。

② 含硫废水。

含硫废水也称酸性废水。由于原油含硫，在加工过程中部分硫化物进入水中产生含硫废水。含硫废水主要来自各个生产装置塔顶回流罐排出水、气液分离罐排水等。

③ 含盐废水。

含盐废水主要为常减压装置电脱盐罐排水、酸碱中和排水、化学水处理站排水等。

④ 初期雨水。

初期雨水为降雨初期时的雨水，也称污染雨水，其主要污染物是油。

⑤ 生活废水。

生活废水主要为来自生产、生活区设施的生活污水。例如，盥洗间、厕所的排水，洗澡水等。

⑥ 清净下水。

清净下水主要为软化水处理系统排水、锅炉排水和未污染雨水等。

（2）特点。

① 废水产生量大，而且随加工原油的性质及工艺过程不同而变化。生产装置开停工和检修期间，废水量变化更大。

② 废水产生节点多且分散，石油加工过程中主体装置、储运设施、公辅工程和配套设施均有废水排放。

③ 废水组成复杂，石油加工过程中产生的废水除含有油、硫、酚外，还含有多种有机化学产品，如多环芳烃化合物、芳香胺类化合物、杂环化合物等，可溶解的有机组分大部分能被微生物所降解，也有少部分难以被生物降解。

2. 石油加工过程废水处理技术

目前石油加工企业在充分利用水资源、提高水的循环利用率、降低直流水用量、减少排污量的基础上，一般按照清污分流、污污分流原则设置排水系统，主要有含油污水系统、含硫

污水系统、含盐污水系统、生活污水系统和雨水系统等，分质分类进行处理。

(1) 预处理技术。

石油加工过程中产生的废水处理通常从源头抓起，根据废水的性质和污染物组成，首先进行必要的预处理技术。

① 含油废水的预处理。

对含油废水进行后续集中处理前通常需要进行除油预处理，即回收油品，同时降低废水中的油含量。除油预处理设施一般应就近设置，采用结构简单、占地面积小、高效节能、密闭化的除油设备。例如，在油罐排污位置设置二次切水器，生产装置的含油废水除油预处理设施设置在相应的装置区内等。

含油废水的除油设备、除油方法多种多样，通常根据废水的水质和水量、工艺处理要求来进行选择。常用的除油方法包括重力分离(重力式油水分离器、平流式隔油池、斜板式隔油池等)、粗粒化、过滤吸附等，分别通过相应的除油设备来实现除油过程。另外，有时为了实现更好的除油效果，也可采取上述多种技术的组合设备。

② 含硫废水的预处理。

含硫废水是石油加工过程中产生的另一大废水源，其中除含有大量硫化物外，还含有氨、油等污染物质。为了降低直接进入废水集中单元的冲击和回收利用水资源，含硫废水通常首先进行预处理。国内应用的预处理工艺主要是空气氧化技术和蒸汽汽提技术。由于空气氧化技术只适用于低浓度酸性水，而且氨的脱除效率不高，可能会影响后续处理装置的正常运行，使其应用范围受到极大的限制，而蒸汽汽提技术在石油加工企业占据了主导的地位。

蒸汽汽提技术主要包括带侧线单塔加压汽提和双塔加压汽提技术，这两种工艺在我国的石油加工企业中均得到了广泛的应用。

单塔加压汽提工艺：将含硫废水原水泵送入加压汽提塔，在加压汽提塔顶部抽出 H_2S 气体，送硫黄回收装置制备单质硫产品；在塔中部抽出一股含 H_2S 的富氨气，经三级定温定压分凝后得到较高纯度的氨气，从而使 H_2S 和 NH_3 分离。单塔加压汽提工艺实际上是将脱 H_2S 塔和脱 NH_3 塔合并为一个塔，对控制要求较高，但占地面积小，工艺流程简单，蒸汽消耗量低。

双塔加压汽提工艺：对含硫废水原水的适应性强，尤其适用于 H_2S 和 NH_3 含量高的酸性水。含硫废水中的 H_2S 和 NH_3 分别在脱 H_2S 塔和脱 NH_3 塔中逐级抽出，操作上易于控制，而且两塔操作条件均可调整，不会相互影响，但流程较为复杂，能耗较高。

通常来说，蒸汽汽提技术得到的氨气除含有水蒸气外，还含有相当量的硫化氢及少量有机硫。如果氨水为副产品，则可将三级分凝后的氨气直接配制成氨水。但当液氨为副产品时，由于氨气中仍含有少量的 H_2S，如果不加以处理，直接压缩成液氨，不仅会导致氨压缩机腐蚀，而且会严重影响产品质量，因此需要进行氨精制。目前广泛应用的氨精制工艺主要有氨结晶精制工艺和浓氨水洗涤精制工艺两种。

a. 氨结晶精制工艺。

利用副产品液氨为制冷剂，在常压、低温条件下，来自三级分凝的氨气中 95% 以上的硫化氢在结晶器中生成硫氢化铵晶体而被除去，从而达到氨精制的目的。由结晶器引出的氨气进入脱硫精制塔，残存的极微量硫化氢和其他杂质组分被吸附剂(活性炭或活性氧化铝等)去除，再经氨压缩机加压液化，即得到产品液氨。

b. 浓氨水洗涤精制工艺。

浓氨水洗涤精制工艺是利用硫化氢在浓氨水中与氨结合发生化学反应生成硫氢化铵，从而实现精制氨气的作用。

③ 含盐废水预处理。

含盐废水预处理主要是指常减压装置电脱盐罐排放废水的预处理。含盐废水除盐含量较高外，由于和原油直接接触，也含有大量的油，其预处理过程与含油废水预处理方法类似。

④ 生活污水预处理。

生活污水经化粪池一级处理、生活污水提升泵提升后送往污水处理场集中处理。

(2) 集中处理技术。

石油加工过程中产生的各类废水经过针对性预处理后，并没有达到达标排放或循环利用的水质要求。因此，石油加工企业一般自设有污水处理场，将预处理后的各类废水收集起来，根据其水质、水量和排放标准及总量控制要求，进行综合处理，实现达标排放或循环利用。

通常将石油加工过程废水的集中处理分为三级过程，即一级处理、二级处理和三级处理过程。

一级处理主要是去除废水中的油类和悬浮物，同时起到中和、均衡、调节水质的作用，主要采用筛滤、沉淀、气浮等物理处理技术。

二级处理主要是去除废水中呈胶体和溶解状态的有机污染物质，主要采用各种生物处理技术，如活性污泥技术。

三级处理主要是在一级、二级处理的基础上，对难以降解的有机物、磷、氮等进一步处理，主要采用过滤、吸附、离子交换、反渗透、超滤、消毒等物化处理技术。

目前广泛采用的集中处理流程是被称为“老三套”的处理流程，由隔油、浮选、生化三种工艺联合组成。石油化工企业废水处理典型流程如图 7-8 所示。

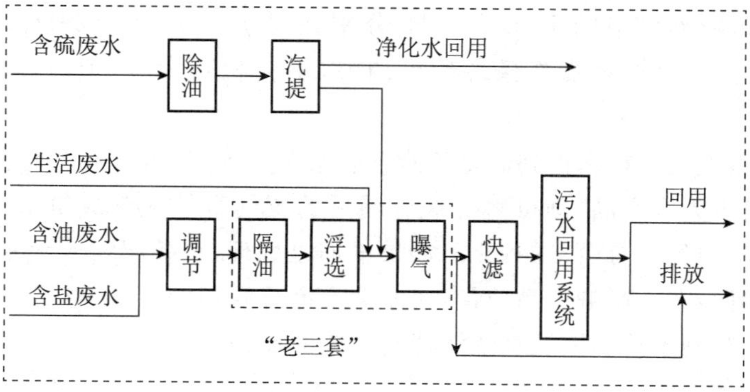

图 7-8　石油化工企业废水处理典型流程示意图

通常在“老三套”处理流程的前端要设置格栅和沉砂池，以去除粗大的悬浮杂质和泥沙等较大的固体沉积物，然后通过调节与均质设施，使水质和水量达到相对的平衡与稳定，从而保证后续处理设施的正常稳定运行。

① 隔油。

含油废水在隔油单元通过相应隔油设备（如隔油池、旋流分离器、隔油罐等）进一步去除水中的油。另外，对于含盐废水，由于其水量不大，所以一般先入中和池中和至 pH 为 7～9 后，送往调节池储存起来，然后定期地少量加入含油废水系统中与含油废水合并后集中处理。

② 浮选。

对于含油废水中的乳化油，一般采用气浮法予以去除。气浮法是利用大量微细气泡吸附欲去除的颗粒（油珠），靠气体本身的浮力将污染物带出水面，达到分离的目的。气浮法按气泡产生的方式不同，可分为鼓气气浮、加压气浮和电解气浮等。

③ 生化曝气。

在自然界中存在着大量依靠有机物生活的微生物（细菌），它们具有氧化分解有机物的巨大能力。生化曝气处理是石油加工过程废水处理的关键部分，是利用微生物（细菌）这一特性进行驯化，使之在一定条件下和废水充分接触，降解废水中的有机物、硫化物、氰化物、氨氮、挥发酚等有害物质，从而使废水得到净化。常用方法有活性污泥法和生物膜法等。

经过“老三套”处理后，废水再经过流砂过滤器、活性炭吸附等过程实现达标排放或者循环利用。

二、废气污染源分析与控制

1. 石油加工过程废气的来源、分类和特点

(1) 来源和分类。

石油加工过程中排放的废气按照排放形式分类，可分为有组织排放废气和无组织排放废气。

① 有组织排放废气。

燃烧烟气：主要为生产工艺加热炉、自备电站锅炉、焚烧炉、火炬等产生的烟气，主要污染物为 SO_2，NO_x 和颗粒物等。

催化裂化再生烟气：主要为催化裂化装置催化剂再生烧焦过程中产生的烟气，主要污染物为 SO_2，NO_x 和颗粒物等。

硫黄回收尾气：原油中的硫化物在加工过程中会转化为 H_2S，H_2S 在硫黄回收装置制单质硫时产生的尾气。

工艺废气：主要为各装置排放的尾气、安全阀排放气体、油气回收尾气、恶臭治理尾气等，主要污染物为各种有机气体。

② 无组织排放废气。

无组织排放的气体主要为生产装置动静密封点泄漏的有机气体、污水处理场散发的

恶臭气体、油品装卸和储存过程中的挥发性有机物(VOCs)等，主要污染物为挥发性有机物和硫化物等。

(2) 特点。

① 废气排放点分散，石油加工过程中主体装置、储运设施、公辅工程和配套设施均有废气排放。

② 排放形式多样，既有点源的有组织排放，又有各种无组织排放。

③ 废气污染物种类复杂，既有二氧化硫(SO_2)，氮氧化物(NO_x)、颗粒物等常规污染物，也有 H_2S、挥发性有机物、苯系物等特征污染物。

2. 石油加工过程废气处理技术

(1) 燃烧烟气处理。

① 优化换热流程，实现生产装置之间的热联合，最大限度地减少燃料的消耗量，从而减少烟气的排放量。

② 控制源头，使用清洁的燃料，如脱硫燃料气或天然气。

③ 采用先进的燃烧技术和设备，如提高热效率、低过剩空气、使用低氮燃烧器等。

④ 提高生产装置操作水平，减少气体放空频次；设置火炬气回收设施，减少火炬燃烧烟气。

(2) 催化裂化再生烟气处理。

催化裂化过程中，进料油与催化剂直接接触，会在催化剂表面结焦，并且硫、氮等杂原子也会沉积在催化剂表面，造成催化剂失活。失活后催化剂通过空气烧焦的方式进行再生，再生后催化剂循环使用，而再生烟气需经脱硫、脱硝、除尘处理后方可高空达标排放。

① 除尘。

通常利用多级旋风除尘技术，即利用旋转气流产生的离心力使催化剂颗粒从气流中分离，同时回收再生催化剂。常用的除尘设备是旋风分离器。

② 烟气脱硫。

目前常用的烟气脱硫技术主要有干法、半干法和湿法技术。

干法烟气脱硫技术通常是采用干粉(如石灰石)为吸收剂，与烟气中 SO_2 反应，脱除烟气中的 SO_2。

干法烟气脱硫技术脱硫产物呈干粉状，工艺设备简单，投资成本和运行费用均较低，操作方便，但不足之处在于脱硫效率和脱硫剂的利用率低、脱硫干粉可能导致二次污染、磨损结垢现象比较严重、设备维护难度较大等，一定程度上限制了此种技术的应用。

半干法烟气脱硫技术是指脱硫剂在干燥状态下脱硫、在湿状态下再生(如水洗活性炭再生流程)，或者在湿状态下脱硫、在干燥状态下处理脱硫产物(如喷雾干燥法)的烟气脱硫技术。特别是在湿状态下脱硫、在干燥状态下处理脱硫产物的半干法烟气脱硫技术兼具湿法脱硫和干法脱硫的优势而受到广泛的关注。

湿法烟气脱硫技术既可脱硫,又可脱除颗粒物,利用洗涤液处理系统可以消除吸收剂二次污染的弊端,常用的吸收剂有氢氧化钠、氢氧化镁和海水等。

目前应用较多的湿法烟气脱硫技术是美国 DuPont-Belco(贝尔格)公司的 EDV (electro-dynamic venturei)湿法洗涤技术。该技术的主要设备是湿式洗涤塔,湿式洗涤塔由下向上分为急冷和吸收两段。热烟气首先进入洗涤塔下部的急冷段,被安装在洗涤塔内的喷嘴喷出的大量密集水滴急冷并饱和,烟气通过高密度的水帘,继续向上流动进入吸收段。在急冷段,喷出的水流方向垂直于烟气流方向,并完全覆盖住烟气;一部分 SO_2 和 SO_3 被吸收,粒径大于3 μm 的颗粒物被洗下。在吸收段,喷水的强度增加,烟气继续与不断喷出的水滴接触,使 SO_2 不断被吸收。带水的烟气(55 ℃左右)继续向上流动,分别进入一对水气分离器。分离器入口处有一组静态旋转式叶片,迫使通过的烟气旋转并靠离心力将水分离,分离的水排入洗涤塔下部的洗涤水收集器,干净的烟气通过洗涤塔烟囱排入大气。

湿法烟气脱硫技术的特点是脱硫过程在溶液中进行,脱硫剂和脱硫生成物均为湿态。由于脱硫过程是气液反应,该技术具有脱硫反应速度快、脱硫效率高、脱硫剂利用率高的特点,适用于处理大的烟气,SO_2 脱除效率≥95%,易于达到越来越苛刻的排放要求。同时,湿法烟气脱硫的过程有利于烟气中粉尘,尤其是细小颗粒的粉尘黏结团聚,从而使其得到有效去除。

③ 烟气脱硝。

催化裂化烟气脱硝主要是通过各种物理化学过程,使烟气中的 NO_x 还原为氮气或者氧化成 N_2O_5 等而被去除的过程。烟气脱硝主要方法包括:选择性非催化还原技术(SNCR)、选择性催化还原技术(SCR)和低温氧化技术(LoTOx^{TM})。

选择性非催化还原技术即将 NH_3 或氨水、尿素等还原剂与 NO_x 选择性进行反应,由于反应过程中不使用催化剂,因此也被称为非催化脱氮技术,反应温度一般为 850～1 100 ℃。主要反应为:

氨为还原剂时, $4NO+4NH_3+O_2 \longrightarrow 4N_2+6H_2O$

尿素为还原剂时, $2NO+(NH_2)_2CO+\frac{1}{2}O_2 \longrightarrow 2N_2+2H_2O+CO_2$

选择性非催化还原技术的优点:投资费用低。

选择性非催化还原技术的缺点:脱硝效率(30%～50%)较低;对电站锅炉控制要求高,可靠性差;氨的逃逸率较大。

选择性催化还原技术即将氨气稀释到空气或水蒸气中,然后注入烟气中与 NO_x 进行反应,在催化剂作用下生成氮气和水,由于反应过程中存在催化剂,因此该技术也被称为催化脱氮技术,反应温度一般为 320～400 ℃。主要反应为:

$$4NO+4NH_3+O_2 \longrightarrow 4N_2+6H_2O$$
$$2NO_2+4NH_3+O_2 \longrightarrow 3N_2+6H_2O$$
$$6NO_2+8NH_3 \longrightarrow 7N_2+12H_2O$$

选择性催化还原技术的优点:反应温度低,转化效率高,在 70%～90%之间。

选择性催化还原技术的缺点:投资费用高。

低温氧化技术即利用臭氧发生器产生的臭氧将再生烟气中的 NO_x 氧化成 N_2O_5，然后与烟气中的水蒸气化合形成硝酸，被碱液洗涤吸收后以硝酸盐的形式去除，从而实现脱硝的目的。主要反应为：

$$NO + O_3 \longrightarrow NO_2 + O_2$$
$$2NO_2 + O_3 \longrightarrow N_2O_5 + O_2$$
$$N_2O_5 + H_2O \longrightarrow 2HNO_3$$

低温氧化技术的优点：常与 EDV 技术联合使用，在脱硫塔中同时完成脱硫、脱硝过程。

低温氧化技术的缺点：硝酸盐会进入废水中，使废水中硝酸盐含量增加。

(3) 硫黄回收尾气处理。

硫黄回收是将石油加工过程中产生的 H_2S 气体转化为单质硫产品的过程。回收工艺主要是 Claus(克劳斯)工艺，由英国化学家 C. F. Claus 开发。Claus 工艺装置主要是 Claus 装置，Claus 装置由一个高温段及两个或三个转化段构成。高温段包括 H_2S 燃烧炉和废热锅炉。待处理的含 H_2S 酸性气源在燃烧反应炉内氧化生成 SO_2，经过废热锅炉产生蒸气(回收热量)，降温后的 H_2S 和 SO_2 在转化器内借助催化剂完成 Claus 反应，生成硫黄。由转化器出来的反应产物经过冷凝冷却器冷凝后(将硫蒸气冷凝为液体，降低硫蒸气分压，有利于平衡向生产硫的方向移动)，液态硫黄流至硫黄罐。硫黄尾气进一步通过 Scot 尾气处理(还原-吸收)工艺进行处理，即硫黄尾气和氢气加热后进入加氢反应器，在加氢催化剂作用下，使尾气中的硫及硫化物(S_6，S_8，COS，CS_2 等)几乎全部转变成 H_2S，再利用醇胺溶液选择性吸收 H_2S，解吸后返回 Claus 装置，尾气经焚烧后达标排放。

(4) 工艺废气处理。

装置排放的工艺废气及尾气中的有害气体，包括各缓冲罐排出的含烃废气、装置安全阀启跳排出的烃类气体、在事故状态下排出的可燃气体、装置反应尾气排放的可燃气体、开停工吹扫排出的可燃气体、各塔顶冷凝器排出的含烃废气等经火炬焚烧处理后，可转化成为无害化气体排入大气。

(5) 无组织排放废气处理。

① 生产装置实施设备与管阀件泄漏检测与维修(LDAR)计划。

LDAR 是对识别出的泄漏设备进行检测和修复的一套结构性方法。

LDAR 的目的是识别出泄漏较大的设备或部件，以保证通过修复有效减少泄漏量。LDAR 宜应用于能在线修复的设备类型，以便迅速地减少泄漏，或者应用于不适宜改造的设备类型。挥发性有机物流经以下设备与管线组件时，应进行泄漏检测与控制：

a. 泵；

b. 压缩机；

c. 阀门；

d. 开口阀或开口管线；

e. 法兰及其他连接件；

f. 泄压设备；

g. 取样连接系统；

h. 其他密封设备。

LDAR 检测仪器常用的是氢火焰离子化检测仪，如 TVA2020C（有毒挥发性气体分析仪）和 phx21（便携式火焰离子气体分析仪）。当一些点位不易达到时，也可采用红外气体成像仪，如 Eye-C-Gas。

TVA2020C　　phx21　　红外气体成像仪

图 7-9　LDAR 检测主要仪器

出现以下情况时则认定发生了泄漏：

a. 有机气体和挥发性有机液体流经的设备与管线组件，采用氢火焰离子化检测仪（以甲烷或丙烷为校正气体），泄漏检测值≥2 000 μmol/mol。

b. 其他挥发性有机物流经的设备与管线组件，采用氢火焰离子化检测仪（以甲烷或丙烷为校正气体），泄漏检测值≥500 μmol/mol。

泄漏修复注意事项如下：

a. 当检测到泄漏时，在可行条件下应尽快维修，一般不晚于发现泄漏后 15 d。

b. 首次（尝试）维修不应晚于检测到泄漏后 5 d。首次（尝试）维修应当包括（但不限于）以下描述的相关措施：拧紧密封螺母或压盖、在设计压力及温度下密封冲洗。

c. 若检测到泄漏后，在不关闭工艺单元的条件下，在 15 d 内进行维修在技术上不可行，则可以延迟维修，但不应晚于最近一个停工期。

② 储运系统处理。

a. 储罐区轻烃油品均采用外浮顶罐或内浮顶罐储存；

b. 对内浮顶罐和拱顶罐，必要时加装氮封和油气回收设施；

c. 液体原料的输送均采用密闭管道；

d. 成品油的装卸采用密闭装车和油气回收设施。

③ 污水处理场恶臭治理。

在污水处理场排放的废气中含有各种烃类及其衍生物，如苯系物、挥发性无机及有机硫化物（如 H_2S 和 VOCs 等），通常首先进行无组织恶臭面源加盖密闭，以减少隔油、浮选、生化等过程产生的恶臭气体对周围环境的污染，然后将收集的恶臭气体采用生物脱臭技术加以收集并处理，处理后高空排放。

三、固体废物污染源分析与控制

在石油加工过程中，会有多种工业固体废物产生，种类繁多、成分复杂，多属于危险固体废物。从工业固体废物类型上来看，主要有废催化剂、废吸附剂、废脱附剂、各种废支撑物、储罐罐底含油污泥、污水处理场“三泥”等。从形态上来看，有固态、浆液态和液态等类型。

(1) 废催化剂。

含有贵重金属的废催化剂，如重整装置废催化剂、临氢装置废催化剂等，送有关厂家回收贵重金属。

一般类型的废催化剂，如废吸附剂、废瓷球等，根据其毒性大小采用堆放、填埋和装桶深埋等方法处理。

(2) 污水处理场污泥。

石油加工企业污水处理场会产生生化污泥、气浮浮渣和剩余活性污泥等，统称为污水处理场“三泥”，其中主要污染物为油、硫化物、酚、有机物等，含水率可达 99%以上。常用的污水处理场“三泥”处理方法见表 7-1。

表 7-1 污水处理场“三泥”一般处理方法

序　号	一般处理方法
1	“三泥”脱水预处理(减量化) 自然脱水——重力脱水、干化场、加热干燥、干燥床等 强制性脱水——真空过滤、压滤、离心过滤、机械干燥等 化学脱水——向“三泥”中投加絮凝剂进行脱水等 热处理脱水——一定压力下通过短时间加热破坏污泥中凝胶体的结构，使固体物凝结，降低固体和水的亲合力。不需加入化学药品就可直接进行真空过滤或离心脱水
2	综合利用 用剩余活性污泥制取农家肥或者发酵生产沼气，从含油污泥中提取污油作燃料油，用含油污泥制备吸附剂等
3	“三泥”无害化处理 利用焦化装置处理“三泥”，焚烧处理回收热能，低温全机械化处理

四、噪声源分析与控制

1. 石油加工过程中的噪声源

石油加工过程中，由于生产装置、配套设备的连续运转，会产生各种噪声源，进而带来噪声污染。噪声源既有各类风机及压缩机、机泵、阀门及管道、气体排放的气体动力噪声，也有加热炉、火炬等产生的燃烧噪声。石油加工过程中生产装置多，噪声源也多，而且装置布置密集，噪声强度也较高。

2. 石油加工过程中的噪声控制技术与方法

(1) 风机及压缩机噪声控制。

风机及压缩机噪声主要由空气动力噪声和机械振动噪声构成。空气动力性噪声是由旋转叶片引起气体介质的涡流和紊流产生的噪声，以及叶片对介质周期性的压力产生的脉冲噪声。机械振动噪声是由轴承噪声及旋转部件的不平衡所产生的振动噪声，这些噪声主要由风机进出口、管道、风机壳体，以及基础的振动等形式向外辐射。风机及压缩机噪声控制方法如下：

① 在进(排)气管道安装消声器，消声量在 25 dB(A)以上。

② 在设备与底座之间设置减振措施。

③ 设置隔声罩，控制由风机壳体所辐射的噪声、电磁噪声以及驱动设备(如电机)噪声。

④ 设置风机房和压缩机房，对室内进行声学处理，主要提高墙壁、顶棚的吸声系数，以提高室内吸声量，并设置隔声门窗，设置隔声控制室。

(2) 电机-泵噪声控制。

电机-泵简称机泵，是石油化工生产过程中使用量最多的设备，其噪声主要在电机侧，电机噪声一般比泵噪声大 5 dB(A)左右。因此，机泵噪声的治理主要是对电机噪声的控制。大多数电机为空气冷却，其噪声主要来源于冷却风扇产生的空气动力噪声，其次为电磁噪声、旋转机械噪声等，电机的噪声强度与其功率、转速等参数有关。电机噪声主要控制方法如下：

① 设置电机隔声罩。对电机空气动力噪声和电磁噪声均可进行有效控制，一般降噪效果可达 8～10 dB(A)。

② 在机泵与基础间做隔振或减振处理。

(3) 阀门及管道噪声控制。

节流阀、压力调节阀与管道是石油化工生产过程中的主要噪声源之一，其中阀门噪声主要包括空气动力噪声、流体动力噪声、机械振动噪声；管道噪声产生的原因一方面是管道系统中高速气流的冲击、摩擦或在弯头、阀门和其他变径处产生噪声，另一方面是与之相连的机械振动激发管壁振动而产生噪声。阀门及管道噪声主要控制方法如下：

① 选用低噪声阀门。

② 合理设计管道，控制介质的流速，避免介质流向急剧变化，管径的变化处设有光滑的过渡段等。

③ 管道与振动设备的连接由刚性连接改为弹性连接，避免机械设备激发管道振动。

④ 设消声器或结合管道保温进行管道隔声包扎。

(4) 气体放空噪声控制。

在生产装置开、停气时，或生产过程处于非正常状态时，常常出现气(汽)体排放过程。当气体从排放口排出时具有较高速度，一旦排入大气，便与周围空气发生强烈混合而产生高频噪声，并逐渐扩散、混合形成紊流，产生低频噪声。

气体放空噪声的主要控制方法是在气体排放口安装消声器。当介质排放压力≥0.4 MPa时，可采用小孔喷注结构消声器。这种消声器结构简单，重量轻，消声效果好，一般消声量可达35 dB(A)以上。对于排放量大、介质压力较低的情况，可采用阻抗复合型消声器。阻抗复合型消声器一般体积和重量较小孔喷注结构消声器大，消声量一般可达25～30 dB(A)。

(5) 火炬噪声控制。

火炬是保障石油化工安全生产的重要设施，其高度高，地面噪声强度约为80 dB(A)，主要呈低频特性，其主要控制方法是选用低噪声火炬头。

(6) 设置隔声操作室。

对于需要较安静的工作岗位，如集中控制室、会议室、办公室等，为防止室外噪声的干扰，可采取以下措施：

① 设置隔声门窗。因绝大部分声能透过门窗向外传播，所以，可根据所处位置设置可采光的双层玻璃隔声窗(固定式或可开启式)及可通风的隔声百叶窗。所有进出机房的门均做成隔声门或设置双层门。

② 室内采取吸声处理。因室内壁面吸声系数较低，混响声较大，所以室内吸声使屋顶、壁面吸声系数提高，降低混响噪声。

思考题

(1) 为什么原油要进行预处理？

(2) 常减压蒸馏工艺流程由几部分组成？

(3) 催化裂化的作用是什么？

(4) 催化重整的目的是什么？主要有哪些反应？

(5) 延迟焦化的工艺原理和特点如何？

(6) 什么是加氢精制？

(7) 石油加工过程中主要产生哪些污染？如何进行治理？

第八章

石油工业环境风险控制

视频7
石油工业
的环境风险及控制

前面章节介绍了石油工业正常生产过程对环境的影响及相应的环境污染控制措施，并且可知，在目前的生产水平下，其正常生产过程中带来的环境影响是在可控范围之内的。但在生产运行过程中，由于涉及的物料大部分具有易燃易爆的特性，同时由于突发性事故可能诱发的突发性环境影响，即环境风险，因此环境风险防控同样是石油工业可持续发展的重要组成部分。

第一节　石油工业环境风险概述

在此列举几起石油工业典型的环境风险事故，说明其对生态环境造成的污染问题。

一、重庆开县“12・23”特大井喷事故(2003 年)

2003 年 12 月，重庆开县(今开州区)高桥镇罗家寨发生特大井喷事故，富含硫化氢的天然气猛烈喷射 30 多米高，失控的有毒气体随空气迅速向四周弥漫，导致距离气井较近的重庆开县 4 个乡镇 6 万多灾民需要紧急疏散转移。事故导致 243 人因硫化氢中毒死亡、2 142 人因硫化氢中毒住院治疗、65 000 人被紧急疏散安置，造成各类经济损失 6 432 万余元，事故对大气环境、生态环境造成了严重污染。

二、松花江水污染事件(2005 年)

2005 年 11 月，吉林石化公司双苯厂一车间发生爆炸。爆炸发生后，约 100 t 苯类物质(苯、硝基苯等)流入松花江，造成了江水严重污染，沿岸居民的生活受到了影响。爆炸导致松花江江面产生了一条主要由苯和硝基苯组成的 80 km 长的污染带。该事故对大气环境、地表水环境及水环境生态造成了严重的破坏。

三、墨西哥湾原油泄漏事件(2010 年)

2010 年 4 月,英国石油公司在美国墨西哥湾租用的钻井平台“深水地平线”发生爆炸,导致大量石油泄漏,酿成一场经济和环境惨剧。美国政府证实,此次漏油事故超过了 1989 年阿拉斯加埃克森公司瓦尔迪兹油轮的泄漏事件,是石油工业发展史上最严重的一次漏油事故。事故造成 7 人重伤,至少 11 人失踪,490 万桶原油泄漏,2 500 km^2 的海域遭到污染,经济损失无法精确估量。事故对大气环境、海洋生态环境(海岸线、食物链、湿地、海洋生物等)造成了严重破坏。

四、山东青岛“11・22”输油管道爆炸事件(2013 年)

2013 年 11 月,位于青岛市黄岛区秦皇岛路与斋堂岛路交会处的中石化输油储运公司潍坊分公司输油管线破裂,导致原油泄漏,斋堂岛街约 1 000 m^2 路面被原油污染,部分原油沿着雨水管线进入胶州湾,海面过油面积约 3 000 m^2。黄岛区立即组织在海面布设两道围油栏。处置过程中,当日上午 10 时 30 分许,黄岛区沿海河路和斋堂岛路交会处发生爆燃,同时在入海口被油污染海面上发生爆燃。事故共造成 62 人死亡、136 人受伤,2 000 t 原油泄漏,50 km^2 的海域遭到污染,直接经济损失 7.5 亿元。事故对大气环境、水环境、海洋生态环境造成了严重的污染。

以上典型石油工业环境风险事故表明,在石油工业的发展过程中,会由于各种原因产生突发性的环境风险事故。在这些突发的环境风险事故过程中有毒有害物质的排放都会对环境产生显著危害。

第二节　基本概念

在上一节石油工业环境风险概述中介绍了一些典型的环境风险事故,那么,什么是风险呢?在本节介绍一些风险的基本概念。

一、危　害

危害通常被定义为导致伤害的潜在趋势。一种危害可以被定义为在特定的环境中可能会引起伤害的属性或情形。例如,很多化学品具有危害特性,酸可能会腐蚀或者刺激人体,这就是酸的危害。

二、风　险

风险是一个较难定义的概念,风险在日常用语中常常意味着“灾难发生的概率”,而当其被用于风险评价过程时就具有了特定的含义,其中被人们普遍认同的含义是“某种危害发生的可能性或概率,以及发生这种风险所造成后果的影响程度”。在一般情况下,风险是指一种危害或者危险,以及受到某种事件或某些损失的可能性。

三、环境风险

一般意义上的环境风险是指在自然环境中产生的，或者通过自然环境传递的对人类健康和幸福产生不利影响，同时具有某些不确定性的危害事件。《建设项目环境风险评价技术导则》(HJ 169—2018)中对环境风险的定义为突发性事故对环境造成的危害程度及可能性，一般不包括人为破坏及自然灾害的环境风险。

石油工业环境风险是指石油工业中各项生产活动(如石油开采、运输、加工等)中有毒有害和易燃易爆物质的生产、使用、储运等各类风险源作用于环境风险介质(如大气环境、水环境、土壤环境等)可能发生的突发性事故对环境风险受体(如人类、生物、财产设施等)造成的危害程度及可能性。典型石油工业环境风险系统组成如图8-1所示。

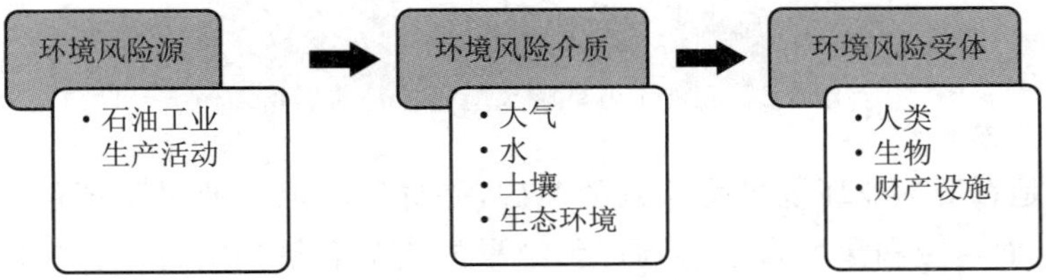

图 8-1 石油工业环境风险系统组成

四、环境风险潜势

建设项目潜在的环境风险水平主要受两方面因素影响：一方面是建设项目涉及的危险物质生产、使用、储存中的危险性，危险性越高，建设项目潜在的风险水平越高；另一方面是建设项目一旦发生突发性事故，对周围环境(包括大气、水体等)可能造成影响后果的严重程度，建设项目所在地的环境敏感程度越高，后果越严重，该项目潜在的环境风险水平就越高。对于存在极高风险的建设项目，可考虑前期进行优化调整，降低其风险潜势。

那么，什么是环境风险潜势呢？所谓环境风险潜势，是指对建设项目潜在环境危害程度的概化分析表达，是基于建设项目涉及的物质和工艺系统危险性及其所在地环境敏感程度的综合表征。环境风险潜势由建设项目危险物质及工艺系统危险性和各要素的环境敏感程度决定。

石油工业环境风险潜势判断需要从石油工业涉及的物质危险性、周围环境敏感程度两方面入手，结合事故情形下的环境影响途径，初步判断石油工业各个环节在未采取风险防控措施的情况下固有的、潜在的风险状况。在石油工业环境风险评价工作中，对环境风险潜势进行初步判断，可为石油工业环境风险评价工作重点确定、工作等级判断、风险防控措施建议提供依据，也可为管理部门差别化管理提供技术支持。

第三节　石油工业环境风险识别

风险识别—风险评价—风险控制全过程控制思路如图 8-2 所示。

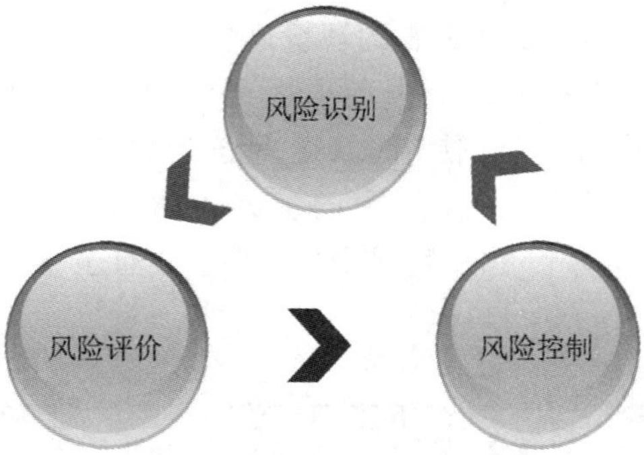

图 8-2　石油工业环境风险管控经典思路图

风险识别是石油工业环境风险评价的基础，是进行石油工业风险评价和控制的首要步骤，识别的全面与否和深度直接影响评价结果的优劣和措施的针对性。风险识别不仅要识别建设项目固有的危险性，也要识别危险物质向环境转移的途径。

一、环境风险的分类

1. 环境风险类型

根据环境风险的定义，可以分为以下三类：一是化学性风险，指有毒、易燃、易爆材料引起的风险；二是物理性风险，指一些极端状况下引发的直接带来的风险，如交通事故、大型机械设备、建筑物倒塌等会引起即时伤害的各种事故；三是自然灾害性风险，指地震、台风、龙卷风、洪水、自然火灾等引发的物理和化学性风险。

根据环境风险可能导致的环境污染要素，可以分为地表水环境风险、地下水环境风险、海洋环境风险、土壤环境风险等。

根据环境风险的引发原因，可以分为安全生产事故引起的环境风险、自然灾害引起的环境风险和企业违法排污或者事故工况下引起的环境风险。

根据污染物质的类型，可以分为危险化学品环境风险、重金属环境风险、海洋溢油环境风险等。

根据作用时间，可以分为突发性环境风险和积累性环境风险。突发性环境风险的特点主要表现为突发性、大剂量、短时间，如火灾、爆炸、有毒有害气体泄漏等。积累性环境风险的特点主要表现为低剂量、长时间、反复作用等。

按环境风险分析目的或者有毒有害物质的放散起因，可以分为火灾、爆炸和泄漏三种。

2. 石油工业常见的环境污染事故形式及后续的环境影响

石油工业常见的环境风险事故形式主要有火灾或爆炸引起的次生环境污染和泄漏，其后续的环境影响主要表现为火灾或爆炸后的有毒有害物质、事故废水(消防废水)、废气对周围大气环境、水环境、土壤环境、海洋环境等各种环境要素产生的不利影响。

二、石油工业环境风险事故的特点

石油工业环境风险事故具有发生时间的不确定性、污染范围的不确定性、负面影响的多重性以及健康危害的复杂性四个方面的特点。

(1) 发生时间的不确定性。

环境风险事故不同于一般的环境污染，它没有固定的排放方式和排放途径，发生突然，后果一般比较严重，会使大量的有毒有害物质在短时间内释放到环境中，对环境造成破坏或污染，给人们的生命财产安全和正常的生产、生活带来一定的威胁。

(2) 污染范围的不确定性。

环境风险事故的原因、规模及污染物的种类具有很大的未知性，因此其对大气、水域、土壤等环境介质的污染范围具有很大的不确定性。

(3) 负面影响的多重性。

环境风险事故一旦发生，会扰乱一定区域的正常生活、生产秩序，也会造成人员伤亡、国家财产损失和生态环境破坏等一系列的影响，其影响是多重性的。

(4) 健康危害的复杂性。

环境风险事故一方面可以引起急性中毒、刺激作用，甚至会造成群死群伤，另一方面有些物质具有慢性毒性作用，有些物质属于持久性污染物，会对周围人群健康产生慢性危害和远期效应。

三、石油工业环境风险识别内容及作用

石油工业生产过程中存在危险物质和能量，其失去控制是危险因素转换为事故的根本原因。因此，环境风险识别应从危险因素分析入手，根据危险因素存在的特点，同时考虑工艺条件、操作环境、危险故障状态等因素，识别危险物质转化为事故的触发条件和可能导致的事故类型，分析危险物质向环境转移的途径。

掌握石油工业建设项目工程情况和周围环境敏感性是石油工业环境风险评价的基础。在开展石油工业环境风险评价工作的开始，就需要对其涉及的具体建设项目的环境风险状况进行必要的调查，以判断环境风险评价需要开展的工作深度。例如，有些建设项目所处环境非常敏感(如涉及居民区、自然保护区、饮用水源保护区等)且建设项目本身引发环境事件的可能性非常大(如石油炼制项目、原油储运项目等)，这种情况必须在建设项目前期工作开展时就进行必要的调整或优化，以减小环境风险的发生概率。但是，有些建设项目周边环境敏感程度很低(如处于工业园区)且本身引发环境事件的可能性很小(如成品油销售等)，这时可以对环境风险评价予以适当简化。因此，在环境风险

识别前一般进行两方面的工作：一是风险调查，主要包括风险源调查和具体建设项目周围环境敏感目标调查；二是环境风险潜势的初步判断。

1. 风险调查

（1）风险源调查。

在进行石油工业风险调查时应重点关注具体建设项目涉及危险物质的分布及存量情况调查，并收集危险物质的基础资料，另外还应重点关注具体建设项目评价范围内的环境敏感情况。

危险物质基础资料识别应依据国家相关标准、规范进行判断，如《危险化学品目录》，《石油化工企业设计防火标准(2018 年版)》(GB 50160)，《常用化学危险品安全手册》，《危险化学品安全技术说明书》(MSDS)等。

（2）环境敏感目标调查。

根据石油工业事故状态下危险物质可能影响途径（大气、地下水、地表水等），筛选可能受影响的环境敏感目标。大气环境敏感目标方面应主要关注评价范围内的居民集中居住区、学校、医院等，地下水环境敏感目标方面应重点关注评价范围内有利用价值的潜水及分散式民用井等，地表水环境敏感目标方面则应重点关注在事故状态下的消防废水等事故污水可能进入的地表水体、饮用水源保护区等。需要特别说明的是，水环境敏感性与具体的建设项目是否直接排放废水存在一定的差异，有些建设项目尽管无废水直接外排排放口，但是在事故情形下存在废水排入重要水体的通道或途径，在环境风险评价过程中应调查相应需保护的环境敏感目标。

2. 环境风险潜势的初步判断

环境风险潜势的判断主要考虑建设项目原料、产品、中间产品、辅助材料、生产设施、公用工程设施等的危险性，结合项目所在地的环境敏感程度以及事故情形下环境影响途径，对项目环境风险水平进行概化分析。一般情况下，环境风险潜势分为Ⅰ，Ⅱ，Ⅲ，Ⅳ，Ⅳ$^{+}$五级，其划分依据可按照表 8-1 确定。

表 8-1　建设项目环境风险潜势划分

环境敏感程度(E)	危险物质及工艺系统危险性(P)			
	极高危害(P1)	高度危害(P2)	中度危害(P3)	轻度危害(P4)
环境高度敏感区(E1)	Ⅳ$^{+}$	Ⅳ	Ⅲ	Ⅲ
环境中度敏感区(E2)	Ⅳ	Ⅲ	Ⅲ	Ⅱ
环境低度敏感区(E3)	Ⅲ	Ⅲ	Ⅱ	Ⅰ

注：Ⅳ$^{+}$为极高环境风险。

（1）危险物质及工艺系统危险性(P)分级。

危险物质及工艺系统危险性(P)的分级可参考表 8-2。

表 8-2 危险物质及工艺系统危险性(P)的分级

危险物质数量与临界量的比值(Q)	行业及生产工艺(M)			
	M1	M2	M3	M4
$Q\geqslant 100$	P1	P1	P2	P3
$10\leqslant Q<100$	P1	P2	P3	P4
$1\leqslant Q<10$	P2	P3	P4	P4

① 危险物质数量与临界量的比值(Q)的确定。

危险物质数量与临界量的比值(Q)可参考《建设项目环境风险评价技术导则》和《企业突发环境事件风险评估指南(试行)》确定。

② 行业及生产工艺(M)的确定。

行业及生产工艺(M)可参考《企业突发环境事件风险评估指南(试行)》和表 8-3 确定。

表 8-3 行业及生产工艺(M)的确定

行　业	评估依据	分　值
石化、化工、医药、轻工、化纤、有色冶炼等	涉及光气及光气化工艺、电解工艺(氯碱)、氯化工艺、硝化工艺、合成氨工艺、裂解(裂化)工艺、氟化工艺、加氢工艺、重氮化工艺、氧化工艺、过氧化工艺、胺基化工艺、磺化工艺、聚合工艺、烷基化工艺、新型煤化工工艺、电石生产工艺、偶氮化工艺	10/套
	无机酸制酸工艺、焦化工艺	5/套
	其他高温或高压,且涉及危险物质的工艺过程和贮存过程①	5/套(罐区)
管道、港口/码头等	涉及危险物质管道运输项目、港口/码头等	10
石油天然气	石油、天然气、页岩气开采(含净化),气库(不含加气站的气库),油库(不含加气站的油库)、油气管线②(不含城市天然气管线)	10
其　他	涉及危险物质使用、贮存的项目	5

注:① 高温指工艺温度≥300 ℃,高压指压力容器的设计压力≥10.0 MPa;

② 长输管道运输项目应按站场、管线分段进行评价。

(2) 环境敏感程度(E)的确定。

分析危险物质事故情形下的环境影响途径,如大气、地下水、地表水等,各要素环境敏感程度(E)等级判断目前可参考《建设项目环境风险评价技术导则》和《企业突发环境事件风险评估指南(试行)》确定。

3. 石油工业环境风险物质识别

石油工业典型的环境风险物质主要包括原油、天然气、汽油、煤油、苯系物、H_2S 等产品或中间产品,以及火灾和爆炸伴生/次生物(CO,SO_2)等。

一般情况下，石油工业选择风险物质遵循如下原则：① 危害性，考虑物质的固有危害属性，包括物理、化学和毒理学性质；② 代表性，优先从历史事件案例分析中选择有发生风险事故案例的物质；③ 通用性，考虑在我国大量、广泛使用的物质。

在具体的风险物质识别中，参照我国《危险化学品重大危险源辨识》(GB 18218)和《企业突发环境事件风险评估指南(试行)》、美国环保署颁布的《化学品事故防范法规》和《风险管理计划》、欧盟颁布的《塞维索指令Ⅲ》、加拿大的《环境应急条例》等，从其事故释放能直接导致危害人群、环境或生态系统损害角度进行重点关注危险物质筛选。

以硫化氢为例，说明其风险识别结果，通过调查其物化性质、危险特性、毒性特征等，列表汇总风险识别内容，见表 8-4。

表 8-4　硫化氢的风险识别内容

风险识别项目		硫化氢
物化性质	别　名	—
	分子式	H_2S
	相对分子质量	34.08
	沸点/℃	−60.4
	熔点/℃	−85.5
	蒸气压/kPa	2 026.5(25.5 ℃)
危险特性	自燃温度/℃	260
	爆炸极限(体积分数)/%	4～46
	燃烧爆炸危险度	10.5
	火灾危险类别	甲
	危险分类	第 2 类，易燃气体
	危险特性	易燃，与空气混合能形成爆炸性混合物，遇明火、高热能引起燃烧爆炸；与浓硝酸、发烟硝酸或其他强氧化剂剧烈反应，发生爆炸。气体比空气重，能在较低处扩散到相当远的地方，遇火源会着火回燃
毒性特征	毒性分级	恶臭Ⅱ
	半致死浓度 $LC_{50}/(mg\cdot m^{-3})$	618
	立即威胁生命或健康浓度 $IDLH/(mg\cdot m^{-3})$	430
	接触限值 $MAC/(mg\cdot m^{-3})$	10
	中毒途径	吸　入
	健康危害	本品是强烈的神经毒物，对黏膜有强烈刺激作用。急性中毒：短期内吸入高浓度硫化氢后会出现流泪、眼痛、眼内异物感、畏光、视物模糊、流涕、咽喉部灼热感、咳嗽、胸闷、头痛、头晕、乏力、意识模糊等。部分患者可有心肌损害。重者可出现脑水肿、肺水肿。极高浓度(1 000 mg/m^3以上)时可在数秒内突然昏迷，呼吸和心搏骤停，发生闪电型死亡。高浓度接触会使眼结膜发生水肿和角膜溃疡。长期低浓度接触会引起神经衰弱综合征和自主神经功能紊乱

4. 石油工业生产系统的危险性

石油工业生产系统危险性识别应首先划分危险单元。如果要识别某化工园区的生产系统危险性，应按照园区的产业分布将园区划分为不同的危险单元后再进行，具体到石油工业各生产环节也是一样。

以石化企业为例，石油工业生产系统的危险性识别一般以装置（或联合装置）、罐区等危险单元为单位，按危险单元分析风险源的危险性、存在条件和转化为事故的触发因素。综合考虑危险物质（如原油、石脑油、硫化氢等）的存在（在线）量、工艺过程、操作条件等因素，筛选出重点危险单元，作为事故情形分析的对象。

生产工艺危险性识别涉及主要生产装置、储运设施、公用工程和辅助生产设施，以及环境保护设施识别等。

石化、化工行业的建设项目通常涉及多种危险工艺和大量易燃易爆、有毒有害危险物质的生产、使用和储存。依据安全监管总局公布的《重点监管危险化工工艺目录》，将其规定的18种工艺列为高风险工艺。对于危险物质的储存设施所涉及的工艺，可按照罐区列为高风险工艺。

石油天然气开采、储存以及涉及危险化学品运输的管线类项目、港口/码头项目通常涉及大量易燃易爆物质的生产、储存和运输，同时设备压力较高，列为高风险工艺。

常见的高风险生产系统主要有硫黄回收装置、催化裂化装置、过氧化装置、原油罐区、原油码头、输油管线、污水处理场、火炬等。

5. 石油工业危险物质向环境转移的途径识别

通过总结石油工业典型环境风险事故可知，石油工业在环境风险事故状态下危险物质可能影响途径主要有大气、地表水、海域、地下水等，最终可能受影响的是各环境要素对应的环境敏感目标。

通过大气途径向环境转移的危险物质最终作用于大气评价范围内的集中居住区等环境敏感目标；通过地表水途径向环境转移的危险物质最终作用受体与具体工程是否直接排放废水存在一定的差异，有些建设项目尽管无废水直接外排排放口，但是在事故状态下存在废水排入重要水体的通道或途径，在环境风险识别中也应调查需保护的相应环境敏感目标，如水源保护区、鱼类产卵场等；通过海域途径向环境转移的危险物质最终作用于评价范围内的海洋生态环境，包括海岸线生态系统、海洋生态系统、海洋自然保护区、渔业系统等；通过地下水途径向环境转移的危险物质最终作用于评价范围内有利用价值的地下水，如有饮用价值的潜水等。

6. 石油工业环境风险识别的作用

石油工业环境风险识别从危险因素分析入手，根据危险因素存在的特点，同时考虑石油工业工艺条件、操作环境、危险故障状态等因素，识别危险物质转化为事故的触发条件和可能导致的事故类型，分析危险物质向环境转移的途径。

四、石油工业环境风险识别方法

石油工业具体环境风险识别方法有几十种之多，常用的主要有核查表法、对照法、道化学指数法、事故树分析法、故障树分析法等。

1. 核查表法

顾名思义，核查表法指在具体的环境风险识别中对照特定的标准、规范中已有的表格要求进行核查，如我国《危险化学品重大危险源辨识》(GB 18218—2018)中的表格列出的某些物质风险性判定要求、美国国家职业安全与健康研究所(NIOSH)给出的 IDLH 等，在石油工业环境风险识别的物质危险性识别中经常用到。

2. 道化学指数法

美国道化学公司(DOW's Chemical Co.)1964 年最先提出的火灾、爆炸风险分析是对工艺装置及所含物料实际潜在的火灾、爆炸和反应性危险进行推算的客观评价。

3. 事故树分析法

事故树分析(accident tree analysis，简称 ATA)起源于故障树分析(简称 FTA)，是安全系统工程的重要分析方法之一，它能对各种系统的危险性进行辨识和评价，不仅能分析出事故的直接原因，而且能深入地揭示出事故的潜在原因。用它描述事故的因果关系直观明了、思路清晰、逻辑性强，既可定性分析，又可定量分析。

4. 故障树分析法

故障树分析(fault tree analysis，简称 FTA)是安全系统工程中最重要的分析方法。故障树分析从一个可能的事故开始，自上而下、一层层地寻找顶事件的直接原因和间接原因事件，直到基本原因事件，并用逻辑图把这些事件之间的逻辑关系表达出来。该方法是适用于大型复杂系统(化工厂、核电站等)安全性和可靠性分析的常用有效方法。

尽管风险识别的方法很多，但归纳整理起来，石油工业环境风险识别主要有以下四种，即基于核查表法、评分法、标准对照等方法的对照法；基于理论反推的演绎法，如故障树分析法；基于类比同类型装置的类比法；基于理论的推演归纳法，如综合评价法等。

5. 石油工业生产一线中的风险识别方法

在石油工业各环节的生产过程中，全面的系统认识和充分的“头脑风暴”、辨识水平的高低和石油工业一线人员的素质与风险识别的效果有直接关系。正如中医的“望、闻、问、切”的诊断方法，这种方法在石油工业生产一线的风险识别中同样适用。在石油工业的一线风险辨识过程中，更多的是依靠人的四项感官，即听觉、视觉、触觉和嗅觉，如是否听到异常声音（如设备运转不正常时，可能会产生事故性的异响）、是否看到烟雾（如有毒气体大量泄漏形成烟雾）、触觉感受是否异常（如石化企业反应器“非温”）、是否闻到异常的气味（如硫化氢泄漏等）。因此，石油工业生产一线的人员应学会充分利用自己的四项感官在第一时间辨识潜在的环境风险源。

五、石油工业典型的环境风险源

1. 环境风险源的分类

在各种环境风险识别的方法中，石油工业典型的环境风险源可以分为以下几类：

（1）石油工业典型废气风险源：事故状态下排放的废气（如硫化氢、氨、苯等）、火灾或爆炸事故中危险物质不完全燃烧产生的次生污染物（如原油罐爆炸引发的火灾中，原油不完全燃烧产生 CO 和 SO_2等）。

（2）石油工业典型废水风险源：事故状态下有组织排放的污水、事故产生的消防废水等。

（3）石油工业典型固体废物风险源：危险废物，如废催化剂、废有机溶剂类危险废物等。

2. 石油工业典型的环境风险

根据石油工业可能发生的环境风险事故，其典型的环境风险可以概括为危险物质泄漏以及火灾、爆炸等引发的伴生/次生污染物排放。

3. 石油工业典型环境风险识别过程

石油工业典型环境风险识别过程主要包括物质识别（识别易燃易爆、有毒有害物质）、单元识别（化学反应、工艺过程、重大危险源辨识）、转移途径识别（大气、水、土壤等）、预危险性分析（火灾、爆炸和毒物扩散）、环境影响（环境空气、水环境、生态环境），如图 8-3 所示。

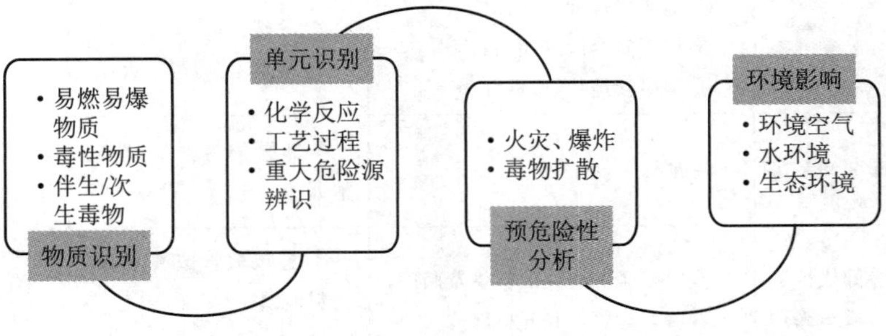

图 8-3　石油工业典型环境风险识别过程

下面以某炼化企业为例，说明石油工业环境风险的识别过程。

(1) 物质识别(见表 8-5)。

表 8-5　某炼化企业物质识别(节选)

	毒物分级	物质名称	筛选物质	筛选原因
毒　物	Ⅰ	苯	苯	苯毒性较高
	Ⅱ	硫化氢		
	Ⅲ	甲苯、二甲苯、甲醇、甲基叔丁基醚(MTBE)		
恶臭物质	—	硫化氢、氨	硫化氢、氨	恶　臭
易燃易爆物质	甲 A(危险度/火灾危险性)	液化气	氢气、液化气	
	危险度＞5	氢气、苯、二甲苯、甲醇		
二次污染物质		原　油	原　油	二次污染

(2) 单元识别(表 8-6～表 8-8)。

表 8-6　危险装置识别(节选)

被筛选装置	筛选结果	筛选理由
常减压蒸馏、渣油加氢脱硫、蜡油加氢裂化、重油催化裂化、气体分馏、聚丙烯、催化汽油加氢、柴油加氢精制、柴油加氢改质、制氢、硫黄回收、连续重整-芳烃抽提、储运罐区	连续重整-芳烃抽提、硫黄回收装置、储运罐区	在线量大，容器压力较大； 苯在线量大； 硫黄回收装置中硫化氢量大，硫化氢毒性高

表 8-7　储运设施识别(节选)

序　号	设备名称	重要部位和薄弱环节	风险因素分析	
			可能发生事故	潜在危害
1	储　罐	① 储罐和连接的管线及阀门； ② 球罐管件和开口部位； ③ 储罐安全阀等阀门； ④ 储罐接地线、避雷针等	① 壳件出口部位断裂； ② 阀破损； ③ 接地不良，静电火花	① 毒物外泄； ② 火灾、爆炸
2	火车装卸泵房	装卸泵	装卸泵密封损坏，造成泄漏	① 毒物外泄； ② 火灾、爆炸
3	装卸栈桥(含罐车罐)	① 罐车罐和连接的软管及阀门； ② 罐车罐管件和开口部位	① 连接软管破裂，造成物料泄漏； ② 接地不良，静电火花	① 毒物外泄； ② 火灾、爆炸

表 8-8　生产设施系统重大危险源辨识(节选)

子系统	危险单元	物质名称	在线量/t	工艺参数		子系统危险性			是否为重大危险源
				温度/℃	压力/MPa	火灾危险性	毒物危险性	事故类型	
常减压蒸馏	常压塔	常压渣油、轻烃	370	349	0.08	甲	轻　度	火灾、爆炸	—
	减压塔	常压渣油、重烃类	300	65/365	0.002	甲	轻　度	火灾、爆炸	—
渣油加氢脱硫	热高压分离器	渣　油	100	370	15.5	甲	恶臭/高度	火灾、爆炸、中毒	—
		H_2S,NH_3	1						否
	冷低压闪蒸器	渣　油	100	50	2.8	甲	恶臭/高度	火灾、爆炸、中毒	—
		H_2S,NH_3	1						否
	分馏塔	渣油、柴油、石脑油	100	364	0.2	甲	轻　度	火灾、爆炸	是
	反应器	渣油、氢气	100	415	16～17.5	甲	轻　度	火灾、爆炸	是

(3) 危险性分析及环境影响(表 8-9)。

表 8-9　风险类型及环境影响识别情况

风险源	主要分布	风险类别			环境危害		
		火　灾	爆　炸	毒物泄漏	人员伤亡	财产损失	地表、地下水
生产装置	装置区	√	√	√	√	√	
储存系统	储运区	√	√	√	√	√	
运输系统	装卸区	√	√	√	√	√	
公用工程	相应区	√	√	√	√	√	
污水系统	污水厂区			√			√

第四节　石油工业环境风险评价

一、石油工业风险事故情形设定

1. 石油工业风险事故情形定义

在石油工业环境风险评价工作中，风险事故情形设定是在风险识别的基础上，选择对环境影响较大并具有代表性的类型。那么，什么是风险事故情形？风险事故情形是指基于经验统计分析，在一定可能性区间内发生的事故中，造成环境危害最严重的事故。目前在环境风险相关的书籍或者标准规范中较为常见的为“最大可信事故”，“最大可信事故”是指在所有预测的概率不为零的事故中，对环境（或健康）危害最严重的重大事故。两者表达的内容基本一致，而前者更加注重的是基于一定的经验统计分析，有更好的针对性和可靠性。

风险事故情形设定内容一般应包括环境风险类型、风险源、危险单元、危险物质和影响途径等。

2. 石油工业风险事故情形设定的原则

（1）同一种危险物质可能有多种环境风险类型。风险事故情形应包括危险物质泄漏，以及火灾、爆炸等引发的伴生/次生事故。对于不同环境要素产生影响的风险事故情形，应分别进行设定。

（2）对于火灾、爆炸事故，需将事故中未完全燃烧的危险物质在高温下迅速挥发释放至大气，以及燃烧过程中产生的伴生/次生污染物对环境的影响作为风险事故情形设定的内容。

（3）设定的风险事故情形发生可能性应处于合理的区间，并与经济技术发展水平相适应。一般而言，发生频率小于 10^{-6}/a 的事件是极小概率事件，可作为代表性事故情形中最大可信事故设定的参考。

（4）风险事故情形设定具有不确定性，需要筛选。由于事故触发因素具有不确定性，因此事故情形的设定并不能包含全部可能的环境风险，但通过具有代表性的事故情形分析可为风险管理提供科学依据。事故情形的设定应在环境风险识别的基础上筛选，设定的事故情形应具有危险物质、环境危害、影响途径等方面的代表性。

3. 石油工业常见的环境风险事故情形

（1）输油管道典型风险事故情形：

泄漏物料造成场地（土壤、地下水）污染；

泄漏物料直接或间接造成地表水污染；

泄漏物料中易挥发组分挥发造成大气污染；

泄漏物料发生火灾/爆炸事故衍生或次生有毒有害气体造成大气污染；

火灾/爆炸事故产生的消防废水造成场地、地表水污染。

（2）输气管线典型风险事故情形：

泄漏气体造成大气污染；

泄漏气体发生火灾/爆炸事故衍生或次生有毒有害气体造成大气污染。

（3）石化企业典型风险事故情形：

火灾、爆炸等生产安全事故可能引起的次生环境事件（如消防废水通过雨水口排出厂界污染环境）；

有毒有害物质泄漏引发的环境事件(如有毒有害气体扩散出厂界,或泄漏物料通过雨水口排出厂界污染环境);

环境风险防控设施失灵或非正常操作(如雨水阀门不能正常关闭);

污染治理设施非正常运行(包括废气、废水处理设施故障导致污染物超标排放)。

二、石油工业环境风险源项分析

1. 石油工业环境风险源项分析的内容

石油工业环境风险源项分析应基于事故情形的设定,合理估算源强,其主要内容为事故源强的确定和源强参数的确定。事故源强的确定内容包括根据事故情形确定事故源参数(如泄漏点高度、温度、压力及泄漏液体蒸发面积等)、释放/泄漏速率、释放/泄漏时间、释放/泄漏量、泄漏液体蒸发量等。

2. 石油工业泄漏源强的确定方法

事故源强是为事故后果预测提供分析模拟情形,事故源强的设定可采用计算法、经验估算法和其他估算方法。

(1) 计算法。

物质泄漏量的计算可以参考《建设项目环境风险评价技术导则》(HJ 169—2018)的附录。计算法适用于以腐蚀或应力作用等引起的泄漏型为主的事故。

(2) 经验估算法。

对于火灾、爆炸事故,在高温下迅速挥发释放至大气的未完全燃烧的有毒有害物质释放量可参考表 8-10 中的经验数据确定。火灾、爆炸伴生/次生污染物的产生量可按经验公式进行计算。经验估算法适用于以火灾、爆炸等突发事故伴生/次生污染物的释放量估算。

表 8-10 火灾、爆炸事故有毒有害物质释放比例 单位:%

Q/t	$LC_{50}/(mg \cdot m^{-3})$					
	<200	[200,1 000)	[1 000,2 000)	[2 000,10 000)	[10 000,20 000)	≥20 000
≤100	5	10				
(100,500]	1.5	3	6			
(500,1 000]	1	2	4	5	8	
(1 000,5 000]		0.5	1	1.5	2	3
(5 000,10 000]			0.5	1	1	2
(10 000,20 000]				0.5	1	1
(20 000,50 000]					0.5	0.5
(50 000,100 000]						0.5

注:Q 为有毒有害物质在线量。

(3) 其他估算方法。

装卸事故泄漏量按装卸物质流速和管径及失控时间计算，失控时间一般按 5～30 min 计。

对于油气长输管线项目，管道运输事故按管道截面 100%断裂估算泄漏量。应考虑截断阀启动前后的泄漏量，截断阀启动前泄漏量按实际工况确定，截断阀启动后泄漏量以管道泄压至与环境压力平衡所需要时间计。

水体污染事故源强应结合污染物释放量、消防用水量及雨水量等因素综合确定。

三、石油工业环境风险预测

石油工业风险预测主要针对风险事故情形和源项分析结果，利用数学模型计算其可能导致的危害范围和危害程度，提出环境风险防范的基本要求。

1. 危害范围的确定

以环境要素划分，大气环境风险评价的危害范围为大气终点浓度对应的最大影响范围。地表水环境风险评价的危害范围为有毒有害物质进入地表水的最远距离和时间、最大浓度、漂移轨迹(如石油类)等。地下水环境风险评价的危害范围为有毒有害物质达到厂区边界和环境敏感目标处的到达时间、超标时间、超标持续时间及最大浓度。

2. 危害程度的确定

以环境要素划分，大气环境风险评价的危害程度表示为危害范围内人群受到伤害的可能性。地表水环境风险评价的危害程度表示为有毒有害物质对环境敏感目标(如水源地、产卵场、洄游通道等)的影响程度。地下水环境风险评价的危害程度表示为有毒有害物质对环境敏感目标的影响程度。

3. 危害范围与危害程度的作用

危害范围的确定可为后续环境风险控制提供作业范围，掌握危害范围内人口分布情况和增加石油工业环境风险控制措施的针对性。

危害程度的确定可为后续环境应急预案等风险控制措施的制订提供定量的数据参考，提高石油工业环境风险控制措施的操作性、针对性和有效性。

第五节　石油工业环境风险控制

提升风险防控基础能力，将风险纳入常态化管理，系统构建事前严防、事中严管、事后处置的全过程、多层级风险防范体系，严密防控重金属、危险废物、有毒有害化学品、核与辐射等重点领域环境风险，强化核与辐射安全监管体系和能力建设，有效控制影响健康的生态和社会环境危险因素，守牢安全底线十分重要。石油工业涉及有毒有害化学品、危险废物等重点领域的环境风险，必须做好环境风险防控工作，有效防范和降低风险。那么，如何进行石油工业环境风险控制呢？这就是本节要介绍的内容。

一、石油工业环境风险控制的途径

由风险的计算公式可知，风险主要由事故发生频率和后果严重程度两个方面决定。因此，在进行风险控制时，也主要从这两个角度出发，有的风险控制措施用来降低事故发生概率，有的风险控制措施用来降低事故后果严重程度，也有的风险控制措施可同时降低两者。一般采用技术手段和管理手段，结合第一类危险源和第二类危险源的分布情况，实现对事故发生频率和后果严重程度的控制。风险水平与频率、后果严重程度的关系如图8-4所示。

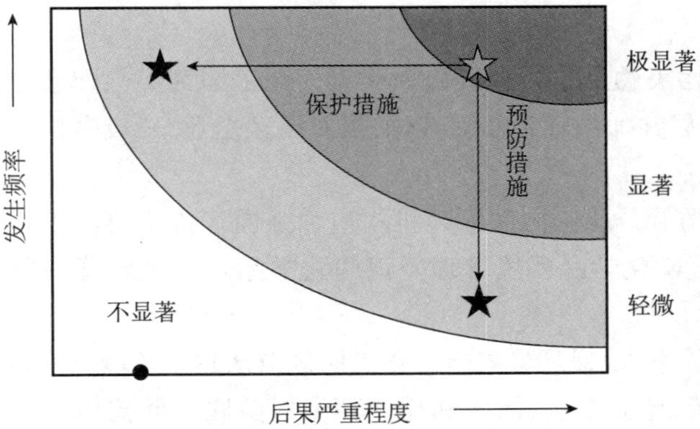

图8-4　风险水平与发生频率、后果严重程度关系示意图

二、事前预防

1. 提高石油工业本质安全程度

要对石油工业的整体过程提高其本质安全程度，即在石油工业的两类风险源中，对物的不安全状态在设计过程中通过减少危险物质、采用更可靠的工艺技术及设备等手段确定下来，提高其本质安全。

2. 合理规划与布局石油工业设定的作业场所

石油工业设定的作业场所，无论是炼油厂、油田还是石油储存企业，必须与外部的环境敏感保护目标保持一定的距离，如与居民集中居住区、自然保护区、风景名胜区、化工园区不同功能单元、石油化工企业内部不同功能单元的距离都要通过科学的计算，在满足现行法律法规的前提下，确定合理的防护距离。

3. 石油工业风险集中管理

随着石油工业的发展,越来越多的法律法规要求石油化工企业实行园区化管理,这对环境风险管理具有可以统一协调园区公用工程,提高各种资源的综合利用程度,减少生产、运输过程中的各种风险等优点。这时,园区的规划、选址、布局的合理性就显得尤为重要。那么,如何做好园区的规划呢?需要做到以下几点:

(1) 科学规划、合理布局。在化工园区的规划伊始,政府就应结合当地城市总体规划、土地利用总体规划、生态功能区划和环境保护规划要求,以循环经济理念为指导,按照一体化建设、分层次布局的原则科学制定园区规划,实现"多规合一",避免因规划不合理导致的潜在的风险事故。

(2) 严格园区环境准入。化工园区入园项目必须符合国家产业结构调整的要求,采用清洁生产技术及先进的技术装备,同时对特征化学污染物采取有效的治理措施,确保稳定达标排放。同时,化工园区应制定"环境准入负面清单",严格控制清单内的项目进入园区。

(3) 加强园区污染物集中处理设施的建设。化工园区必须配套建设废气、废水、固体废物的集中处理设施并加强日常监管,以加强对园区企业"三废"排放的集中管理,降低园区的环境风险。

(4) 强化环境监管。化工园区管理机构应加强园区内主要污染物和化学特征污染物控制与监测、加强危险化学品环境管理登记和化学品环境风险管理以及园区环境风险信息公开等工作。

(5) 完善防控体系,确保环境安全。化工园区应从建立环境风险防范管理工作长效机制、可视化监控系统,建立企业、园区和周边环境风险联防联控体系,制定环境应急预案、加强应急资源建设,建设高效的环境风险管理和应急救援体系,开展有针对性的环境安全隐患排查等方面着手,确保园区环境安全。

4. 完善石油工业风险防控与应急体系

(1) 加强风险评估与源头防控。完善石油加工环节的突发环境事件风险评估制度,推进突发环境事件风险分类、分级管理,严格重大突发环境事件风险企业监管。

(2) 严格环境风险预警管理。强化重污染天气、饮用水水源地、有毒有害气体等预警工作,开展饮用水水源地水质生物毒性、化工园区有毒有害气体等监测预警试点。

(3) 强化突发环境事件应急处置管理。实行"区域联防联控"的突发环境事件应急管理体系,建立健全石油工业突发环境事件应急协调机制,综合应急救援体系,建立社会化应急救援机制,完善突发环境事件现场指挥与协调制度,以及信息报告和公开机制。加强突发环境事件调查、突发环境事件环境影响和损失评估制度建设。

(4) 加强风险防控基础能力。构建石油工业生产、运输、储存、处置环节的环境风险监测预警网络,建设"能定位、能查询、能跟踪、能预警、能考核"的全过程信息化监管体系。建立健全突发环境事件应急指挥决策支持系统,完善环境风险源、敏感目标、环境应急能力及环境应急预案等数据库。

5. 提高石油工业危险废物处置水平

鼓励大型石油化工等产业基地配套建设危险废物利用处置设施。鼓励产生量大、种类单一的企业和园区配套建设危险废物收集、储存、预处理和处置设施，引导和规范处置危险废物。开展典型危险废物集中处置设施累积性环境风险评价与防控，淘汰工艺落后、不符合标准规范的设施。

三、事中应急

石油工业环境风险事故一旦发生，能及时、有序、高效地组织应急救援工作，防止污染周边环境，将事件造成的损失与社会危害降到最低，保障公众生命健康和财产安全，维护社会稳定至关重要。首先要保证应急预案具有针对性、可操作性，其次要定期进行应急演练，最后要与园区、社会的应急力量有效衔接，做到联防联控。

1. 应急预案的编制

按照国家、地方和相关部门要求，石油工业突发环境事件应急预案应包括预案适用范围、环境事件分类与分级、组织机构与职责、预防和预警、应急响应、应急保障、善后处置、预案管理与演练等内容。应急预案的编制关键要做到五个“W”、一个“H”，即 Who（什么人）、When（什么情况下）、Where（在哪）、Why（基于什么原因）、What（做什么事情）、How（按照什么程序）。应急预案应针对各环境风险要素，重点明确以下风险防控要求：

(1) 大气环境风险防范应结合风险源状况明确环境风险的防范、消减措施，提出环境风险监控要求，并结合环境风险预测分析结果、区域交通道路和安置场所位置等，提出事故状态下人员的疏散通道及安置等应急建议。

(2) 事故废水环境风险防范应明确“单元—厂区—园区/区域”的环境风险防控体系要求，设置事故废水收集（尽可能以非动力自流方式）和应急储存设施，以满足事故状态下收集泄漏物料、污染消防水和污染雨水的需要。明确并图示防止事故废水进入外环境的控制、封堵系统。应急储存设施应根据发生事故的设备容量、事故时消防用水量及可能进入应急储存设施的雨水量等因素综合确定。应急储存设施内的污水应及时进行有效处置，做到回用或达标排放。结合环境风险预测分析结果，提出实施监控和启动相应的园区/区域风险应急方案的建议要求。

(3) 地下水环境风险防范应重点采取源头控制和分区防渗措施，加强地下水环境的监控、预警，提出事故应急减缓措施。

(4) 针对主要风险源，提出设立风险监控及应急监测系统，实现事故预警和快速应急监测、跟踪，提出应急物资、人员等的管理要求。

2. 定期、有效的应急演练

定期、有效的应急演练是检验、评价和增强应急能力的一个重要手段，通过模拟真实事故的发生，暴露所编制的应急预案和应急程序所存在的缺陷，弥补应急管理中人力、设备、通信等应急资源配备的不足，改善各应急部门、机构和人员之间的协调，明确岗位与职责，提高应急人员的熟练程度、技术水平以及处置能力，有助于应急预案的顺利实施。定期、有效的应急演练对石油工业环境风险控制十分重要，应急演练中应重点抓住人员应急疏散、风险范围限制、风险预警与快速处置、事故紧急救援等方面。下面以重庆开县两次井喷事故为例，说明有效的应急演练的作用。2003 年 12 月重庆开县井喷事故在前面章节已具体介绍过，此处不再赘述。需要说明的是，2006 年 3 月同样是在重庆开县几乎同一个井场位置又发生了一次天然气井喷事故。但是，由于在 2003 年的井喷事故发生后，一套完善的应急体系建立并运行，当事故再次发生时，事故应急措施、人员疏散到位，其导致的后果远远小于 2003 年井喷事故导致的后果，具体数据对比情况见表 8-11。

表 8-11　重庆开县两次井喷情况对比

对比指标	2003 年 12 月	2006 年 3 月
中毒死亡人数	243 人	无
疏散人数	6.5 万人	0.7 万人
牲畜死亡数	大　量	较　少

3. 保证应急资源的配备

针对主要风险源，提出设立风险监控及应急监测系统，实现事故预警和快速应急监测、跟踪，提出应急物资、人员等管理要求。

4. 加强联防联控

由于石油工业突发风险事故的触发具有不确定性，石油工业具体环节的环境风险防控系统应纳入园区/区域环境风险防控体系，明确风险防控设施、管理的衔接要求。极端事故风险防控及应急处置应结合所在园区/区域环境风险防控体系统筹考虑，按分级响应要求及时启动园区/区域风险防范措施，实现厂内与园区/区域风险防控设施及管理有效联动，有效防控环境风险。

四、事后处置

1. 及时总结

应急处置工作结束后，应当及时总结、评估应急处置工作情况，提出改进措施，并向上级生态环境部门报告。

2. 调查原因

应当按照有关规定开展事件调查，查清突发环境事件原因，确认事件性质，认定事件责任，提出整改措施和处理意见。

3. 制订环境恢复方案

制订环境恢复工作方案，推动环境恢复工作，如生态环境污染修复等补偿，以减少由于突发环境事件造成的环境污染和环境影响。

综上所述，石油工业环境风险分析应从辨识、评价、控制三个方面入手，并从事前、事中、事后三个层次开展环境风险控制，这是石油工业环境风险控制的主线。只要掌握了这条主线，就能够对石油工业发展过程中产生的各类环境风险有一个科学、清晰的判断。对石油工业来说，环境风险是时刻存在的，只有通过严格的风险管理和完善的风险控制措施，才能保证石油工业的可持续发展，降低突发环境事件对环境造成的不利影响。

思考题

(1) 什么是环境风险？
(2) 什么是环境风险潜势？
(3) 环境风险识别的方法有哪些？
(4) 环境风险的防控措施有哪些？

参考文献

[1] 詹静.石油工业概论(英汉对照)[M].北京:中国石化出版社,2017.

[2] 王朋岩,杨勉,刘晓东,等.石油工业概论[M].北京:石油工业出版社,2016.

[3] 任晓娟.石油工业概论[M].北京:中国石化出版社,2007.

[4] 朱天白,王忠禹."双碳"形势下石油石化行业发展的思考[J].当代化工,2021,50(11):2644-2647.

[5] 赵喆,窦立荣,郜峰,等.国际石油公司应对"双碳"目标挑战的策略与启示[J].国际石油经济,2022,30(6):8-22.

[6] 杨朝合,山红红.石油加工概论[M].东营:中国石油大学出版社,2013.

[7] 廖明光.油气地质与勘探概论[M].北京:石油工业出版社,2011.

[8] 张士诚.石油科学概论[M].东营:中国石油大学出版社,2011.

[9] 李治平.石油工业概论[M].北京:石油工业出版社,2014.

[10] 庞雄奇.油气田勘探(富媒体)[M].北京:石油工业出版社,2020.

[11] 庞雄奇.油气田勘探[M].北京:石油工业出版社,2006.

[12] 李文华.石油工程 HSE 风险管理[M].北京:石油工业出版社,2017.

[13] 关凤峻,姜来峰,刘卫东.绿色勘探及其实施方法研究[J].四川建筑,2020,40(4):147-149.

[14] 何耀春,赵洪星.石油工业概论[M].北京:石油工业出版社,2006.

[15] 楼一珊,李琪.钻井工程[M].北京:石油工业出版社,2013.

[16] 龙芝辉,张锦宏.钻井工艺原理(富媒体)[M].北京:石油工业出版社,2019.

[17] 李发印.钻井施工工艺技术[M].北京:化学工业出版社,2014.

[18] 熊青山.石油工程专业实习指导书——钻井[M].东营:石油大学出版社,2011.

[19] 蒲晓林,王平全,黄进军.钻井液工艺原理(富媒体)[M].北京:石油工业出版社,2020.

[20] 樊宝荣,向春明,朱鹏.绿色钻井技术的综合应用[J].化学工程与装备,2014(11):192-194.

[21] 魏文忠,孙秉琳,王薇.实施绿色钻井的探讨[J].油气田环境保护,2008(3):16-18,61.

[22] 陈付启.实施绿色钻井生产提高环境效益[J].科技视界,2014(23):283,377.

[23] 王建华.实施绿色钻井的有关问题[J].石油科技论坛,2009,28(6):36-38.

[24] 杨金莹.废弃钻井泥浆固化处理技术研究[J].石化技术,2021,28(10):160-161.

[25] 巩利军.关于油田环保中钻井泥浆回收利用的探讨[J].科技展望,2016,26(14):310.

[26] 王瑶,白昭.废弃钻井泥浆处理对策研究[J].安徽农学通报,2015,21(17):80-81,114.

[27] 杨涛.钻井废弃泥浆不落地无害化处理技术的研究[J].化工管理,2017(27):163.
[28] 栾立莉.废弃泥浆不落地处理技术探讨[J].化学工程与装备,2020(5):113.
[29] 刘永亮.钻井泥浆不落地处理系统应用[J].中国科技信息,2021(21):58-59.
[30] 徐弘.绿色钻井液体系应用分析[J].油气田环境保护,2011,21(6):64-65,82.
[31] 付韶波,马跃,岳长涛.油基钻屑无害化处理和资源化利用研究进展[J].应用化工,2021,50(8):2207-2214.
[32] 李晓歌,任宏洋.油基泥浆钻井废弃物处理技术研究进展[J].环境与发展,2018,30(3):91-92.
[33] 孙静文,许毓,刘晓辉,等.油基钻屑处理及资源回收技术进展[J].石油石化节能,2016,6(1):30-33.
[34] 潘一.油气开采工程[M].北京:中国石化出版社,2014.
[35] 李颖川,钟海全.采油工程(富媒体)[M].北京:石油工业出版社,2021.
[36] 邹艳霞.采油工艺技术[M].北京:石油工业出版社,2006.
[37] 曲占庆.采油工程基础知识手册[M].北京:石油工业出版社,2002.
[38] 吴永超,张中华,魏海峰,等.提高原油采收率基础与方法[M].北京:石油工业出版社,2018.
[39] 吴世逵.石油储运基础知识[M].北京:中国石化出版社,2022.
[40] 王光然.油气集输[M].北京:石油工业出版社,2006.
[41] 戴静君,田野,郭士军.油气集输[M].北京:石油工业出版社,2021.
[42] 何盛宝.炼油化工技术新进展(2021)[M].北京:石油工业出版社,2021.
[43] 涂永善,山红红,钮根林.炼油工艺基础知识[M].北京:中国石化出版社,2019.
[44] 付梅莉,于月明,刘振和.石油加工生产技术[M].北京:石油工业出版社,2009.
[45] 周亚松.石油加工与油料学[M].北京:石油工业出版社,2008.
[46] 郑春晰,赵恩会.绿色勘探拓展国际高端高效市场——BGP 海外项目环境保护管理经验[J].中国安全生产科学技术,2012,8(12):38-41.
[47] 郑春晰,张晓军,张胜利.HSE 培训经验谈[J].现代职业安全,2020(9):15-17.